中国地质调查成果 CGS 2017-096

中国地质调查局(No. 1212011085340)项目资助

湘西—鄂西地区区域地质概论

XIANGXI-EXI DIQU QUYU DIZHI GAILUN

彭练红　魏运许　徐大良
刘　浩　曾佐勋　凌文黎　等编著

中国地质大学出版社

ZHONGGUO DIZHI DAXUE CHUBANSHE

内容简介

湘西—鄂西地区区域地质概论以中国地质调查局在湘西—鄂西地区实施完成的最新1∶5万、1∶25万地质调查及综合研究为基础,总结了湘西—鄂西地区地质构造过程,厘定了区内的大地构造格局,划分出2个一级、7个二级和17个三级构造单元。从几何学(平面、剖面)、运动学、流变学、年代学等方面,全面探讨了湘西—鄂西地区滑脱构造特点、构造变形过程等。以大地构造演化阶段为基础,按4个演化阶段(新太古代—青白口纪、南华纪—志留纪、泥盆纪—中三叠世、晚三叠世—第四纪)划分地层分区,并以最新的国际地层表和中国地层表为指南,重新厘定了研究区岩石地层序列。划分了11种成矿沉积建造,总结了各建造的类型、岩性组合、层位、沉积环境及构造背景等。提出了沿扬子陆块陆核区的黄陵地块与神农架地块间存在近南北向的中元古代晚期—新元古代早期古构造结合带,加里东及印支-燕山造山事件使其活化,驱动的流体沿古构造薄弱带的迁移是鄂西-湘西铅锌成矿带形成的主导因素,暗示了该区成矿作用的发生与深部构造关系密切。

本书适合于区域地质调查、矿产地质调查、地球科学研究和规划管理部门相关人员使用,对该区基础地质研究具有指导意义。

图书在版编目(CIP)数据

湘西—鄂西地区区域地质概论/彭练红等编著.—武汉:中国地质大学出版社,2019.5
ISBN 978-7-5625-4548-4

Ⅰ.①湘…

Ⅱ.①彭…

Ⅲ.①区域地质-概况-湘西地区②区域地质-概况-湖北

Ⅳ.①P562

中国版本图书馆 CIP 数据核字(2019)第 080306 号

湘西—鄂西地区区域地质概论	彭练红　等编著

责任编辑:王凤林	选题组稿:毕克成	责任校对:周　旭

出版发行:中国地质大学出版社(武汉市洪山区鲁磨路388号)	邮　编:430074
电　话:(027)67883511　　传　真:(027)67883580	E-mail:cbb@cug.edu.cn
经　销:全国新华书店	http://cugp.cug.edu.cn

开本:787毫米×1092毫米　1/16	字数:279千字	印张:11
版次:2019年5月第1版	印次:2019年5月第1次印刷	
印刷:武汉珞南印务有限公司	印数:1—500 册	
ISBN 978-7-5625-4548-4		定价:128.00 元

如有印装质量问题请与印刷厂联系调换

前 言

湘西—鄂西地区位于湖北省和湖南省西部,与渝、贵交界,主要包括鄂西神农架地区、黄陵及其周缘地区和湘西大部分地区,面积约 $20×10^4 km^2$。

湘西—鄂西地区位于中国大陆中部,北跨秦岭-大别造山带,南部则包括华南地块的江南基底逆冲褶皱隆升带,西部临接四川盆地,具有典型扬子陆块的组成与结构特征。另一方面,受周邻不同性质与不同级别的块体或造山带(构造带)的影响,导致该区的地质构造演化过程在保持独立性同时,也具复杂性。湘西-鄂西成矿带属于国家已确定的 20 个成矿带之一,是我国南方重要资源地和产区,拥有丰富的铅、锌矿床,并已成为本区的产业支柱,是研究其成因机制、成矿规律极其有利的场所。

湘西—鄂西地区,特别是湘西地区基础地质研究程度相对较高,早在 20 世纪 20 年代即开展了早期的地质调查,系统的区域地质调查则从 20 世纪 50 年代中期开始,有关地勘单位、大区研究所、中国地质科学院、中国科学院、石油和冶金等部委、大专院校等众多单位的几代地质工作者,进行了大量的基础地质调查和研究工作。至 2012 年底,湘西—鄂西地区 1∶100 万和 1∶50 万区域地质调查全面完成,1∶20 万、1∶25 万区域地质调查基本完成,积累了丰富的基础地质资料,取得了一批在国内外有重要影响的地调科研成果。

湘西—鄂西地区以丰富的铅锌、锰矿吸引着国内外地学工作者。长期以来,对成矿带内铅锌矿的成因机制、成矿期次与时限等问题一直存在着争议,不同的学者持不同的观点:沉积型、沉积-改造型、构造-热液型等等。20 世纪 90 年代以来,中南五省(区)岩石地层单位清理和中国各时代地层典及全球界线层型研究,极大地促进和推动了中南地区岩石地层单位的研究进程。1999—2010 年开展的国土资源大调查以来,湘西—鄂西地区相继开展了 1∶25 万和 1∶5 万区域地质调查及相关的专题研究工作,如:我国南华系、震旦系的层型剖面,全球中/上寒武统和排碧阶底界、中/下奥陶统和大湾阶底界、上奥陶统赫南特阶底界在内的一系列全球界线层型或候选层型剖面和点(GSSP);王鸿祯主编(1984)的《中国古地理图集》、刘宝珺等主编(1992)的《中国南方岩相古地理图集》和 20 世纪 90 年代以来石油部门出版的各时代岩相古地理图以及各省(区)岩石地层单位清理等。近年来,高精度测年技术应用于前寒武系,对新元古代地层的认识有了根本性改变,这些对于提高湘西—鄂西地区区域地质研究程度、区域地质演化历史以及解决制约研究区经济发展的资源、环境地质背景问题具有重要的意义,本次编图就是在追踪地质大调查区调项目中的进展基础上编制整理而成的。

湘西—鄂西地区 1∶50 万地质图及说明书是中国地质调查局国土资源大调查项目"湘西-鄂西成矿带基础地质综合研究"(No. 1212011085340)的研究成果,起止年限为 2010—2012

年。以湘西—鄂西地区各省区最新的1∶50万地质图为基础,通过追踪更新1∶25万区域地质调查、1∶5万区域地质调查工作中的最新成果滚动修编,以MapGIS为数据库建设平台,编图过程中以图件编制与综合研究相结合,野外补充调研与综合集成相结合。地层单位采用2012年全国地层委员会编制的《中国地质年表》、各省岩石地层清理后的序列及2009年国际地质科学联合会发布的《国际地层表》新方案,以本次工作新厘定后的岩石地层序列为制图单位。编图侵入岩代号以"岩性+时代"的表达方式,同时以最新的高精度同位素年龄数据进行更新,所有数据资料截至2012年底。

湘西—鄂西地区地质图与说明书的编写人员主要有:前言——彭练红;地层——刘浩;岩浆岩——魏运许、凌文黎;变质岩——魏运许;构造——徐大良、彭练红、曾佐勋;地质图——徐大良、刘浩等编制;彭练红统稿。夏建萍高级工程师、钱恒君等参与地质图件整理。

湘西-鄂西地质图及说明书的编写(制)工作自始至终得到了中国地质调查局基础调查部、武汉地质调查中心各部门的关心与支持。在野外和资料收集工作中得到了湖南省、湖北省地勘局和地调院及所属项目组的协助,多次交流讨论,受益匪浅,在此一并表示衷心的感谢!

目 录

第一章 地 层 ……………………………………………………………………………… (1)
- 第一节 新太古代地层 ……………………………………………………………… (1)
- 第二节 南华纪—志留纪地层 ……………………………………………………… (8)
- 第三节 泥盆纪—中三叠世地层 …………………………………………………… (24)
- 第四节 晚三叠世—第四纪地层 …………………………………………………… (37)

第二章 岩浆岩 ……………………………………………………………………………… (44)
- 第一节 岩浆岩的时空分布与构造—岩浆事件序列 ……………………………… (44)
- 第二节 侵入岩及其成因与形成构造环境 ………………………………………… (46)
- 第三节 火山岩及其形成构造环境 ………………………………………………… (66)

第三章 变质岩 ……………………………………………………………………………… (73)
- 第一节 区域变质岩及其变质作用 ………………………………………………… (73)
- 第二节 动力变质岩 ………………………………………………………………… (83)
- 第三节 接触变质岩 ………………………………………………………………… (83)
- 第四节 气-液变质作用及其岩石 …………………………………………………… (85)
- 第五节 混合岩 ……………………………………………………………………… (85)

第四章 构 造 ……………………………………………………………………………… (86)
- 第一节 大地构造背景、地质过程及构造单元划分 ……………………………… (86)
- 第二节 前寒武纪地质构造特征 …………………………………………………… (90)
- 第三节 加里东期地质构造特征 …………………………………………………… (98)
- 第四节 印支期地质构造特征 ……………………………………………………… (104)
- 第五节 中—新生代陆内叠加造山 ………………………………………………… (114)
- 第六节 地质构造演化 ……………………………………………………………… (145)

主要参考文献 ……………………………………………………………………………… (156)

第一章 地 层

湘西-鄂西成矿带涉及湘、鄂、川、黔、陕五省及重庆直辖市,面积近 $20×10^4 km^2$。以青峰断裂带为界,北为南秦岭地层区,南为华南地层区。地层发育齐全,自新太古界至第四系均有分布,化石门类多样,沉积类型复杂。

2000年国土资源大调查开展以来,湘西—鄂西地区地层学研究获得重要进展。一是全球界线层型剖面和点的研究,中国相继获得10枚金钉子,其中4枚落户湘西-鄂西成矿带;二是对一些前寒武系变质地层的解体和重新厘定,包括神农架群、冷家溪群、马槽园群、下江群等;三是测年技术的广泛应用对成矿带内的新元古代地层格架的建立起了重要作用,冷家溪群和梵净山群,板溪群与下江群、高涧群、武当岩群、马槽园群等地质时代被明确定位青白口纪。

本次综合研究,是在各省岩石地层的基础上,结合研究区1:25万及1:5万的区域地质调查成果,以最新的国际地层表(2010)及中国地层表(试用稿)(2012)为指南,对湘西-鄂西成矿带的岩石地层单位进行了清理,共划分出248个组级地层单位,8个群级地层单位,并厘定了研究区的地层序列,建立了不同时期的岩石地层划分与对比表。结合本项目大地构造划分及岩相古地理特征,将湘西—鄂西地区按四个演化阶段进行划分,即新太古代—青白口纪、南华纪—志留纪、泥盆纪—中三叠世、晚三叠世—第四纪,并在此基础上进行了三级划分(地层区、地层分区和地层小区)。

第一节 新太古代地层

前南华纪地层主要分布于南秦岭、神农架、黄陵、湘西北、湘中地区。根据各地区基底物质组成的差别,将研究区自南向北划为南秦岭地层区、神农架地层区、四川盆地地层区、梵净山地层区及江南地层区(图1-1)。各地层区内地层序列见表1-1。

一、新太古代—中元古代地层

研究区内新太古代—中元古代地层仅见于鄂西神农架地区和黄陵地区。

1. 黄陵地区

前南华纪中深变质岩系集中出露于黄陵背斜核部,被黄陵花岗岩基侵入而分成南、北两区:南部称崆岭群,北部为水月寺群。湖北省地质矿产局(1990)将南、北区的黄陵杂岩统称为古元古代崆岭群。1:5万区调将北区黄陵杂岩(原水月寺群)解体为变质表壳岩和变质深成

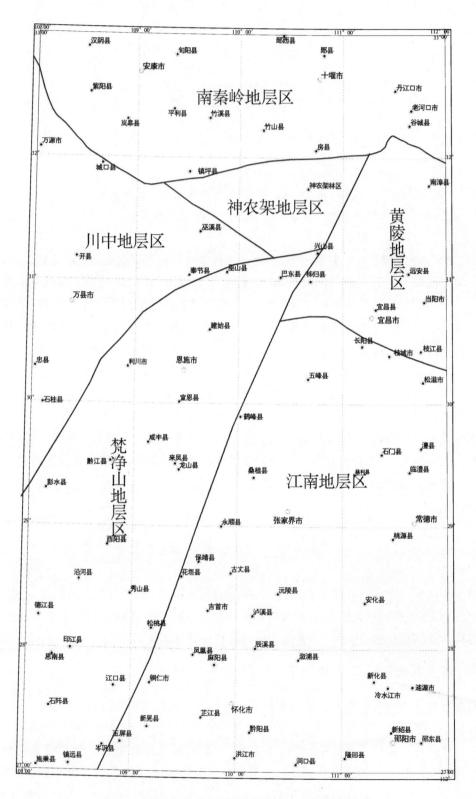

图 1-1　湘西-鄂西成矿带前南华纪地层分布与区划图

表 1-1 湘西-鄂西成矿带前南华纪岩石序列表

地层		江南地层区				梵净山地层区			黄陵地层区	神农架地层区	南秦岭地层区
新元古界	青白口系	高涧群	岩门寨组 架枧田组 砖墙湾组 黄狮洞组 石桥铺组	板溪群	牛牯坪组 百合垄组 多益塘组 五强溪组 通塔湾组 马底驿组 横路冲组 宝林冲组	张家湾组	张子溪组	下江群	隆里组 平略组 清水江组 番召组 乌叶组 甲路组		武当岩群	拦鱼河组 双台组 杨坪组
		冷家溪群	坪原组 小木坪组 黄浒洞组 南桥组 雷神庙组			梵净山群	核桃园亚群	独岩塘组 洼溪组 铜厂组	白竹坪组	孔子河组	凉风垭组	
							白云寺亚群	回香坪组				
中元古界	蓟县系								庙湾岩组	神农架群	矿石山组 大窝坑组 石槽河组 郑家垭组	
	长城系											
古元古界									小以村组			
新太古界									野马洞岩组			

岩(花岗质片麻岩)两大部分。在此基础上,1∶25 万区调再次对解体后的水月寺(岩)群进行了物质属性和地质时代的重新厘定,即:下部为新太古代早期类蛇绿岩物质组合(交战垭超镁铁质岩、拉斑玄武质—英安质火山岩建造——野马洞岩组)、晚期的英云闪长岩-奥长花岗岩(东冲河片麻杂岩);古元古代的陆源碎屑岩[孔兹岩系——黄凉河(岩)组];中元古代的裂陷槽型拉斑玄武质火山岩[力耳坪(岩)组]和核桃园超镁铁质岩。并认为古元古代的陆源碎屑岩、中元古代的拉斑玄武质火山岩和超镁铁质岩可与南部崆岭群进行对比,均为同一地质历史演化阶段的产物,其中黄凉河(岩)组产出层位大致相当于古村坪组和小以村(岩)组,力耳坪(岩)组相当于庙湾(岩)组,建立了黄陵杂岩南、北区变质岩系的对比关系。

2. 神农架地区

"神农架群"由江涛、华媚春创建于 1962 年,湖北省区测队、李铨等(1990)对神农架群进行了系统划分和详细研究。1∶25 万神农架林区幅区调通过系统的野外调查和剖面研究后,认为原神农架群 11 个组的层序实质是相同的地层单位由于构造因素反复叠置而成,将原神农架群 11 个组的层序修订为 4 个组,新建郑家垭组和凉风垭组,重新厘定石槽河组,自下而上分为郑家垭组、石槽河组、大窝坑组和矿石山组(表 1-2)。

二、青白口纪地层

包括南秦岭地区的武当(岩)群,神农架地区凉风垭组,黄陵地区孔子河组与白竹坪火山岩建造,江南地层区的冷家溪群、板溪群、高涧群,梵净山地区的梵净山群与下江群。

表 1-2　神农架群地层层序划分表(刘成新等,2004)

时代	组	非正式填图单位	主要岩性	厚度(m)	沉积环境	
中元古代	蓟县纪	神农架群	矿石山组	上部	叠层石白云岩、纹层状白云岩、中厚层状白云岩夹砾屑砂屑白云岩	281.6	台地
				下部	灰黑色砂岩、粉砂岩、碳泥质页(板)岩夹赤铁矿层,局部夹薄层硅质岩		滨海
			大窝坑组		泥质白云岩、含燧石结核条带白云岩、叠层石白云岩、含砾屑砂屑鲕粒白云岩。底部为杂色砾岩、含砾砂岩、紫红色砂岩、粉砂岩	353.2	台地 / 滨岸
			石槽河组	顶部	紫红色泥质白云岩、含膏盐假晶泥质白云岩	2301.6	台礁-潮坪-潮上带
				中下部	纹层状白云岩、叠层石白云岩、硅质条带结核白云岩等,夹少量砾屑砂屑白云岩		
				大岩坪岩楔	白云岩角砾岩、含砾白云质粉砂岩和角砾状岩、微晶灰岩及碳泥板岩		斜坡相重力流
	长城纪		郑家垭组	上部	深灰色中薄层碳质粉砂岩、细砂岩,顶部为碱性玄武质火山岩、凝灰岩	>1067.3	大陆裂谷盆地	陆棚
				中部	深灰色—灰黑色泥质碳质粉砂岩、页(板)岩夹灰绿色硅质岩			盆地
				下部	深灰色厚层状杂砾岩、含砾砂岩、杂砂岩、粉砂岩			水下冲积扇

1. 南秦岭地层区

指青峰断裂带以北的武当地区。1∶25万十堰市幅、襄阳市幅将武当地区青白口系武当(岩)群自下而上分为:杨坪(岩)组、双台(岩)组、拦鱼河(岩)组。

杨坪(岩)组:主要岩性为含榴二云斜长变粒岩、含榴二云钠长变粒岩、白云钠长变粒岩、含砾二云二长变粒岩、含砾二长浅粒岩、含榴钠长石英二云片岩、石英白云母片岩、白云钠长石英片岩夹含碳白云绿泥白云石石英片岩、含方解二云钠长变粒岩和薄层、条带状浅粒岩、含方解黑云白云母石英片岩、含砾含绿泥白云石英钠长片岩等,偶夹灰绿色钠长绿帘透闪-阳起绿泥片岩,局部地段尚见有块状石英岩、厚层长石石英岩,以发育变质厚层块状砂岩、杂砂岩-中薄层粉砂岩、泥岩韵律为特征。

双台(岩)组:为一套以变火山岩为主夹少量变沉积岩的组合。主要岩性为白云钠长石英片岩、绿帘绿泥钠长片岩、石英钠长绿帘绿泥岩、方解斜长黑云母片岩、绢(白)云钠长变粒岩、白云钠长变粒岩、含黑云钠长浅粒岩夹变余火山角砾岩。

拦鱼河(岩)组:主要岩性为含榴白云钠长石英片岩、白云钠长变粒岩、含榴白云钠长变粒岩、含榴二云钠长变粒岩、白云二长变粒岩、钠长浅粒岩、白(绢)云石英片岩夹绿帘二云石英二长片岩。

2. 神农架地层区

青白口纪时期沉积为凉风垭组(原马槽园群)碎屑岩系。

凉风垭组：该组可分为 3 个岩性段。上段为灰色薄层状粉砂质页岩、深灰色薄层状条纹状含粉砂、硅质碳泥质页岩，由下向上矿物粒度逐渐增大，总体属陆棚相沉积，显示逐渐变浅的进积型层序；中段为灰黑色中厚层状瘤状灰岩、厚层状中粗粒石英砂岩、粉砂岩、深灰色薄层状黏土质页岩、薄层碳泥质页岩等，为陆棚边缘盆地沉积，显示快速退积结构；下段为浅灰色、浅灰红色薄层硅质砾岩、岩屑石英砂岩、含砂泥质白云岩与叠层石白云岩巨砾岩组成的不规则互层，为滨海碎屑岩与山前垮崩混合沉积。

3. 黄陵地层区

黄陵地区北部青白口纪时期沉积地层有孔子河组、白竹坪火山岩建造。

白竹坪火山岩建造：见于黄陵基底北部，为一套浅变质酸性火山碎屑岩和陆源碎屑岩。主要岩性为变酸性晶屑凝灰岩、酸性晶屑岩屑凝灰岩、变沉酸性岩屑凝灰岩、流纹岩（或安流岩）、含黄铁矿绢云板岩、含黄铁矿钠长浅粒岩和粉砂质板岩等。与下伏中深变质岩系为角度不整合接触或呈断片接触。

孔子河组：仅见于黄陵穹隆西北兴山县黄粮坪乡。上部为厚度较大的含碳绢云千枚岩、绢云千枚岩、绢云片岩、绢云石英片岩，岩石中可见变余水平层理、变余交错层理，原岩为海相陆源碎屑沉积的泥砂质岩类；下部为变质绢云砂砾岩、含砾砂岩和石英岩。

4. 梵净山地层区

青白口系下部为梵净山群，上部为下江群，两者呈角度不整合接触。

王敏等（2012）对梵净山地区梵净山群地层中的火山碎屑岩夹层及细碎屑岩中的锆石进行了 LA-ICP-MS U-Pb 测年工作，在铜厂组中间获得了 832Ma 的碎屑岩锆石平均 U-Pb 年龄，在余家沟组中获得了 851Ma 的锆石平均 U-Pb 年龄和 845Ma、849Ma 的碎屑岩锆石原位 U-Pb 年龄，结合前人数据可以比较精确限定梵净山群的沉积时限在 855～815Ma 之间，时代亦归为青白口纪。

高林志等（2010）对黔东地区下江群的斑脱岩进行了研究，测定了甲路组斑脱岩锆石年龄（814.0±6.3）Ma 和清水江组斑脱岩锆石年龄（773.6±7.9）Ma。高林志等（2011）报道了梵净山地区下江群之下白岗岩的锆石 U-Pb 年龄为（835±5）Ma。因此，下江群的底界为青白口纪，清水江组之上可能已经进入了南华纪。

梵净山群：上部为核桃坪亚群，分为铜厂组、洼溪组、独岩塘组；下部为白云寺亚群，分为淘金河组、余家沟组、肖家河组、回香坪组。

回香坪组：分布于梵净山区中部牛尾河、回香坪以及东南部的密麻树、两岔河一带，为一套以巨厚变质基性熔岩为主夹沉积变质岩所组成的地层，总厚度 1824～4100m。

核桃园亚群：自下而上包括铜厂组、洼溪组、独岩塘组。铜厂组：在江口县铜厂一带最为发育，由变余砂岩、变余粉砂岩、千枚岩、板岩等组成不定式互层，分为两个段。洼溪组：位于梵净山区东部大转弯、洼溪、冷家坝一带，根据岩性可分成两段。第一段以变余砂岩—粉砂岩为主，变余凝灰岩夹层较多，常含钙质，偶见波痕。变余凝灰岩多见于本段下部和上部，中部少见。在横向上，由东北向西南凝灰质岩石减少至消失。第二段以绢云板岩为主，具清晰的条纹-条带状水平层理。独岩塘组：仅见于梵净山区东部独岩塘附近，为一套浅紫灰—灰绿色块状变质砾岩之下的一套地层，以浅灰绿色—灰绿色变余岩屑砂岩为主，次为变余砂岩-粉砂岩与绢云板岩,它们交互成层,具复理石韵律,残留厚度约785m。

下江群:主要为浅变质砂页岩、凝灰质砂岩、凝灰岩及少量碳酸盐岩,为一套浅海陆棚-陆坡相沉积。从北向南厚度加大,火山物质增加,河流沉积逐渐发育。自下而上分为甲路组、乌叶组、番召组、清水江组、平略组、隆里组。甲路组:岩性以石英绢云片岩、千枚岩为主。下部夹较多变余砂岩-粉砂岩,上部夹较多钙质千枚岩及大理岩透镜体;底部常见变质砂砾岩。乌叶组:下部为灰绿色至灰色石英绢云千枚岩、板岩夹变余砂岩-粉砂岩及少许变余凝灰岩;上部为深灰色至灰黑色绢云千枚岩、碳质或有机质千枚岩、板岩为主,夹变余砂岩及少许薄层钙质粉砂岩和钙质小透镜体。番召组:按岩性可分成两段。第一段为灰至浅灰绿色变余砂岩-粉砂岩与绢云板岩互层,砂岩中偶含钙质结核或钙质透镜体,或见同生砾石;第二段为灰至深灰色粉砂质绢云板岩夹凝灰质板岩及少许变余砂岩、变余凝灰岩。清水江组:为一套灰绿色条带状板岩、变质粉砂岩、砂岩板岩为主组成的地层,以含大量凝灰质并普遍具有明显的复理石韵律为特色。平略组:主要岩性包括浅灰色、灰色及灰绿色绢云母板岩粉砂质板岩夹少量凝灰质板岩及变余砂岩等,厚900~2200m。隆里组:分为两段。第一段浅灰至灰色变余粉砂岩夹砂质板岩、粉砂质板岩及绢云母板岩,偶夹凝灰质板岩,变余砂岩及变余粉砂岩中有时含砾或砾岩透镜体,由北西往南东砂岩减少,天柱—从江一带一般厚600~800m,最小厚度为250m;第二段为浅灰绿色、灰绿色绢云母板岩,粉砂质板岩夹少量变余粉—细砂岩,偶夹紫红色绢云板岩,板岩中常含绿泥石斑点,有时具滑塌成因的包卷层理和角砾构造,厚度为450~900m。

红子溪组:为一套紫灰色、灰绿色及杂色浅变质陆源碎屑岩。在层型地点松桃冷家坝至红子溪一带,按岩性可分成3段:第一段由灰绿色、紫褐色块状变质砾岩、含砾砂岩、砂岩组成,砾石成分复杂,有板岩、变余砂岩、变余粉砂岩等;第二段以灰绿色粉砂质绢云板岩为主,夹同色变余砂岩—粉砂岩;第三段为紫红与灰绿相间的粉砂质绢云板岩夹变余砂岩—粉砂岩,前者常具水平层理。

5. 江南地层区

青白口系下部冷家溪群,上部为板溪群与高涧群。冷家溪群与板溪群、高涧群均呈角度不整合接触关系,对应于武陵运动。板溪群与高涧群在湖南省内以辰溪—新晃—芷江为界,北部为板溪群,南部为高涧群。此外,在鄂西鹤峰走马坪及石门杨家坪一带见一套灰色板岩,归为青白口系张家湾组。

高林志等(2011)对湘东北冷家溪群和板溪群斑脱岩中的锆石进行研究,测得冷家溪群小木坪组斑脱岩SHRIMP锆石U-Pb年龄为(822 ± 10)Ma,板溪群张家湾组斑脱岩锆石U-Pb年龄为(802 ± 7.6)Ma,将冷家溪群和板溪群的时代均归为青白口纪。

冷家溪群:指伏于武陵运动不整合面之下的一套灰色、灰绿色绢云母板岩、条带状板岩、粉砂质板岩与岩屑杂砂岩、凝灰质砂岩组成复理石韵律特征的浅变质岩系,局部地段夹有变基性—酸性火山岩系,从下至上包括雷神庙组、南桥组、黄浒洞组、小木坪组、坪原组(湖南省地质矿产局,1997)。雷神庙组:下部为一套灰色、青灰色中—厚层状板岩、绢云母板岩为主夹粉砂质板岩、条带板岩;中部为一套浅变质的黏土岩和碎屑岩组合,岩性为灰色、深灰色中—厚层状变质砂质粉砂岩、细粒石英杂砂岩夹板岩、粉砂质板岩;上部为深灰色、灰紫色薄中层状绢云母板岩、纹层状绢云母板岩为主间夹薄中层状条带状粉砂质板岩与砂质粉砂岩。南桥组：中下部为灰色—深灰色中—中厚层状变质片理化岩屑杂砂岩、石英微晶片岩、帘石透闪片岩、石英云母片岩、千枚岩组成的韵律层系夹脉状、似层状变辉绿岩、黝帘石岩等变基性火山岩—次火山岩；上部以片理化砂岩、绢云母千枚岩、石英云母片岩与变基性溶岩、帘石透闪石岩、帘石阳起石岩、变角斑岩、变石英角斑岩、变流纹质凝灰岩类夹层。黄浒洞组：下部灰黄色中—厚层状、块状浅变质岩屑杂砂岩、岩屑石英杂砂岩为主夹板岩、粉砂质板岩、条带状板岩与薄层砂质粉砂岩，由上往下板岩增多，岩屑杂砂岩单层厚变薄，粒度由粗变细；中部灰绿色板岩、条带状板岩、条带状粉砂质板岩夹薄层状浅变质泥质粉砂岩、砂质粉砂岩；上部灰黄色中—厚层状浅变质中细粒岩屑杂砂岩、岩屑石英杂砂岩、石英杂砂岩、粉砂质板岩呈往复式韵律层。小木坪组：下部为灰色薄层绢云母板岩、粉砂质板岩为主夹薄层状砂质粉砂岩、泥质粉砂岩与细粒石英杂砂岩，由下往上碎屑岩逐渐减少；上部灰色薄层状板岩、条带状粉砂质板岩夹少量浅变质泥质粉砂岩、含砾板岩。该组具有独特的复理石韵律结构，使之成为冷家溪群独具特色的标志层。坪原组：岩性基本是一套灰色、灰绿色板岩、凝灰质粉砂质板岩与凝灰质砂板岩、凝灰质粉砂岩互层夹岩屑杂砂岩。凝灰质板岩、凝灰质砂板岩多呈厚层—块状，出露最大厚度为2047m。

板溪群：为一套浅变质砂泥质碎屑岩系，厚度大于3150m，自下而上划分为横路冲组、马底驿组、通塔湾组、五强溪组、多益塘组、百合垅组、牛牯坪组。横路冲组：底部为中层状变质砾岩与厚层状含砾砂岩互层；中上部灰黄色、浅紫红色中—厚层状板岩与变质砂岩构成两个韵律。厚387m，与下伏冷家溪群呈角度不整合接触。马底驿组：为一套紫红色、灰紫色板岩、条带板岩、含粉砂质板岩夹灰绿色薄层泥质粉砂岩与粉砂质板岩，局部地段发育顺层分布呈串珠状钙质团块—钙质薄层，厚1450m。通塔湾组：下部为灰绿色薄—中层状石英粉砂岩、含长石质石英粉砂岩夹紫红色条带状板岩；中部风化为灰白色含凝灰质黏土板岩夹紫红色条带状砂—粉砂质板岩；上部灰绿色中层状粉砂质板岩。五强溪组：底部为灰白色中厚层状含砾中粗粒长石石英砂岩夹灰白色、浅红色厚层状中细粒长石石英砂岩；下部灰白色、紫红色厚层状中粗粒石英砂岩夹细粒石英砂岩、粉砂岩及砂质板岩，偶夹灰白色厚层状含砾中粗粒石英砂岩；中部以浅红色、灰绿色粉砂质板岩、条带状粉砂质板岩夹灰绿色薄层状长石石英粉砂岩；上部灰白色薄—厚层状细粒石英砂岩夹中厚层状中粗粒石英砂岩，往上夹薄层状含砾中粗粒石英砂岩或砾岩层。多益塘组：为一套泥质岩石组合，下部为灰绿色薄层状粉砂质板岩、条带状板岩；中部灰绿色条带状凝灰质板岩、粉砂质板岩夹中层状凝灰质粉砂岩，偶夹薄层状沉凝灰岩；上部浅灰色厚层状变质凝灰质粉砂岩与条带状凝灰质板岩互层，水平纹层极发育，厚225m。百合垅组：下部灰绿色薄—中层状含砾石英砂岩、长石石英砂岩偶夹薄中层粉砂质板岩、条带状板岩，多见滚圆状—扁平状石英砾石；上部浅灰色中—薄中层状中细粒石英杂砂岩与粉砂质条带状板岩、泥质粉砂岩成韵律，厚38m。牛牯坪组：下部以灰绿色条带状粉砂质板岩、凝灰质板岩为主夹沉凝灰岩及薄层石英粉砂岩；上部灰色、灰绿色粉砂质板岩与条带状板岩构成韵律，厚350m。

高涧群：分布于新晃-芷江断裂带以南湘中地区，由含砾砂岩、变沉积火山角砾岩、钙质板岩、大理岩、碳质板岩、凝灰岩等组成。根据岩性、岩相特点,分为石桥铺组、黄狮洞组、砖墙湾组、架枧田组、岩门寨组。石桥铺组:为一套块状变质沉火山角砾岩、板岩夹凝灰质砂岩、粉砂岩的地层,沿走向可相变成石英杂砂岩、含砾砂岩夹板岩。黄狮洞组:为一套深灰色—紫灰色含大理岩团块的钙质板岩、大理岩、粉砂质钙质板岩地层,顶、底界清晰。砖墙湾组:岩性为灰绿色条带状板岩、灰黑色含碳质板岩及条带状粉砂质板岩为主,夹有中厚层状石英砂岩。架枧田组:岩性为灰绿色—灰白色细—中粒长石石英砂岩、长石石英杂砂岩为主夹极薄层状粉砂质板岩、凝灰质板岩,厚252~365m。岩门寨组:为一套深灰黑色条带状板岩、沉凝灰岩与灰绿色板岩组成的韵律,且夹凝灰质细粉砂岩的地层。

张家湾组:分布于恩施鹤峰走马坪及湘西石门杨家坪,由两个次级层序组成。下部为紫红色石英砂岩、石英粉砂岩、含铁泥质石英粉砂岩与条带状板岩组成往复式韵律结构;底部有石英砾岩、含砾粗砂岩;上部是紫红色、紫灰、灰白色石英砾岩、含砾石英粗砂岩、石英杂砂岩、粉砂岩、条带状板岩组成的向上变细的序列,同时上部层序岩石结构比下部层序粗。

第二节 南华纪—志留纪地层

一、地层分区及其特征

以襄(阳)-广(济)断裂为界,可将湘西-鄂西成矿带地层划分为南秦岭地层区与扬子地层区。南秦岭地层区进一步可划分为兵房街小区、武当小区、郧县-郧西小区;扬子地层区则划分为鄂西-湘西北分区、雪峰山分区、湘中分区(图1-2)。地层序列见表1-3。

1. 南秦岭地层区

早古生代开始,根据沉积差异及其反映的沉积环境等,将地层区划分为3个地层小区。

兵房街小区:寒武系主要由硅质板岩、灰岩、角砾灰岩、泥灰岩夹碎屑岩等组成,属边缘斜坡相—浅海陆棚相,产三叶虫等。奥陶系主要由泥岩、泥质灰岩、粉砂岩、板岩等组成,属边缘陆棚相,产笔石、三叶虫、牙形石等。志留纪早期主要由碳质板岩组成,属滞流海盆沉积,产丰富的笔石等化石;志留纪晚期则主要由泥质板岩、砂质板岩组成,属于浅海陆棚相沉积产物,含笔石、三叶虫等。

武当小区:该区早古生代表现出半稳定—活动型的沉积特征,具典型的大陆裂谷系特点,并在不同阶段表现为不同的沉积演化特征。寒武纪初始裂解,形成一套(深水)岩相稳定、厚度较小的沉积组合,并夹部分火山喷发沉积。奥陶纪时期,发育沉积厚度大、活动性的碎屑流沉积,反映同沉积断裂的强烈活动。志留纪时期,发育两套组合:其一,碳质、泥砂质、硅质沉积组合;其二,基性、碱性火山-沉积组合。

郧县-郧西小区:位于两隔断裂和十堰-襄阳断裂之间。区内寒武纪早期硅质岩、碳质板岩平行不整合于震旦系灯影组白云岩之上。从南皋期开始到晚奥陶世早期一直为稳定浅水台地相沉积。晚奥陶世中期开始,并一直延续到早志留世晚期发育千枚岩,指示该区从晚奥陶世中期开始造山,至早志留世末期结束。

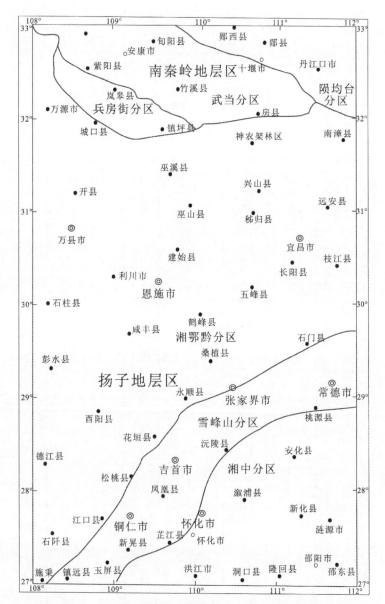

图 1-2 湘西-鄂西成矿带南华纪—志留纪地层分区

2. 扬子地层区

鄂西-湘北分区：本分区下南华统为河流-河口湾相沉积，上统为冰碛砾岩沉积，下震旦统为台地-台沟沉积相，而上震旦统—晚奥陶世早期一直为浅水碳酸盐台地相沉积。晚奥陶世中期前后开始的宜昌上升导致局部地区隆升（陈旭等，1999），缺失晚奥陶世晚期沉积。志留纪始主要表现为前陆盆地碎屑沉积，至早志留世末期以后整体抬升，缺失中志留世—晚志留世沉积记录。

雪峰山分区：南华纪时期沉积了海相冰碛岩、震旦纪海相碳酸盐岩及硅质岩等沉积。出露地层为青白口系板溪群，南华系富禄组、古城组和大塘坡组、洪江组以及震旦系金家洞组、

表1-3　湘西-鄂西成矿带南华纪—志留纪地层划分与对比表

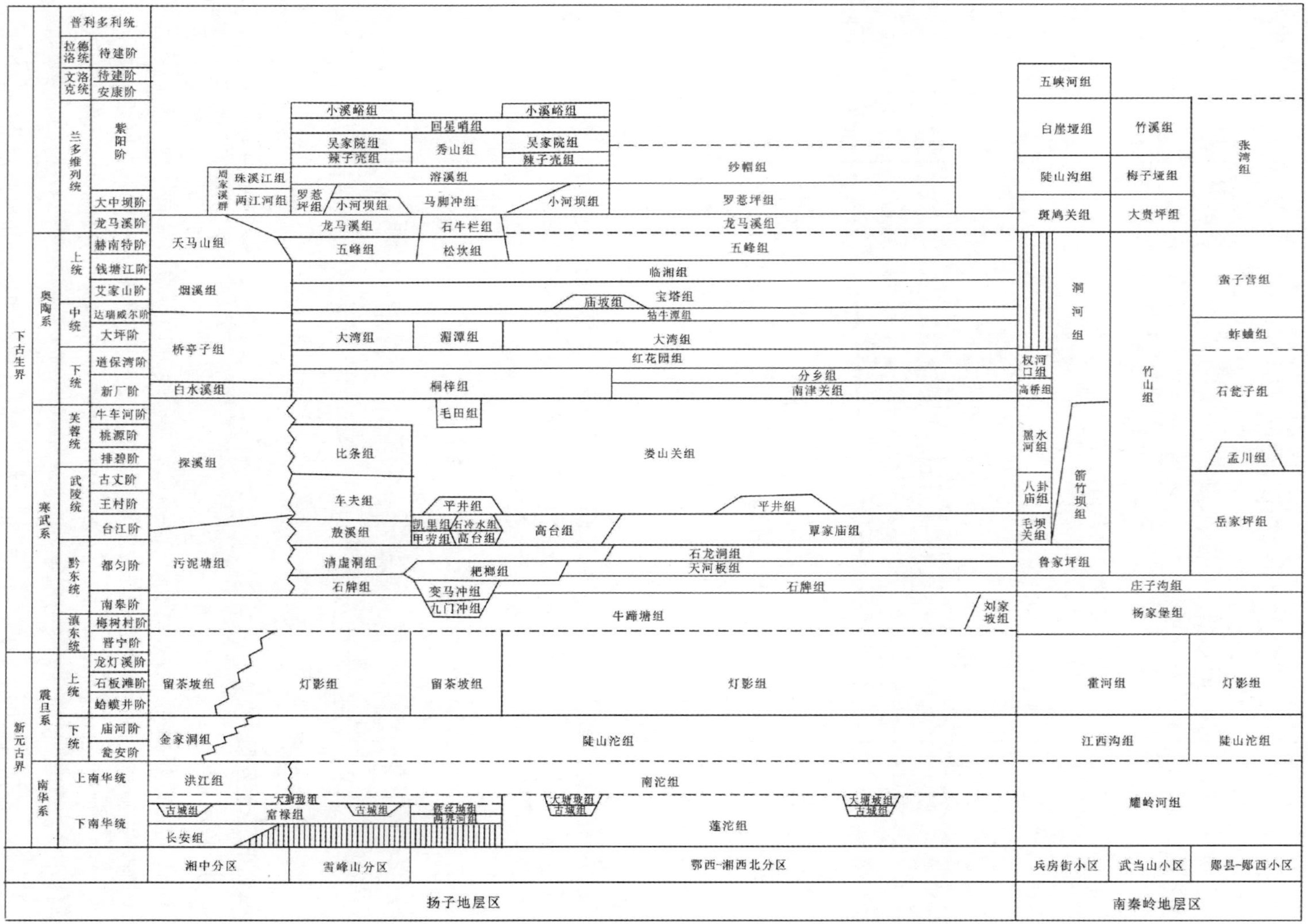

老堡组、留茶坡组。该区早古生代地层发育,寒武系整合于震旦系老堡组之上,纵向变化规律相似,滇东统—黔东统为浅海陆盆钙泥质-泥质沉积,往上地层中碳酸盐含量逐步增加,至古丈阶和芙蓉统主要为台地-斜坡相碳酸盐沉积,生物化石丰富,尤以三叶虫最为发育。从奥陶纪开始,区内碎屑含量增加,雪峰山地区与武陵山地区之间逐步发生沉积相分异,武陵山地区在早奥陶世早期(桐梓组)时表现为台地边缘斜坡相碳酸盐沉积,而雪峰山地区(白水溪组)则为深水陆棚-盆地相泥质碎屑沉积。早奥陶世晚期—晚奥陶世早期武陵山地区转化为深水陆棚-盆地相含笔石碎屑岩、薄层泥灰岩,而雪峰山地区则发育黑色碳质硅质岩。晚奥陶世—早志留世的沉积与鄂西—湘西北地区基本一致。

湘中分区:南华纪为一套含陆缘冰碛砾石的浅海碎屑-泥质岩建造的冰期沉积及间冰期沉积。震旦纪以类复理石、硅质岩建造为主。该地层分区的寒武系层序和岩性变化规律与江南地层分区的雪峰山地区相似,下部为硅质、碳质板岩,往上钙质含量升高,发育泥质灰岩等。但相比之下,区内碎屑成分含量较高,颗粒较粗,化石稀少。中奥陶统—上奥陶统底部普遍沉积盆地相灰黑色碳质板岩,夹硅质岩,发育 *Isograptus* 等太平洋型笔石动物群。早志留世沉积为浅海相的粉砂质页岩。区内缺失中—晚志留世沉积。

二、岩石地层划分与对比

(一)湘中分区

1. 南华系

长安组:岩性为块状含砾泥岩、含砾泥岩夹变质细砂岩及粉砂岩、板岩等。

富禄组:该组底部以赤铁矿、磁铁矿层为主,称江口式铁矿,中、上部以灰绿色厚层状长石石英砂岩、含钙长石石英砂岩、石英砂岩为主,夹条带状粉砂质板岩、绢云母板岩。砂岩局部含砾,具水平层理、波状层理及冲刷交错层理,厚 410.5m。

古城组:分布于通道、洞口、江口等地,本组为灰绿色含砾泥岩夹碳质板岩或含砾砂岩,厚仅几米。在双峰—祁东一带,为含砾泥岩夹板岩及灰岩透镜体,厚 160m。

大塘坡组:该组根据岩性可以分为两段。第一段主要为深灰色、灰黑色碳质黏土岩、含粉砂碳质黏土岩,底部夹多层似层状、透镜状菱锰矿及凝灰岩或凝灰质岩;第二段为灰色、深灰色粉砂质黏土岩、黏土岩、泥岩夹少量粉砂岩,为斜坡-盆地相沉积。

洪江组:分布于新化—通道一带。岩性以灰、深灰色块状含砾泥岩,夹板岩、砂岩及白云岩透镜体为特征。砾石成分复杂,花岗岩砾石较多,砾径 1~5cm,个别达 20cm,砾石含量 5%~15%,为大陆边缘斜坡沉积的产物。

2. 震旦系

金家洞组:主要见于湘中地层分区,在湘西北地层分区的沅陵、辰溪一带亦有少量出露,以深灰色碳质页岩、硅质岩及白云岩三者为特征,与下伏南沱组冰碛砾岩或洪江组砂砾岩皆为整合接触。

留茶坡组:在湘中地区,该组以黑色或黑、白相间条带的薄—厚层状不夹其他岩性的纯硅质岩为特征,而在贵州地区,该组下部为灰黑色中厚层硅质岩,具条纹、条带状层理,时见碳酸盐岩透镜体,含黄铁矿;中部为中厚层夹薄层硅质岩;上部为灰黑、黑色薄层—板状硅质岩、碳质硅质岩,夹叶片状—薄层状碳质黏土岩,含磷块岩结合、磷质纹层和黄铁矿微粒,具水平纹层,具有斜坡沉积的特点。

3. 寒武系

牛蹄塘组:以一套黑色岩系为特征。在娄底—双峰一带,本组底部为青灰色板岩、硅质板岩。靠湘川、湘黔边境一带,板岩中含砂质,甚至夹有少量粉砂岩、细砂岩。本组底部常夹有磷块岩或富磷结核和石煤层。

污泥塘组:为一套碳质板状页岩与含白云质灰岩互层所组成的地层,产少量三叶虫及海绵骨针化石。由怀化污泥塘往西,碳质页岩部分逐渐相变为灰绿色、蓝灰色斑状页岩,偶夹硅质碳质斑状页岩。向东,含白云质灰岩多相变为碳泥质灰岩、泥灰岩等,碳、泥质成分明显增加,白云质含量减少。

探溪组:为一套由含碳泥质的白云质灰岩、泥质灰岩、泥质灰质白云岩组成的地层。在安化琅琳冲一带,本组主要岩性为碳泥质白云质泥质灰岩及泥质灰岩;往西,怀化花桥米良坡及芦溪兴隆场一带,本组以薄层结晶灰岩及泥质条带灰岩为主;往东以泥质条带灰岩为主。

4. 奥陶系

白水溪组:分布于湘中地层分区内,为深灰色纹层状板状页岩、钙质板状页岩,具有毫米级纹层,常夹钙质板岩、灰岩扁豆体或灰质薄层,偶含粉砂质。

桥亭子组:为一套灰绿色、青灰色粉砂质板状页岩,下部粉砂岩较多,含笔石化石。本组岩性稳定,但也有一些小的变化,如:安化大福坪一带,上部岩石多为青灰色,下部多为灰绿色;桃源九溪一带夹有钙质板状页岩和灰岩透镜体;新化新塘麻罗山、安化大福坪一带夹粉砂岩和细砂岩较多,并与板状页岩、砂质板状页岩组成韵律层。

烟溪组:为一套由黑色碳质板状页岩、薄层硅质岩、碳泥质硅质岩组成的笔石相地层。在烟溪组的标准地区,本组为黑色碳质板状页岩和碳质硅质板状页岩;往南东至新化一带,本组岩性除夹粉砂质板岩较多外,基本无变化。往东,安化、桃江、益阳一带,本组顶部常为薄层硅质岩,中、下部为薄层黑色页岩与泥质硅质岩互层。

天马山组:为一套浅变质长石石英砂岩。底部或下部板岩稍多,往上浅变质砂岩逐渐增加,多为浅变质砂岩夹板岩,部分浅变质砂岩含长石。浅变质砂岩、浅变质长石石英砂岩、板岩和砂质板岩等常组成复理石韵律层,为一纯笔石相地层。

5. 志留系

周家溪群:分布于洞口—安化一带,与龙马溪组呈整合接触,上与跳马涧组不整合接触,主要由一套灰绿色、灰色浅变质砂岩、板岩组成,自下而上包括两江河组与珠溪江组。

两江河组:分布于洞口—安化一带,岩性以青灰色、灰绿色中—厚层状浅变质细砂岩、粉砂岩为主,夹砂质板岩、板岩或板状页岩及少量碳质板岩,常见水平层理、斜层理、沙纹层理、波痕等。含丰富的笔石化石,厚度较大,一般939~1931m,为次深海-海盆沉积组合。

珠溪江组:分布于洞口—安化一带,岩性以灰绿色、暗灰绿色、深灰色条带状、纹层状砂质板岩、板岩、粉砂岩为主夹细粒石英砂岩,局部偶夹碳质板岩。条带、纹层状构造特别发育,部分粉砂岩具球形风化特征。本组未见顶。跳马涧组高角度不整合于本组之上。

（二）雪峰山分区

1. 南华系

富禄组：本组为一套灰白色块状含砾长石石英砂岩、砂岩，局部夹板岩或硅质板岩。岩性变化甚小，而厚度变化较大，厚 1～260.3m。它以灰白色块状砂岩为特征，与上、下地层均易划分，为滨岸-浅海沉积的产物。

古城组：区内该组多为一套含砾泥岩，并可直接超覆于板溪群之上。在花垣—古丈—安化留茶坡一带，本组具有明显的韵律性。下韵律为砾岩、粒泥岩、含砾砂岩或砂岩，上韵律为藻白云岩、白云岩、硅质岩或板岩。

大塘坡组：岩性与湘中分区相同，不再赘述。

南沱组：在怀化、沅陵、益阳等地，该组以块状泥砾岩或砾泥岩为特征；在双峰—祁东一带夹一层白云岩、硅质岩。该组为大陆冰川-海洋冰川沉积作用的产物。该组与下伏莲沱组或大塘坡组、上覆陡山沱组均呈平行不整合接触关系。

2. 震旦系

陡山沱组：在湖南张家界—凤凰地区、重庆秀山、城口、巫溪地区，该组岩性为碳质页岩、碳质泥灰岩及碳泥质白云岩夹砂岩，夹不等量的白云岩及灰岩。在贵州地区，本组与峡东地区岩性有较大的差别，为一套含磷碳酸盐岩-黏土岩组合。下部为浅灰色、浅灰红色中厚层白云岩、泥质白云岩，该层白云岩各地厚度虽不一，但均可见，为本组底部一标志层；中部深灰色、暗灰绿色黏土岩、粉砂质黏土岩、含粉砂碳质黏土岩；上部为泥质白云岩，夹白云岩、磷块岩的碳质页岩，夹含磷硅质岩、磷结核的白云岩等组成，厚145m。

灯影组：区内主要为白云岩-页岩-硅质岩组合。在贵州北区本组可分成3个部分：中下部为灰色、浅灰色厚层块状细晶白云岩、鲕状白云岩、藻白云岩、泥—微晶白云岩，夹砾屑、砾砂屑白云岩；上部为粉砂质黏土岩、微晶白云岩，夹硅质岩、磷块岩透镜体或薄层；顶部为灰色、深灰色薄层白云岩硅质岩、深灰色薄层白云质硅质岩、含磷白云岩、含磷硅质岩、磷块岩等组成。

3. 寒武系

牛蹄塘组：以一套黑色岩系为特征。下部一般为黑色碳质页岩夹黑色薄层状硅质岩、含磷硅质岩，含丰富的小壳化石；上部岩性较稳定，为黑色页岩、碳质页岩夹黑色薄层状灰岩，含丰富的三叶虫化石。靠湘川、湘黔边境一带，板岩中含砂质，甚至夹有少量粉砂岩、细砂岩。本组底部常夹有磷块岩或富磷结核和石煤层。

石牌组：分布于青峰断裂以南的地区，与牛蹄塘组相伴出现。区内该组一般为灰绿色、黄绿色页岩、钙质页岩，新鲜岩石呈灰黑色，夹泥灰岩（多为透镜状）。

清虚洞组：下部以灰色、深灰色中至厚层状灰岩、白云质灰岩、鲕状及豹皮状灰岩为主夹白云岩；上部以灰色中—厚层状白云岩为主夹白云质灰岩，含三叶虫化石。在湖南省境内，该组岩性略有变化，以薄—中层青灰色—深灰色灰岩为特征，夹泥灰岩、碳质灰岩及钙质页岩、碳质板状页岩。本组以灰岩为主，水平泥质纹层发育，产底栖为主的生物化石。

敖溪组：分布于湖南桃源、张家界、保靖、凤凰及贵州石阡等地，为一套薄层夹中厚层泥质白云岩、白云岩夹少量灰质白云岩、碳泥质白云岩的地层。本组以薄层和微层状白云岩、泥质白云岩为主。在桃源牛车河、沅陵明溪口、凤凰茶田一线，下部为碳质页岩与泥质岩有互层，上部为白云岩夹少量黑色页岩，白云岩显著减少。

车夫组：以薄层泥质条带灰岩夹多层竹叶状、角砾状灰岩及白云岩为特征，底部为青灰色、暗灰色微层泥质灰岩。往东，碳、泥质含量增加，如桃源牛车河等地，本组下部夹有少量碳质斑状页岩。车夫组多为薄层灰岩，其中发育水平泥质纹层和条带，富含三叶虫化石。

比条组：为青灰色厚层—块状致密灰岩及细粒结晶灰岩，下部灰岩具有癫痫状构造；上部夹数层中—粗粒结晶白云岩。含三叶虫及少量腕足类、牙形刺等化石。比条组灰岩以发育泥质组成的水平层理为主，另有少量斜层理，夹角砾状灰岩，顶部还有较多的白云岩。

娄山关组：岩性以白云岩为主，下部多为薄层；中部以中厚层为主，夹较多的角砾状白云岩；上部以中厚层为主，局部含燧石团块。

4. 奥陶系

桐梓组：分布于湘西—黔北，由灰色—深灰色中至厚层夹薄层微—细晶白云岩和细—粗晶生物屑灰岩，夹砾屑、鲕豆粒白云岩，常含燧石团块或结核，富含三叶虫、腕足类等化石。

分乡组：与南津关组相伴出现。底部为一层稳定的灰绿色薄层状钙质泥岩，以此与下伏南津关组相区分。向上为灰绿色页片状钙质泥岩与深灰色中厚层状亮晶生物碎屑灰岩、泥晶生物屑灰岩、鲕粒砂屑生物屑灰岩、砾屑生物屑灰岩不等厚互层。泥岩水平层理发育，夹较多灰岩透镜体或扁豆体、条带，灰岩中的生物屑以腕足、棘皮类为主。

红花园组：分布于襄(阳)-广(济)断裂以南、安化-溆浦断裂以北的广大地区，为一套灰色、深灰色中—厚层夹薄层微—粗晶生物碎屑灰岩与波状泥质条带生物碎屑灰岩组成的韵律式沉积，在区内为白云质生物碎屑灰岩、白云岩。

大湾组：与南津关组、红花园组相伴出现，以紫红色、灰绿色、黄绿色不纯灰岩夹黏土岩及粉砂岩，富含头足类、三叶虫及笔石为特征。自下而上分为3个岩性段：下段为黄绿色页岩夹灰色中厚层泥质条带灰岩、紫红色及杂色泥灰岩、含云母砂质页岩等；中段为紫红色夹黄绿色中厚层泥质条带灰岩、泥灰岩，层间夹钙质页岩，富产头足类、腕足类及三叶虫；上段为黄绿色泥质粉砂岩、粉砂质泥岩间夹页岩、钙质粉砂岩，顶部常夹灰岩透镜体，产笔石、三叶虫及腕足类等化石。

牯牛潭组：在贵州省该组三分明显。下部为灰色、灰红色厚层灰岩；中部为灰色、灰黄色薄至厚层泥质灰岩及泥灰岩；上部为黄色、灰黄色或黄绿色页岩、钙质页岩、粉砂质钙质页岩，富含笔石、三叶虫及腕足类等化石。《贵州省岩石地层》称之为十字铺组，而笔者认为它与牯牛潭组属同物异名，故本书沿用牯牛潭组。

庙坡组：为一套黑色钙质泥岩和黄绿色页岩夹灰岩或灰岩透镜体。富含笔石，亦有三叶虫、头足类化石。分布虽广泛，但不稳定，时现时灭。

宝塔组：以灰色中厚层状"龟裂纹"泥晶灰岩夹薄层状瘤状泥晶灰岩为特色，有丰富的头足类、腕足类化石，以震旦角石为特点。本组为灰岩沉积于正常浪基面以下、风暴浪基面之上的陆棚或台盆环境。时代归为中—上奥陶统，具有较长的穿时性。

临湘组：为浅灰色、灰色中厚层状瘤状泥晶灰岩夹薄层状瘤状灰岩，底部层间偶夹有少量灰色龟裂纹灰岩及泥岩,顶部见薄层泥质粉砂岩。泥质条带发育,呈网状或波状。

五峰组:广泛发育于扬子地层区内,为海相泥质沉积,以黑色页岩为主,厚仅数米。与下伏临湘组和上覆志留纪龙马溪组均呈整合接触。扬子地层区五峰组由下部的笔石页岩段与上部的观音桥段组成,二者紧密共生,为连续沉积。

笔石页岩段为黄绿色、浅紫色、黑灰色微薄层至薄层含有机质、石英细砂质水云母黏土岩夹黑灰色微薄层至薄层硅质岩。在王家湾界线标准剖面上可见此带的硅质层为黑、白相间的层纹或条带状,且在显微镜下可见有机质集中的部分连续条带沿层理分布。此外,在笔石页岩段所夹灰岩透镜体中产牙形石、介形虫、几丁虫等。

五峰组上部观音桥段为浅黑灰色含较多石英和少量长石碎屑的水云母黏土岩和粉砂岩或为浅灰色灰岩、泥灰岩,且该段具不同类型的岩相(砂质岩相、泥质岩相和生物屑岩相)。其中,砂质岩相大致沿川南雷波—川东南秀山—鄂西宜昌及其以北的地区分布;泥质岩相主要分布在川南雷波—綦江—川东南秀山—鄂西宜昌一线与黔北毕节—遵义—黔东南铜仁一线之间。

龙马溪组:由李四光、赵亚曾(1924)在湖北秭归新滩东南的龙马溪创建的"龙马页岩"演变而来。汪啸风等(1987)对龙马溪组的岩石组合和生物群进行了详细研究,自下而上划分为黑色页岩段和黄绿色砂岩段,建立了11个笔石化石带。湖北、湖南、贵州三省在地层清理时,恢复李四光、赵亚曾(1924)龙马页岩涵义及龙马溪组为五峰组与原龙马溪组黑色页岩段(汪啸风等,1987)之和,同时对原龙马溪组上部的黄绿色页岩段(汪啸风等,1987)称之为新滩组。许多学者对各地区五峰组与龙马溪组的笔石进行了研究,发现五峰组顶界与龙马溪组底界之间缺失了8个笔石带,存在着沉积间断。两者接触界面呈平行不整合接触关系(Chen Xu,2004;樊隽轩,Michael J. Melchin,2012)。依据岩石地层单位创建规则,组内存在平行不整合是不合适的。本书遂废弃新滩组,恢复五峰组、龙马溪组(汪啸风等,1987)的划分方案,下部为黑色页岩段,上部为黄绿色砂岩段(注:湖北、湖南、贵州三省岩石地层称该段为新滩组)。

本组下部为黑色、深灰色薄层粉砂质泥岩与深灰色、黑色页片状泥岩韵律层,夹少量透镜状—薄层状泥质粉砂岩、粉砂岩,笔石较丰富,水平层理发育,上部(原新滩组)以灰色、灰绿色页岩(泥岩)粉砂质页岩为主,含笔石化石,自下而上笔石丰度逐渐降低,为陆棚-浅海沉积物。

(三)鄂西-湘西北分区

1. 南华系

铁丝坳组:该组分布于贵州松桃、印江等地。下部为黄灰色、灰色块状砾质砂岩、砂泥质砾岩;中部为灰色厚层岩屑砂岩、杂砂岩;上部为深灰色中—厚层砾质泥岩与杂砂岩互层及杂砂岩与黏土岩互层。为一套大陆边缘斜坡相沉积产物。

两界河组:该组分布于贵州松桃—印江地区,以碎屑沉积为特征。底部为浅灰绿色块状粉砂质砾岩、白云质砾岩、白云岩;下部为灰绿色中厚层岩屑杂砂岩及含砾砂质黏土岩,近底部含细砾石并夹有多层白云岩;中部为灰色、灰绿色厚层岩屑杂砂岩、岩屑砂岩、长石岩屑砂岩,时含砾石,具有大型交错层理及平行层理;上部为灰色、浅灰绿色中厚层—块状长石岩屑砂岩、含砾岩屑砂岩、含砾长石砂岩。

古城组：研究区内分布于湖北宜昌、恩施、神农架及重庆秀山地区，区内岩性变化较大。在湖北长阳古城岭和神农架地区，本组由块状砂质冰碛岩与砂砾岩组成，而在鹤峰走马坪地区，本组由黄绿色条纹状冰碛含砾粉砂岩、含砾泥岩组成，也经变质呈板岩状，砾石少而小，形状多样，成分复杂，具有水平层理。

大塘坡组：研究区内该组分布于湖北神农架、宜昌、重庆万县、秀山等地，是重要的含锰岩系。以灰色薄板状粉砂质页岩为主，为一套含锰的细碎屑岩系。在神农架高桥河剖面，它以灰黑色含碳页岩、条带状含碳质粉砂岩、含锰碳酸盐岩透镜体或薄层状锰矿层为其特征；在长阳古城岭地区见多层条带状锰矿层。

莲沱组：本组主要分布于湖北省黄陵背斜边缘地带及重庆秀山地区。本组岩性可分为两部分：下部为紫红色、棕黄色中厚层—厚层状砂砾岩、含砾粗砂岩、长石质砂岩、凝灰质砂岩、凝灰岩等，底部具砾岩；上部紫红色、灰绿色中厚层状细粒岩屑砂岩、长石质砂岩夹凝灰质岩屑砂岩、晶屑、玻屑凝灰岩等。

南沱组：该组岩性由块状灰绿色夹紫红色冰碛砾岩（杂砾岩）、冰碛含砾砂砾岩等组成，区域上均为一套特征明显的冰碛岩地层序列，为寒冷气候条件下的特殊沉积物。在不同地区略有差别：在恩施鹤峰走马坪，南沱组有轻微的区域变质（千枚岩化）；在重庆秀山、巫溪一带，该组夹火山凝灰岩成分较多；在贵州印江一带，该组下部为灰紫色、紫红色厚层—块状砾质泥岩，上部为紫红、灰绿色砾质砂岩。

2. 震旦系

陡山沱组：在峡东地区层型剖面上，该组以灰色、褐灰色、灰白色白云岩为主，下部为灰色、褐灰色白云岩，含泥质和硅质磷质结核；中部为灰黑色叶片状含粉砂质白云岩；上部为灰色—灰白色中—厚层状白云岩夹硅质层或燧石团块组成。在不同地区岩性差别较大。在湖北南漳、钟祥、神农架南部、长阳、鹤峰走马坪等地陡山沱组的岩性主要由含碳质或含锰或含磷含硅质的微晶白云岩、泥质或灰质白云岩、灰岩组成，夹碳质页岩、燧石层、磷矿层。厚60～491m。

灯影组：广泛分布于扬子地层区内、南秦岭地层区两陨及陨均台地层区。

白云岩-灰岩-白云岩组合：下部及上部由各类灰白色白云岩组成，且下部赋存磷矿床；中部则由黑色沥青灰岩（俗称臭灰岩）与硅质灰岩组成。以峡东及黄陵断隆周缘出露为典型，并在湖南杨家坪—张家界—古丈等地区较发育。

白云岩夹灰岩、页岩组合：由多种类型白云岩组成，富含藻类、叠层石，产小壳化石，发育多种沉积成岩构造，具硅质纹带及结核，一般中、下部夹磷块岩、磷结核。以神农架地区分布出露为典型，尚分布于房县、南漳、谷城、长阳、鹤峰以及重庆万县等地区。

3. 寒武系

牛蹄塘组：广泛分布于扬子地层区，以一套黑色岩系为特征。下部一般为黑色碳质页岩夹黑色薄层状硅质岩、含磷硅质岩，含丰富的小壳化石；上部岩性较稳定，为黑色页岩、碳质页岩夹黑色薄层状灰岩，含丰富的三叶虫化石。重庆秀山一带该组岩性以黑色页岩、碳质页岩为主，偶夹粉砂岩、砂质页岩及泥灰岩。

石牌组：广泛分布于青峰断裂以南的地区，与牛蹄塘组、刘家坡组相伴出现。该组主要由黏土岩、页岩、砂质页岩、粉砂岩、砂岩夹薄层鲕状灰岩、生物碎屑灰岩所组成。恩施—宜昌—咸宁一线以南地区，石牌组岩性比较稳定，与峡东一带的石牌组岩性基本相同，但在黄陵背斜西侧石牌组中下部与东侧石牌组下部岩性有所差异，变为泥质条带灰岩夹粉砂岩及细砂岩夹灰岩。神农架西侧，本组变为含泥质细粒石英砂岩、泥质粉砂岩夹砂纸灰岩。往东至龙头沟，石牌组下部有薄层状灰岩；中部为页岩、砂质页岩；上部为粗粒长石石英粉砂岩。在湖南地区，该组一般为灰绿色、黄绿色页岩、钙质页岩，新鲜岩石呈灰黑色，夹泥灰岩（多为透镜状）。

刘家坡组：分布于研究区内的宜城、襄阳南漳、保康、谷城等地，岩性为深灰色薄—中厚层状含泥质白云岩微粒灰岩、条带状白云岩，底部为褐黄色白云质页岩、泥质粉砂岩夹薄层状泥质白云岩透镜体。

天河板组：在湖北省内与石牌组相伴出现。在宜昌市天河板剖面，本组由灰色—深灰色薄层状泥质条带灰岩夹鲕粒灰岩及少许黄绿色页岩组成。在咸丰—鹤峰一带，该组上部夹少许砂纸页岩、细砂岩及白云岩；神农架地区，该组岩性特殊，下部为浅灰色、灰色中厚—巨厚层状灰岩、含粉砂状灰岩夹鲕状、豆状灰岩，时夹砂质条带，产古杯类化石；上部为薄层状泥质条带粉砂岩，夹薄层状、透镜状灰岩及鲕粒灰岩。

石龙洞组：在湖北省境内与石牌组相伴出现。为一套浅灰色—深灰色至灰色中—厚层状白云岩、块状白云岩，上部含少量钙质及少量燧石团块的地层。在区域上，岩性稳定，只在南漳地区本组下部夹铁质黏土岩，为局限台地沉积。

覃家庙组：分布在襄阳—京山—沙市一线以西的地区。在宜昌地区，本组为灰色—浅灰色薄层状白云岩、薄层状泥质白云岩夹中厚层状白云岩、灰质白云岩及页岩。中部有一层厚1~4m的灰白色长石石英砂岩。在区域上，黄陵、长阳、鹤峰、咸丰及恩施等地，本组岩性比较稳定，与峡东地区的岩性基本相同。在古城地区，该组岩性变化较大，为紫红色、灰紫色夹灰色薄层状白云岩、薄层状泥质白云岩、泥质粉砂质白云岩、粉砂质白云岩夹钙质白云岩，并含硅质条带和结核，泥质白云岩中含有石盐假晶，层面具有波痕构造。神农架西侧，该组为灰色薄层状白云岩、泥质粉砂质白云岩、粉砂岩夹紫红色粉砂质白云岩及紫红色钙质页岩。

九门冲组：分布在研究区的贵州丹寨县、岑巩县、江口县等地，为一套黑色有机质灰岩夹灰绿色、灰黑色页岩，含三叶虫 *Hupeidiscus*。

变马冲组：分布于研究区的贵州丹寨县、岑巩县、江口县等地，与九门冲组相伴出现，为一套碳质层纹状砂质页岩、碳质泥岩、碳质页岩、粉砂岩，偶夹砂岩，含三叶虫 *Chengkouia* 等的地层序列。

杷榔组：分布于贵州铜仁、石阡等地，下部为浅灰色、灰绿色黏土页岩，偶见粉砂岩，含三叶虫 *Arthricocephalus* 等；上部为浅灰色钙质页岩、粉砂岩、黏土页岩及黏土页岩间夹泥质灰岩透镜体。

高台组：分布于湖南的龙山、石门、慈利地区及贵州的铜仁地区。岩性为灰色薄层砂泥质白云岩、黏土岩、砂质黏土岩和粉砂岩夹泥质白云岩及白云岩，含三叶虫 *Kaotaia* 等。至石门和慈利等地，本组渐变为泥灰岩与页岩的互层。

石冷水组：广泛分布于研究区内贵州铜仁、玉屏等地。下部为灰色、深灰色中至厚层白云岩,中、上部为灰色、浅灰色厚层白云岩夹中至厚层角砾状、叶片状白云岩及砂泥质白云岩。以薄层叶片状、蛋壳状白云岩和角砾状白云岩为主,中下部和中上部夹砂泥质白云岩。

凯里组:分布于研究区内贵州岑巩县内,主要由一套灰绿色、黄绿色页岩、泥岩夹少量薄层灰岩和泥灰岩组成。由南向北逐渐变薄,以丹寨南皋厚度最大,达320m。向北至铜仁黄家院仅厚10m左右,其下部与顶部逐渐变为薄层纹层灰岩、含白云质灰岩和白云岩。

甲劳组:在贵州丹寨一带出露,自下而上为碳质灰岩、硅质页岩、钙质页岩、泥灰岩、砂质页岩和钙质粉砂岩,为斜坡-次深海沉积物。

平井组:分布于研究区内的贵州铜仁地区与重庆酉阳地区。该组底部为厚约6m的石英砂岩地层,下部为灰色、深灰色厚层白云岩夹白云质灰岩,上部为灰色、深灰色条带状灰岩、白云质灰岩及白云岩。上部灰岩自东向西,由南往北逐渐增厚,四川秀山溶溪以北灰岩和白云岩交替出现,至松桃孟溪灰岩逐渐消失,由白云岩所代替。

娄山关组:以白云岩为主,下部多为薄层;中部以中厚层为主,夹较多的角砾状白云岩;上部以中厚层为主,局部含燧石团块。本组常含石膏、盐类和叠层石。在一些地区岩性略有差别,但是均以中厚层白云岩为主,含生物化石稀少,具水平微层理、鲕粒、藻纹层、鸟眼、竹叶状、角砾状构造等。

毛田组:分布于研究区内的贵州东部及重庆石柱、酉阳、秀山地区,以灰岩为主夹有藻白云岩、砂砾屑灰岩,上部夹较多的燧石结合及条带,富含叠层石。厚度在酉阳地区最大,向南北两个方向明显变薄,具有向娄山关组相变的特征。

4. 奥陶系

桐梓组:分布于湘西—黔北,为灰白色至深灰色厚层灰岩、白云质灰岩夹白云岩和页岩。石门杨家坪本组顶部和下部都夹有页岩(顶部有时为页状泥灰岩),中部白云质灰岩较多;往西南,桑植地区本组顶部夹页岩和硅质页岩,但下部夹页岩,代之为薄层硅质灰岩;中、下部仍有较多的白云质灰岩、白云岩;再往南西,龙山洗车顶部及上部夹页岩,顶、底部灰岩含燧石团块或条带,自底至顶白云质灰岩较多;往南,张家界以细晶灰岩和致密灰岩为主,仅上部夹页岩,灰岩中含硅质条带,白云质灰岩、白云岩少见。很显然,在石门、桑植及龙山一带,本组含白云质普遍较高;往南,白云质则明显减少。

南津关组:指整合于娄山关组与红花园组之间的一套浅灰、灰色中—厚层状碳酸盐岩为主的地层序列,底部为生屑灰岩、灰岩,含三叶虫、腕足类等;下部为白云岩;中部为含燧石灰岩、鲕状灰岩、生屑灰岩,含三叶虫;上部为生屑灰岩夹黄绿色页岩,富含三叶虫、腕足类等。在恩施—长阳一带以灰岩为主,从底部或下部至上部均夹页岩,接近贵州的桐梓组。至宜昌黄花场及其以北、以东的神农架、南漳、钟祥、京山等地,白云岩明显增多,页岩夹层只限于上部或顶部。至扬子地层区的北缘谷城、保康等地,不夹页岩,为灰岩、白云岩。全组厚度变化较大,总的趋势南厚北薄,鄂西南、鄂西较发育,厚255~94.1m。

分乡组:与南津关组相伴出现。底部为一层稳定的灰绿色薄层状钙质泥岩,以此与下伏南津关组相区分。向上为灰绿色页片状钙质泥岩与深灰色中厚层状亮晶生物碎屑灰岩、泥晶生物屑灰岩、鲕粒砂屑生物屑灰岩、砾屑生物屑灰岩不等厚互层。泥岩水平层理发育,夹较多灰岩透镜体或扁豆体、条带,灰岩中的生物屑以腕足、棘皮类为主,为滨海-浅海沉积物。

红花园组：为一套灰色、深灰色中—厚层夹薄层微—粗晶生物碎屑灰岩与波状泥质条带生物碎屑灰岩组成的韵律式沉积。在不同地区岩性略有差异。在湘西北地区为白云质生物碎屑灰岩、白云岩；龙山、张家界、慈利等地，未见有白云质成分岩石出现；在重庆巫山、开县等地，该组出现大量鲕状、竹叶状灰岩；在湖北峡东及神农架地区，岩性较单一而稳定，以深灰色至灰黑色厚层状灰岩及生物粗碎屑灰岩，富含头足类、海绵骨针为主要特征，偶见燧石及少许页岩或泥质条带灰岩；而在贵州松桃等地，多为钙质白云岩或白云岩（后期白云岩化），局部仍保留了大量生物碎屑及头足类化石的特征。

大湾组：与南津关组、红花园组相伴出现，以紫红色、灰绿色、黄绿色不纯灰岩夹黏土岩及粉砂岩，富含头足类、三叶虫及笔石为特征。自下而上分为3个岩性段：下段为黄绿色页岩夹灰色中厚层泥质条带灰岩、紫红及杂色泥灰岩、含云母砂质页岩等；中段为紫红夹黄绿色中厚层泥质条带灰岩、泥灰岩，层间夹钙质页岩，富产头足类、腕足类及三叶虫；上段为黄绿色泥质粉砂岩、粉砂质泥岩间夹页岩、钙质粉砂岩，顶部常夹灰岩透镜体，产笔石、三叶虫及腕足类等化石。

牯牛潭组：与大湾组相伴出现，以厚层瘤状生物碎屑灰岩为特征，在鄂西、鄂西南一带比较稳定，一般为青灰色、灰紫及黄绿色薄至中厚层状泥晶灰岩，常具瘤状构造，富含头足类化石。在贵州地区该组三分明显：下部为灰色、灰红色厚层灰岩；中部为灰色、灰黄色薄至厚层泥质灰岩及泥灰岩；上部为黄色、灰黄色或黄绿色页岩、钙质页岩、粉砂质钙质页岩，富含笔石、三叶虫及腕足类等化石。

庙坡组：为一套黑色钙质泥岩和黄绿色页岩夹灰岩或灰岩透镜体。富含笔石，亦有三叶虫、头足类化石。分布虽广泛，但不稳定，时现时灭。鄂西峡东地区地区虽相对比较稳定，秭归、宜都等地厚2～3m，但多处缺失。

宝塔组：广泛分布于扬子地层区，以灰色中厚层状"龟裂纹"泥晶灰岩夹薄层状瘤状泥晶灰岩为特色，产丰富的头足类、腕足类化石，以震旦角石为特点。在张家界、桑植、石门等地为瘤状灰岩夹页岩、钙质页岩或泥岩，时代归为中—上奥陶统，具有较长的穿时性。

临湘组：广泛分布于扬子地层区，为浅灰色、灰色中厚层状瘤状泥晶灰岩夹薄层状瘤状灰岩，底部层间偶夹有少量灰色龟裂纹灰岩及泥岩，顶部见薄层泥质粉砂岩。泥质条带发育，呈网状或波状。

五峰组、龙马溪组的岩性与雪峰山分区岩性相似，在此不赘述。

松坎组：分布于贵东北及川南地区。由黏土质岩、粉砂岩与薄层不纯碳酸盐岩间互成层，自下而上颜色变浅、泥页岩减少、单层增厚。底部以页岩、灰岩互层，与龙马溪组页岩、砂质页岩渐变过渡分界。产笔石、三叶虫、腕足类及珊瑚等，属台地潮坪沉积。

5. 志留系

罗惹坪组：在湖北峡东及湖南龙山、石门等地，该组三分性明显。下部为黄绿色泥岩、页岩夹生物灰岩、泥灰岩或透镜体，产腕足类、笔石等混生相动物群；中部为黄灰色泥岩、钙质泥岩与灰岩或泥灰岩互层，渐上为灰岩夹层，产珊瑚、腕足类壳相生物群；上部为黄绿色泥岩、粉砂质泥岩，不含灰岩。在湖南为灰色、灰绿色、深灰色厚层状灰岩、瘤状灰岩、钙质泥岩夹泥岩或泥质条带，产丰富的珊瑚、腕足类及少量三叶虫化石。而在湖北的其他地区，一般仅可分为两段:下段为黄绿色、黄灰色泥岩、钙质泥岩、粉砂质泥岩为主夹泥灰岩、生物灰岩或礁灰岩或其透镜体,有时也夹少量细砂岩、石英细砂岩;上段以黄绿色、灰绿色时含紫红色页岩、泥岩、粉砂质泥岩夹少量细砂岩或粉砂岩。

纱帽组:湖北省境内除在大巴山南缘神农架北部、竹山、房县一带缺失外,其他地区与罗惹坪组相伴出露。下部为黄绿色页岩、泥质粉砂岩、粉砂岩夹砂岩或紫红色细砂岩;上部为灰绿色夹紫红色中厚层状细粒石英砂岩夹中至薄层状粉砂岩、砂质页岩。产腕足类、三叶虫、双壳类等化石。

小河坝组:分布在湖南桑植、张家界、慈利一带及四川盆地东南部。在湖南该组为灰绿色、黄绿色薄层石英砂岩、细砂岩、钙质长石石英砂岩、粉砂岩夹砂质页岩,中部夹结晶灰岩,产笔石、珊瑚、腕足类、三叶虫、角石、有孔虫等化石。而在四川盆地东南部南川一带砂岩力度较细,厚160~180m。酉阳、彭水、石柱一带层间夹有较多的页岩,形成韵律结构。

石牛栏组:分布于川南和贵东北的思南、沿河、石阡一带。岩性以灰色、深灰色中厚层至块状生物碎屑与骨屑及介屑灰岩为主,时具角砾状及瘤状构造,偶夹泥质灰岩及钙质灰岩,富含珊瑚、腕足类及三叶虫等化石。

马脚冲组:分布于重庆酉阳及秀山、贵州石阡及思南、湘西北地区。重庆及湘西北地区,该组以黄绿色页岩、砂质页岩为主,夹少量粉砂岩、砂岩,含数量不多的腕足类化石。贵州地区本组以黏土岩为主,偶夹少量粉砂质页岩、钙质页岩及石英粉砂岩,含少量腕足类为特点。本组分布广泛,岩性稳定,常见波痕和虫迹。

溶溪组:分布于重庆秀山、酉阳、贵州石阡、思南、沿河及湘西北一带。本组在湘西北地区为紫红色、黄绿色粉砂质泥岩、砂质页岩夹粉砂岩、细砂岩、钙泥质粉砂岩,局部夹有少量钙质泥岩及薄层铁锰质粉砂岩、含磷薄层粉砂岩,常见波痕、水平微层理,细砂岩条带、饼状砂岩透镜体。在重庆松桃、秀山等地以杂色页岩、碳质页岩占优势,粉砂岩呈薄层或板状,横向不稳定。贵州地区以紫红色及杂色黏土岩、粉砂质岩、化石稀少为特点。

秀山组:分布于重庆酉阳、秀山及贵州凯里、印江、石阡一带。贵州地区本组中部常发育厚度不等的不纯砂岩,可将本组分为上、下两个岩性段。下段砂质较多,钙质较少,为黄绿色、灰绿色、灰黄色泥页岩、粉砂岩、钙质砂岩夹泥质砂岩、石英粉砂岩夹少量灰岩透镜体,厚0~538m;上段砂质较少,钙质较高,为黄绿色、灰绿色等泥页岩,夹多层薄层或透镜状生物碎屑灰岩及少量粉砂质钙质泥岩、粉砂岩等。

辣子壳组:仅分布于湘西北地区,岩性稳定,以灰色、灰绿色、黄绿色砂岩、粉砂岩为主,夹砂质页岩及页岩,局部夹钙质粉砂岩或薄层含磷粉砂岩。常见泥质条带、砂质灰岩透镜体、波痕较发育,为滨海-浅海相沉积。

吴家院组:分布于湘西北地层分区内,岩性以灰绿色、灰黄色、深灰色粉砂质页岩、泥质粉砂岩、页岩为主,夹灰色薄—中厚层状结核灰岩,含磷白云质结晶灰岩、生物灰岩、泥质灰岩、粉砂岩,局部夹厚层钙质生物碎屑夹鲕状磷块岩,波痕、条带构造常见。

回星哨组:分布于研究区的重庆酉阳及秀山、湘西北及贵州印江、石阡地区。重庆酉阳、秀山一带本组以粉砂岩为主,下部为紫红色粉砂岩。湘西北地区该组岩性为黄绿色、灰绿色、深灰色、紫红色泥灰质粉砂岩、粉砂岩、泥岩及页岩为主,夹粉砂岩、砂岩,发育微波状层理、波痕、砂质结合及砂质管状体。松桃、印江等地本组以泥质灰岩及碎屑灰岩为主组成,具下部红色、上部绿色或灰白色的特点。

小溪峪组:分布于湘西北及重庆秀山地区。岩性以灰绿色、黄绿色夹紫红色石英砂岩、粉砂岩为主,还夹砂质页岩,砂岩具有"管状构造",含鱼类、腕足类化石。

(四)南秦岭地层区

1. 兵房街小区

(1)南华系。

耀岭河组:为一套以变基性火山岩为主夹部分变沉积岩和少量变酸性火山岩的岩石组合。区内下部为钠长绿泥阳起片岩,钠长绿帘绿泥片岩偶夹含砾绢(白)云长石石英片岩,含砾屑晶屑钠长绿泥片岩;上部为含砾钠长绿帘绢云千枚岩,含磁铁石英绿泥绢云片岩、绿泥钠长片岩和少量变石英角斑岩、绢云钠长石英片岩。

(2)震旦系。

江西沟组:主要岩性为黑色碳质板岩夹含碳钙质板岩、含碳薄层灰岩、含碳白云岩和少量薄层含碳硅质岩、碳质硅质板岩。为浅海滞流盆地环境沉积。

霍河组:岩石较简单,为灰黑色中厚层状含碳细晶灰岩夹薄层含碳泥质板岩、碳质板岩,为浅海盆地(外陆棚)环境沉积。该组以灰黑色中厚层灰岩为识别标志,以黑色硅质岩出现为结束标志。

鲁家坪组:分布于川、陕、鄂三省交界处的竹溪县丰溪一带。岩性四分:底部为黑色碳质板岩夹薄层灰岩、白云质泥质灰岩;下部为条带状灰岩、白云质灰岩夹白云岩;中部为薄—厚层状硅质岩,偶夹少量碳质板岩;上部为黑色碳质板岩、含碳硅质岩夹薄层灰岩。

(3)寒武系。

杨家堡组:分布于竹山等地,为一套灰—灰黑色薄—中层状硅质岩组成,具有发育的条带状构造及陡崖地貌特征,可作为识别标志。与上覆庄子沟组、下伏灯影组整合接触。

庄子沟组:主要为黑色碳质板岩、碳质硅质板岩夹泥质板岩和透镜状泥灰岩,以硅质岩的结束为起始标志、以灰岩出现为终止标志的碳质、硅质板岩夹泥质板岩组合。

箭竹坝组:分布于湖北竹溪县丰溪一带,以灰色、青灰色薄层状灰岩、微晶灰岩及泥质条带灰岩为主,偶夹少量白云质灰岩、碳质板岩及含碳硅质板岩,为碳酸盐台地-浅海沉积物。

毛坝关组:分布于川、陕、鄂三省交界处的竹溪县丰溪一带。由陕西镇坪东延入湖北竹溪县丰溪一带,为深灰色、黑色厚层状泥灰岩、钙质板岩夹钙质粉砂质板岩、钙质粉砂质岩、薄层状灰岩,下部夹碳质板岩及石煤层,厚400~500m。

八卦庙组:分布与毛坝关组相同。由灰、深灰色薄层状灰岩和少许泥质灰岩、生物碎屑灰岩组成。在竹溪县丰溪一带,该组为灰色薄层状、片状灰岩夹少许页岩及含钙泥质板岩所组成,为正常浅海环境沉积的产物。

黑水河组:分布于川、陕、鄂三省交界处的竹溪县一带,以普遍发育角砾状灰岩(砾屑灰岩)为主要特征,夹薄层状灰岩、纹层状灰岩、叶片状灰岩、泥质白云质灰岩等,夹钙质板岩,为正常浅海沉积的产物。

(4)奥陶系。

高桥组:分布于陕西镇坪县、紫阳县及湖北竹溪县一带。以灰色、灰黑色板岩(局部含碳)、钙质板岩为主,夹薄层或条带状泥质灰岩,含笔石,为次深海沉积。与下伏黑水河组角砾状灰岩和上覆权河口组砂岩、黑色碳质板岩均为整合接触。

权河口组:与高桥组相伴出现。下部以条带状碳质板岩为主,底部以一层灰色砂岩与高桥组整合分界;上部为灰黑色、绿灰色粉砂质板岩夹粉砂岩、长石石英砂岩。碳质板岩中含有化石,与上覆斑鸠关组碳质硅质板岩为整合接触。

(5)志留系。

斑鸠关组:分布于紫阳高桥—斑鸠关、岚皋县一带,为灰色—黑色碳质板(页)岩、粉砂质板岩夹互粉砂岩、砂岩,下部多夹硅质岩,富含笔石,局部间夹粗面质火山岩。本组为次深海-海盆沉积物。其中的笔石带可与扬子区龙马溪阶同名带对比,时代属龙马溪期。

陡山沟组:分布与斑鸠关组相同。岩性为灰色—绿灰色粉砂岩、砂岩间夹泥(板)岩,陡山沟一带上部为灰绿色火山碎屑岩。

白崖垭组:为灰岩、生物碎屑灰岩,局部地区夹数层辉石玢岩质砂砾岩。厚40~145m。

五峡河组:分布于陕西紫阳、岚皋县一带。主要为灰绿色至深灰色砂质板岩、板岩夹互粉砂岩、砂岩,富含笔石。原岩为滨海-浅海相,时代为中志留世。

2. 武当小区

(1)南华系。

耀岭河组:为一套变火山-沉积组合。下部为绿泥石正片岩及绿泥钠长正片岩、钠长角闪岩、绿泥石正片岩及绿片岩与绢云母钠长片岩的互层;上部主要为阳起石、绿帘石片岩、钠长绿泥片岩等绿泥片岩夹大理岩、碳质片岩、偶夹砾岩,厚500m。本组为海相变火山岩与沉积碎屑岩的不稳定互层,火山岩主要为细碧岩夹细碧质角砾岩、熔凝灰岩及绢云片岩,并夹碎屑岩(砾岩、砂岩或石英岩、磁铁石英岩)及少量大理岩或灰岩。

(2)震旦系。

江西沟组:为一套黑色薄层状碳质板岩、含碳质钙质板岩夹薄层含碳质硅质岩、含碳白云岩、灰岩(或大理岩)及少许高碳质页岩组成的地层。底部以灰黑色黄铁矿碳质板岩与耀岭河组绿泥钠长片岩分界;顶部以黑色含碳质板岩与霍河组分界。

霍河组:与江西沟组相伴出现,以一套大理岩为其主要特征,在区域上岩性稳定,但变质程度有所差异:竹山江西沟为灰色—深灰色薄—中层状灰岩;竹山喻家湾为暗灰—灰色中厚—块状微晶白云岩、含粉砂质白云岩;郧县西沟脑为灰白色薄层—厚层状方解石大理岩。

(3)寒武系。

区内杨家堡组及庄子沟组的岩性与兵房街小区基本一致。

(4)中寒武统—奥陶系。

竹山组:岩性可分为上、下两段,下段由灰黑色碳质板岩、含碳石英绢云千枚岩、绢云石英千枚岩、钙质千枚岩夹薄层状结晶灰、含碳结晶灰岩组成。由南向北,下段在竹山江西沟变为一套含碳的碳酸盐岩夹含碳质板岩、含碳绢云石英片岩;在郧县等地变为一套含碳质绢云石英钠长片岩、绿泥钠长石英片岩、含碳白云石英片岩夹薄层状结晶灰岩、含碳黏土质灰岩。上段均由灰黄色、灰绿色石英二云千枚岩、黄色条纹状绢云石英千枚岩组成。

(5)志留系。

大贵坪组:主要为黑色碳质板岩、碳质硅质板岩夹含碳泥质板岩、粉砂质板岩。垂向上,下部为碳质板岩与硅质板岩、薄层硅质岩互层,向上则为碳质板岩与粉砂质泥质板岩互层,为滞流盆地环境沉积;横向上,由南向北,硅质成分减少,厚度变薄,色调变浅。

梅子垭组:主要为泥质粉砂质板岩夹薄—中层(粉)砂岩,顶部夹少量钙质板岩,局部地段底部为变玄武质岩屑凝灰岩、变钙质基性火山砾岩、基性凝灰质灰岩夹少量碳泥质板岩。下部的火山岩不稳定,横向上延伸不连续,厚度变化大;上部岩石组合在区内较一致,但各地厚度变化很大,向南北两侧呈变薄趋势,同时由西向东厚度变小。

竹溪组:分布与梅子垭组相同,主要为薄层—中厚层生物屑灰岩夹深灰色泥质粉砂岩、中厚层钙质细粒石英砂岩及少量砂屑灰岩,区内未见顶。垂向上,下部泥砂质岩较多,向上以礁灰岩为主;横向上,北西部碎屑岩多,南东碎屑岩少,为滨海-浅海沉积环境。

3. 郧县-郧西小区

(1)南华系。耀岭河组的岩性与武当地区基本一致。

(2)震旦系。

陡山沱组:主要由页岩、碳质或含磷或含锰或硅质页岩及少量白云岩组成,夹锰矿层、磷块岩及含锰白云岩。

灯影组:下部由深灰色—灰黑色沥青质灰岩(臭灰岩)或白云质组成,具铅锌矿化,夹含磷页岩、含磷白云岩与磷块岩,形成有磷矿床;上部由灰白色、灰黄色细晶白云岩、角砾状白云岩、硅质条带白云岩组成,白云岩类型较少,沉积成岩构造不甚发育。

(3)寒武系。

杨家堡组:分布于郧西、郧县、丹江等地,为灰色—灰黑色薄—中层状硅质岩组成,具有发育的条带状构造及陡崖地貌特征,可作为识别标志。

庄子沟组:分布于两隙断裂以北的郧西、郧县、丹江、老河口等地。由碳质板岩、含碳硅质板岩、粉砂质板岩组成,上部夹薄层泥质灰岩,下部含磷、钒、铀、重晶石等矿产。

岳家坪组:由陕西省商南县向东南延伸出露于湖北省郧县一带。其下部为泥质条带灰岩,当泥质条带变厚时成为紫红色页岩夹层;上部为灰褐色含泥质灰质白云岩与灰岩互层。岳家坪组在区域上变化较大,往西至郧县孟川,为一套灰色、深灰色薄层至厚层状泥质灰岩、含泥质细晶灰岩夹含碳质泥质灰岩、含碳泥灰岩,下部夹一层含碳含钙质粉砂质页岩。

孟川组:分布于两隙断裂以西的郧西孟川、上津等地,以灰色厚层—巨厚层状灰岩、白云质灰岩、泥灰岩夹碳质含白云质灰岩,条纹、条带构造发育为特征,往西北至上津一带,岩石变质程度加深,夹由钙质片岩等。

石瓮子组:分布于湖北省郧西县大泥沟、上津及三官洞等地。本组下部为灰岩、泥质灰岩或泥灰岩与千枚岩、灰质千枚岩互层;中部主要由千枚岩、灰质千枚岩组成,夹灰岩、砾屑灰岩或透镜状灰岩;上部岩性与中部颇相似,仍以千枚岩、灰质千枚岩为主,产珊瑚化石。

(4)奥陶系。

蚱蜢组:主要岩性为灰绿色玄武玢岩、灰白色结晶灰岩、泥质条带灰岩、凝灰质砂岩、砂砾岩。与下伏石瓮子组呈平行不整合接触;与上覆蛮子营组呈整合接触。该组在区内分布局限,变化不明显。据前人资料,该组东厚西薄,并向西尖灭。

蛮子营组:主要分布在郧西县大泥沟、上津及三官洞等地。在郧西上津一带下部的灰岩、泥质灰岩或泥灰岩与千枚岩、灰岩千枚岩互层;中部主要由千枚岩、灰质千枚岩组成,夹灰岩、砾屑灰岩或透镜状灰岩;上部岩性与中部相似,仍以千枚岩、灰质千枚岩为主,所夹灰岩、砾屑灰岩稍多,并发育少许粉砂岩等,产珊瑚化石。

(5)志留系。

张湾组:分布与梅子垭组相同。该组主要为土黄色泥岩、粉砂质泥岩、粉砂岩夹少量灰泥岩、粉晶白云岩,岩性稳定。以泥岩、粉砂岩组合为特征。

第三节 泥盆纪—中三叠世地层

一、地层分区及其特征

海西-印支期,青峰断裂南北处于不同的大地构造位置,印支运动晚期会聚到一起,该时期两侧地层系统不具有可对比性,遂划分出南秦岭地层区与扬子地层区。泥盆纪—早石炭世,慈利-保靖-张家界断裂南北地层序列不一致,岩相差异明显,遂划分出扬子地层区与湘西北-湘中地层区至晚石炭世—中三叠世,两个地层区地层序列趋于一致,进入共同的沉积发展阶段(图1-3),该时期地层序列见表1-4。

1. 南秦岭地层区

区内缺失早泥盆世早期沉积。晚期以碳酸盐岩夹碎屑岩为主。石炭系、二叠系仅限于郧西、竹山一带,早石炭世为浅海陆棚相,以泥质灰岩、砂质灰岩和钙质泥岩为主,晚期为滨海三角洲-潮坪相,以石英砂砾岩、

砂质板岩夹砂岩为主。晚石炭世为厚层灰岩、生物屑灰岩及含燧石结核灰岩等。下-中二叠统在郧西为浅海陆棚相灰岩、泥灰岩夹碎屑岩沉积,在竹山一带为滨海三角洲-浅海沉积环境的页岩、粉砂岩夹灰岩透镜体。

2. 扬子地层区

本区早泥盆世缺失,中晚泥盆世为海相碎屑岩、海陆交互相沉积。石炭纪—二叠纪以碳酸盐岩建造为主,夹含煤建造和泥质、硅质岩建造。

3. 湘西北-湘中地层区

本区缺失下泥盆统。中泥盆世海相碎屑岩系平行不整合覆于下志留统之上。下石炭统—二叠系由下向上以碎屑岩为主,逐渐过渡为以碳酸盐岩为主。总体来说,石炭纪—二叠

第一章 地 层

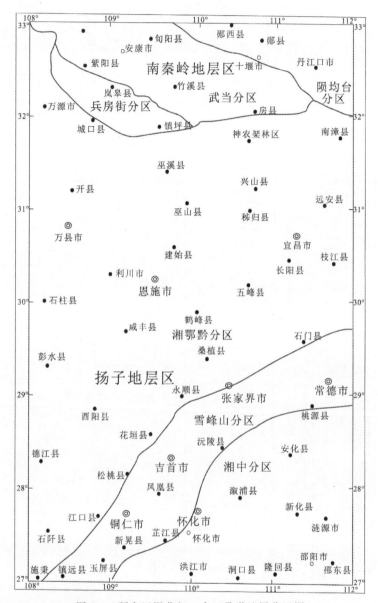

图1-3 研究区泥盆纪—中三叠世地层分区图

纪地层以碳酸盐岩建造占优势,夹碎屑岩、硅质岩建造。

二、岩石地层划分与对比

(一)湘西北-湘中分区

1. 泥盆系

跳马涧组:分布于湘中地区,与前泥盆纪地层呈高角度不整合接触,岩性主要为紫红色夹灰白色陆源碎屑岩。在沉积盆地的边缘地区,如新化、涟源、双峰以北等地,包括一个较大的

表1-4 湘西—鄂西成矿带泥盆纪—中三叠世地层划分与对比表

沉积旋回：下部为灰色、灰白色石英砾岩、石英砂岩；上部为紫红色砂质泥岩、砂质页岩、泥质粉砂岩夹细砂岩。

易家湾组：分布于湘西北-湘中分区内，岩性以页岩、泥灰岩为特征，由下而上泥质减少，钙质增加。其下部为页岩、粉砂质页岩、泥灰岩夹少量泥质灰岩或其透镜体，上部为泥质灰岩夹灰岩或为二者互层。

榴江组：研究区内仅分布在邵东佘田桥至双峰沙田铺一带，以薄层硅质岩、硅质页岩、页岩为特征，厚度不足200m，为斜坡-深海相沉积的产物。

棋梓桥组：广泛分布于湘中地区碳酸盐台地相区，是铅、锌、黄铁矿等重要层控矿产赋存层位。棋梓桥灰岩代表中泥盆世晚期至晚泥盆世早期时限不等的碳酸盐台地沉积，由于沉积作用的不均衡性，各地碳酸盐台地形成和消失的时间不一，延限的时间也有长短，因而其穿时性和厚度变化十分显著。

龙口冲组：分布于湘中地层分区内，岩性以粉砂岩、细砂岩、砂质页岩为主，并常夹较多的灰岩、泥质灰岩和泥灰岩。

吴家坊组：主要分布于益阳、桃江、涟源一带，以陆源碎屑沉积为特征，大体呈现由北往南，即由滨海至浅海规律性变化，陆源碎屑较少，粒度变小，泥质、钙质渐次增加。

佘田桥组：分布于湘中地层分区邵东、新邵、冷水江等地，以页岩或泥灰岩为主，夹或多或少的灰岩、泥质灰岩，特征清楚。与下伏以粉砂岩为特征的龙口冲组、以厚至巨厚层灰岩为特征的七里江灰岩和棋梓桥灰岩分界明显。

七里江灰岩：以厚层状灰岩为主，但各地岩性和厚度变化较大。在选层型剖面上，以厚、中层灰岩为主，夹白云岩、页岩和少量钙质粉砂岩，厚近200m。在涟源田心坪至新邵孙家桥一带，为浅灰色厚、巨厚层泥晶灰岩、生物屑泥晶灰岩。但由此往东至新邵花桥一带，砂质大量增加，为厚、巨厚层砂质灰岩、粉晶灰岩夹薄层灰岩和少量泥灰岩，厚仅100余米。

长龙界组：分布在湘中地区，一般以泥质岩为主，夹薄层灰岩和泥质灰岩，在大多数地区可分为3部分：下部为泥岩或页岩、泥灰岩，偶夹薄层灰岩，与下伏佘田桥组顶部的往往富含珊瑚、层孔虫的中、厚层灰岩或七里江灰岩、棋梓桥灰岩的厚层灰岩均容易区别；中部为薄层灰岩、泥质灰岩夹泥灰岩、页岩；上部为泥灰岩、页岩夹少量灰岩。

锡矿山组：分布于湘中地层分区内，以厚层灰岩为主，普遍夹瘤状泥质灰岩、泥灰岩和页岩，可明显分为3个岩性段，自下而上依次为兔子塘段、泥塘里段和马牯脑段。按岩性可分3部分：下部为厚层状灰岩，在湘中之北部，如锡矿山、涟源等地，一般夹多少不一的瘤状泥质灰岩、页岩；在湘中之南部，如新邵、邵东、祁东一带，则夹白云质灰岩和少量白云岩，厚一般100m以上。中部为砂质灰岩、含砂泥质灰岩夹砂质页岩和页岩，砂质灰岩风化后呈砂岩状，厚数十米。上部为厚、中厚层灰岩夹泥质灰岩和泥灰岩，偶含砂质，厚数十米。

欧家冲组：分布于湘中地区，以砂、页岩为特征。底部以砂、页岩的出现与下伏锡矿山组马牯脑段厚层灰岩、泥质灰岩容易区分。下部以粉砂岩、黑色粉砂质页岩为主，夹石英砂岩和少量灰岩、泥灰岩透镜体。上部以石英砂岩、粉砂岩为主夹砂质页岩，从下向上由细变粗，泥质减少，砂质增多。

孟公坳组：分布于湘中地区，为砂页岩与灰岩混合沉积，具由下而上砂质减少、钙质增加的特点。下部以粉砂岩、砂岩、砂质页岩为主夹泥灰岩和灰岩,其底部以富含腕足等化石的泥灰岩、灰岩夹层的出现而与欧家冲组上部产植物化石的石英砂岩夹砂质页岩分界;上部为砂质页岩、页岩与灰岩互层,夹砂岩和粉砂岩,其顶部普遍存在数米至数十米厚之砂、页岩,与上覆马栏边组下部的厚、巨厚层灰岩分界清楚,厚150~300m。

岳麓山组:分布于湘中北部之桃江、益阳一带,总体岩性特征为石英砂岩夹页岩,下部夹暂状赤铁矿层。在西部宁乡、桃江、益阳南部等地,下部为粉砂岩、页岩、砂岩夹泥灰岩、泥质灰岩和鲕状赤铁矿层。上段为灰白色石英砂岩夹粉砂岩、砂质页岩,厚40m左右。

2. 石炭系

马栏边组:广泛分布于湘中地区,一般可分3部分。下部为厚、巨厚层灰岩、含白云质条带灰岩,大化石难以觅获,多形成陡坎地貌;中部为深灰色、灰黑色薄层生物屑泥晶灰岩夹页岩或为二者互层,富产腕足类、珊瑚等;上部又为厚、巨厚层灰岩。

天鹅坪组:分布于湘中地层分区内,以砂、页岩为特征,夹于以厚、巨厚层灰岩为特征的下伏马栏边组和上覆石磴子组之间。岩性以粉砂质页岩、粉砂岩为主,夹泥质灰岩、泥灰岩,在湘中部分地方夹石英砂岩。

石磴子组:广泛分布于湘中南地区,以中、厚层灰岩为主,但各地岩性有所变化。在湘中隆回、邵阳、邵东一带,明显分为两段。下段即陡岭坳段,为中、厚层灰岩夹大量泥灰岩、钙质页岩,产腕足类和珊瑚,厚0~100m;上段又可分为3部分,总厚200m左右,下部为中、厚层灰岩,含燧石团块和条带;中部为薄、中层泥质灰岩、生物屑泥晶灰岩,多夹页岩或泥灰岩,富含腕足类;上部为厚、中层灰岩,靠近顶部常夹页岩,富产珊瑚。

测水组:为湖南省主要含无烟煤岩系,下部为粉砂岩、石英砂岩夹含碳黑色砂质页岩,并夹无烟煤层1~10余层,黑色页岩中多含黄铁矿或菱铁矿结核,靠近底部有时夹泥灰岩、泥质灰岩,称含煤段。上部一般以灰白色石英细砾岩或含砾砂岩或石英砂岩为底,向上为石英砂岩、粉砂岩夹砂质页岩,靠近顶部多夹灰岩、泥灰岩,亦夹劣质煤层,但不可采,亦称不含煤段。

尚保冲组:分布于湘中地区,以泥、钙质岩为特征,夹于下伏以石英砂岩为主的岳麓山组和上覆以石英砂、砾岩为特点的樟树湾组之间,因其易于风化而往往形成相对的负地形,划分标志比较清楚。

樟树湾组:仅分布于安化、益阳、桃江一带,以石英砂岩或石英砂、砾岩为特征,偶夹劣质煤层,厚70~200m,与下伏尚保冲组和上覆梓门桥组均系整合接触。在靖县、会同、芷江、怀化等地,大埔白云岩之底部一般有数米厚的砾岩、砂砾岩或含砾砂质灰岩,有时夹页岩,因而厚度较薄。

梓门桥组:分布于湘中地区,以含硅质岩团块和条带的中、厚层灰岩、泥质灰岩为主,夹页岩、泥灰岩,其底部以灰岩、泥质灰岩或页岩夹灰岩的出现与下伏测水组上部的砂、页岩容易区分。各地岩性变化较大,总体由北往南泥质减少,钙质和白云岩增多,就同一剖面而言,由下往上亦具此种变化。

壶天群:位于梓门桥组之上、栖霞组之下,下部以厚层至块状白云岩为主夹灰岩,上部以厚、巨厚层灰岩为主夹白云岩,富产蜓、珊瑚,时代属晚石炭世。本群在湖南包括大埔组和马平组。

大埔组：岩性稳定，以厚层至块状白云岩、灰质白云岩为主，夹少量白云质灰岩、灰岩，或全系白云岩，有时含燧石团块和条带。在湘中地层区绝大部分地区，下伏地层为梓门桥组，在安化及怀化等地，大埔组多超覆于前石炭系之上。其底部往往有数米厚的碎屑岩，因其厚度不大，一般未单独命名。

马平组：研究区内仅出现于湘中地区和黔东北地区。在湘中地区本组岩性变化不大，以浅灰色、灰白色厚、巨厚层灰岩为主，或多或少地夹白云质灰岩、白云岩，含燧石团块和条带，厚度一般为 100～400m。而在黔东北地区，马平组属开阔台地沉积，底部紫红色、灰绿色瘤状灰岩、薄层灰岩或条带灰岩分布广泛，少数地区为细碎屑岩，是与黄龙组划分的标志层。

3. 二叠系

梁山组：一般为灰绿色—灰白色石英砂岩夹黄灰，灰黑色或杂色页岩、碳质页岩及 1～3 层煤组成，偶见赤铁矿、铝土矿层。向南至雪峰山地区厚度稍大，碎屑颗粒变细、石英砂岩所占比例增多，厚一般为 10～40m，为滨海沼泽相含煤碎屑沉积。

栖霞组：在新化地区可分为上、下两段。上段属陆架浅海开阔台地相沉积，为灰色、深灰色厚至巨厚层状隐晶—微粒灰岩，含大量燧石团块及条带；下段为半封闭的浅海沉积，以深灰色、灰黑色的中至巨厚层状含燧石团块的灰岩为主，在其上部一般夹有较多的深色钙质页岩、泥灰岩、硅质岩等，其硅、泥质含量普遍增高，而在湘西北地区属开阔台地相碳酸盐岩沉积，含少量燧石团块及白云质团块，与下伏梁山组含煤碎屑岩迥异；上部含泥质较高，具"眼球状"构造并以此特征与上覆茅口组质纯灰岩分界。

茅口组：在湘西北地区茅口组硅质岩含量变化可以分为两个岩性段。下部含硅段为灰、深灰色隐晶—微粒灰岩夹大量硅质条带或燧石团块，厚 190m；上部灰岩段为灰、浅灰色厚、巨厚层生物灰岩，偶夹少量白云质或燧石团块，厚 60～100m。至雪峰山地区，本组可分为下部颜色较深、白云质含量较高值白云质段与下部颜色较浅的灰岩段，厚度变化较大，一般在 40～250m 之间。

小江边组：在湘中地区为一套灰黑色钙质页岩、泥灰岩夹薄层状或透镜体灰岩、硅质灰岩，局部地区偶夹薄层硅质岩，厚度在 10～140m 之间，南薄北厚。在西部之安化龙坳为一套灰黑、黑色含碳泥质页岩夹碳泥质硅质灰岩，厚可达 200 余米；在西南部之新邵五湖庙为灰黑色含碳质，钙质页岩夹似层状含硅质泥晶灰岩、硅质岩及硅化白云岩，厚 80 余米。

孤峰组：在新化地区的孤峰组可分为上、下两段。下段以灰黑色—黑色页岩、钙质页岩、泥灰岩为主，夹硅质岩及泥质灰岩、白云质灰岩；上段为灰黑色含铁锰质的硅质岩、硅质页岩夹页岩、硅质灰岩等，所含铁锰质局部可风化淋滤富集而成铁锰矿。

龙潭组：在新化地区，本组属滨岸潟湖-沼泽相含煤碎屑岩沉积，由浅紫色、紫灰色、灰色细砂岩、粉砂岩、粉砂质页岩夹煤层组成 2～4 个旋回，中部偶见海相地层，底部常见底砾岩或黏土层，含煤多为 2～3 层，厚一般为数米至 30 余米。在邵阳地区，本组可分为下部不含煤段和上部含煤段。不含煤段由石英砂岩、长石石英砂岩、粉砂质泥岩，砂质页岩、含碳质页岩等组成 4～5 个或更多的沉积旋回，时含菱铁矿结核，一般不含煤，少数地区夹有不稳定的 2～4 层薄煤层或煤线。

吴家坪组：在武陵山地区，本组主要由含硅质团块或条带的灰岩组成，上部有较多的页岩或泥灰岩，局部地区夹硅质岩。在雪峰山地区，本组可分为3部分：下部为深灰色中—厚层状粗粒结晶灰岩，含燧石结核和条带，局部含泥质细条带；中部为浅灰色中—厚层状灰岩及含白云质灰岩，含大量燧石结核和条带，局部含泥质团块；上部为深灰色中—厚层状微—中粒含白云质灰岩及微粒灰岩，偶含燧石结核。厚度一般在150～270m之间。

大隆组：武陵山地区本组为一套以硅泥质岩为主的台盆相沉积，主要由深灰色、灰黑色薄至中层状硅质岩、硅质灰岩夹或多或少的黑色页岩及少量灰岩组成。

4. 三叠系

大冶组：在雪峰山地区大冶组下部以薄层泥晶灰岩为主夹不等量的钙质页岩，水平层理极为发育，尚见有束状上叠浪成交错层，部分地区见重力流形成的滑塌角砾岩夹层。生物中窄盐性薄壳双壳类及善游泳的头足类为主，分异度低，属潮下浅海或陆架沉积。上部浅色厚层灰岩及白云质灰岩增多，部分具鲕状结构，并夹有不等量的白云岩，生物以厚壳的广盐度双壳类成分增多，反映其为浅滩至潮坪沉积。

嘉陵江组：在桑植、石门、怀化等地，本组由两套白云岩、角砾状白云岩和两套泥晶灰岩或白云质泥质灰岩组成，岩性组合特征与鄂西、鄂西南地区基本一致。前者常含石膏及盐类假晶，并形成盐溶角砾岩，常发育泥裂构造，生物化石极为贫乏或缺乏生物化石，属局限台地沉积。后者以泥晶结构为主，水平层理发育，常含不等量的白云岩。

（二）扬子地层区

1. 泥盆系

云台观组：广泛分布于湘西北、鄂西、重庆及川东等地。岩性各地所见基本一致，由一套较纯的石英砂岩组成，多具有交错层理、斜层理和平行层理。该组底部常见石英质底砾岩或含砾石英砂岩，局部地区见底黏土层，为典型的滨海陆源碎屑沉积。

黄家磴组：分布于湘西北、鄂西、鄂西南、重庆巫山一带，岩性稳定，为灰绿色、黄灰色砂岩、粉砂岩、砂质页岩，夹鲕状赤铁矿层或含铁砂岩，其底部以页岩、粉砂岩或鲕状赤铁矿层的出现为标志。在鹤峰以西的宣恩、咸丰、利川等地，一般以泥页岩、钙质页岩为主，夹砂岩。鹤峰以东的五峰、长阳、宜都等地砂岩依次增多，常以细砂岩、石英细砂岩、粉砂岩为主，夹页岩。在川东及重庆巫山一带，岩性以黄绿、浅紫色杂色页岩、粉砂岩为主，偶夹泥灰岩条带及团块。

写经寺组：湖北、湖南两省清理岩石地层时，将写经寺组定义为整合于黄家磴组与金陵组之间的一套地层，其上部称砂页岩段，以灰绿色、灰黑色页岩、碳质页岩、粉砂岩、砂岩为主，时含鲕绿泥石菱铁矿及煤线，含腕足类和植物化石；下部称灰岩段，以灰色、深灰色泥灰岩、灰岩或白云岩为主，时夹页岩及鲕粒赤铁矿层或鲕状绿泥石菱铁矿，含腕足类化石。这种分法为广义的写经寺组。本书写经寺组仅限于湖北、湖南岩石地层中写经寺组的下部灰岩段，上部碎屑岩段称为梯子口组。

该组广泛分布于长江以南，桑植—石门一线以北地区。在湘西北地区，该组为页岩、泥灰岩、灰岩、泥质灰岩夹砂岩和鲕状赤铁矿层，富含腕足类，厚一般为20～30m，由南往北有增厚的趋势。在宣恩—建始一带以灰岩、泥灰岩夹白云质灰岩或白云岩，偶夹少许页岩，在鹤峰以东至松滋一带，泥质增多，常为泥灰岩夹页岩，在宜都、宜昌部分地区砂岩或铁质砂岩增多。

厚度由西向东有减薄的趋势。

梯子口组：为湖南、湖北两省岩石地层中所称写经寺组上部砂页岩段。该组分布于湖南澧县、石门与湖北长阳、宜都、松滋、宜昌等地区，主要为石英砂岩夹砂质页岩及菱铁矿层，富含植物化石。本组为海陆交互相沉积，在宜昌地区该组普遍夹碳质页岩或煤线，时夹瘤状铁矿或泥灰岩扁豆体。

2. 石炭系

九架炉组：主要分布于黔中及黔东地区，为一套黏土岩、铝土矿、铁矿和碳质页岩组合。有矿地区可分上部为碳质或铁质黏土岩，厚0～11m；中部铝土矿、铝土岩及黏土岩，厚0～12m；下部铁质黏土岩、黏土岩夹赤铁矿、硫铁矿，厚度零至数十米。无矿地区仅有黏土岩、碳质页岩，时夹铁质结核，厚度数米。产植物及古孢子。

威宁组：与九架炉组相伴出现，为一套薄层泥质灰岩夹燧石层及含碳质泥灰岩之上的一套岩层，岩性为浅灰色厚层—块状灰岩、生物碎屑灰岩及少量白云质灰岩、白云岩团块及透镜体。含腕足类、珊瑚、䗴、菊石等，为台地边缘（滩）相沉积，厚度较大。

金陵组：只出露于鄂西长江以南，恩施市—建始城关—官店口—伍峰湾潭一线以北地区的松滋刘家场—建始弓剑崖及湖南石门北部一带，由东南向西北分布，岩性较单一，一般以灰黑色、深灰色中—厚层状灰岩、生物屑灰岩为主，时夹白云质灰岩，厚度较小，2.5～32m。

高骊山组：除在鄂西分布范围与金陵组一致，其岩性以深灰色、灰黑色或黄绿色、紫红色页岩、碳质页岩、粉砂岩、石英砂岩为主，时夹煤线及菱铁矿结核，偶夹灰岩透镜体。总的岩性在区内较稳定。

和州组：主要分布于鄂西长阳地区，在鄂西出露远比金陵组和高骊山组范围小。岩性可分上、下两段。下部称灰岩段，为深灰色、灰黑色含泥质生物灰岩，串珠状灰岩和泥灰岩夹极薄的泥岩，厚2～4m；上部称碎屑岩段，灰色、灰褐色泥岩，粉砂及石英砂岩，含黄铁矿层，局部地段夹鲕状赤铁矿及泥灰岩，厚7～13m。

黄龙组：在扬子地区广泛分布。岩性稳定，主要为浅灰色、灰白色微带肉红色中厚至块状灰岩、生物屑灰岩，局部地段夹白云质灰岩、石英砂岩透镜体。但由于黄龙组或船山组沉积之后在各地遭受不同程度的剥蚀，因而各地厚度变化较大，厚0～104m不等。而在川东地区，如巫山、石柱、彭水、垫江及华蓥山中段，岩性常以白云质灰岩、白云岩为主，夹致密灰岩、鲕状灰岩及泥、硅质灰岩，底部常具黏土岩，厚2～82m。

大埔组：岩性稳定，以厚层至块状白云岩、灰质白云岩为主，夹少量白云质灰岩、灰岩，或全系白云岩，有时含燧石团块和条带。在湖北京山—南漳一带则零星分布，多呈缺失，或相变为灰岩而属于黄龙组。而在黔东北地区，一般由上、下两套厚层状中粗晶白云岩，中部夹白云质灰岩或灰岩组成，部分地区可夹多层灰岩。

3. 二叠系

船山组：仅分布于长阳马鞍山一带，湖北省内岩性简单且稳定，各处所见均以灰色—深灰色含 Girvanella 的核形石灰岩为其特征。与下伏黄龙组呈整合接触，但以球状灰岩出现为分界；与上覆梁山组或栖霞组呈平行不整合接触，界线更为明显。厚0～16m。

梁山组：在扬子地层区内广泛分布。在鄂西的长阳、巴东、宜昌、秭归、建始等地，该组一般以细粒石英砂岩为底,向上变细为粉砂质泥岩含透镜状煤层、煤线。具有明显的旋回性(1~4个)沉积特征。砂岩具有模状、波状、大型斜层理,为滨海湖沼相沉积。厚10~40m。

在鄂西北地区的宜城、南漳及鄂西南的利川、咸丰等地,该组为含煤铝土质砂泥岩系。岩系中铝土矿、黏土矿(高岭石、蒙脱石、叶蜡石)含量较高,但其含煤性较差,岩系下部常有石英砂岩,底部有砾岩,该地区梁山组为滨海-滨岸湖沼相沉积。

湖南石门及太清山一带,该组一般为灰绿色—灰白色石英砂岩夹黄灰色、灰黑色或杂色页岩、碳质页岩及1~3层煤组成,偶见赤铁矿、铝土矿层。向南至雪峰山地区厚度稍大,碎屑颗粒变细、石英砂岩所占比例增多,厚一般为10~40m,为滨海沼泽相含煤碎屑沉积。

川东地区以含煤黏土岩与砂岩为主,夹鲕、豆状赤铁矿,厚4~8m,最厚达21m;川北及龙门山一带以铝质黏土岩为主,夹铝土矿及劣质煤层,时见菱铁矿及赤铁矿,厚3~30m。

栖霞组:广泛分布于扬子地层区。鄂西的京山、南漳、荆门、长阳以西至五峰、鹤峰、建始等地,栖霞组主要由为一套灰黑色、深灰色富含碳硅泥质微晶灰岩序列,与上覆孤峰组硅质岩呈连续沉积。在鄂西南恩施、来凤等地,该组灰岩中含碳泥质物由北向南逐渐减少,但总体仍是一套深灰色—灰黑色含碳泥质生屑微晶灰岩序列。北部于宣恩李家河等地,岩系中下部富含碳泥质,而于南部来凤、咸丰一带则相对减少,岩性为深灰色厚层状含燧石结核微晶灰岩、灰黑色中厚层瘤状泥灰岩、深灰色厚层—块状含燧石结核或条带灰岩等。在秭归、兴山一带,该组岩性较单一,主要为一套深灰、灰黑色厚层状含燧石结核(或团块)生屑泥晶灰岩序列,仅在顶底部发育灰黑色厚层瘤状生屑泥晶灰岩,且底部灰岩间夹含钙碳质页岩。

本组在四川盆地以深灰色—黑色灰岩为主,多见块状构造及微晶、泥晶结构,时夹生物介屑或骨屑灰岩、硅质灰岩及硅质条带、结核,灰岩中普遍含较高的沥青质及硅质,局部见白云岩化及发育的眼球状构造,一般厚数十米至三百余米。

茅口组:广泛分布于扬子地层区,与栖霞组相伴出露。以浅色灰岩序列为主要特征,沿其走向,往往可相变为孤峰组硅质岩系。在各个地区,其岩性差别明显。

在鄂西秭归、兴山等地,该组为灰色、浅灰色厚层块状含燧石结核生屑微晶灰岩、藻屑微(泥)晶灰岩、生屑砂屑亮晶灰岩,中部夹2~3层细晶白云岩,沉积厚度巨大,达228m。

在京山、南漳、荆门、宜昌东部地区及恩施、来凤等地,该组为灰色、浅灰白色厚层至块状含燧石结核生屑灰岩,厚180~210m。

在重庆及川东地区,该组分布广泛,岩性稳定,以灰色—浅灰色块状泥晶、微晶灰岩为主,含有较多的生物介屑、骨屑,下部尚夹钙质页岩及泥灰岩,并构成眼球状及瘤状构造,层间含有呈结核状或条带状产出的硅质岩或薄层硅质灰岩,夹有较多的白云岩或白云质灰岩,厚度变化大,从不足百米到600m以上。以传统的"黑栖霞、白茅口"的方法划分,下伏为栖霞组。

湘西北地区茅口组根据硅质岩含量变化可以分为两个岩性段:下部含硅段为灰色、深灰色隐晶—微粒灰岩夹大量硅质条带或燧石团块,厚190m;上部灰岩段为灰色、浅灰色厚、巨厚层生物灰岩,偶夹少量白云质或燧石团块,厚60~100m。

孤峰组:在扬子地层区内广泛分布,在京山、南漳、荆门等地。上部为深灰色、灰黑色薄—中厚层状硅质岩;中部为深灰色钙质硅质岩与灰紫色页岩互层,页岩中时夹硅质岩灰岩透镜体;下部为深灰色硅质岩页岩夹页岩、薄层状硅质岩及硅质灰岩透镜体,底部为薄—中厚层状硅质岩。

龙潭组：在上扬子地区广泛发育，是重要的产煤层位。本组在巴东、秭归、建始等地较厚，下部以砂岩、岩屑砂岩为主，底部常有不稳定黄铁矿层（厚 0.1～0.5m），上部以粉砂质泥岩、泥岩、碳质泥岩为主，时夹碳酸盐岩（白云岩为主）透镜体，煤层赋存于砂岩之上的泥岩中，且泥岩中产丰富植物化石，含碳质泥岩中产腕足类、腹足类等化石，泥岩中发育细微水平层理，具滨岸湖沼相沉积特征。在恩施、咸丰、来凤及京山、南漳、襄阳等地，龙潭组煤系发育差，但煤系中赋存有重要经济价值的黏土矿层，含高岭石、赤铁矿高岭土、埃洛石、累托石等黏土矿层。在湘西北地区主要由铝土岩、铝土质泥岩、杂色泥岩或黑色页岩及煤层组成，局部夹碎屑岩。其中武陵山地区夹豆状、鲕状赤铁矿和结核状、星点状黄铁矿。在四川盆地中部层位稳定，以灰色、黄灰色泥岩、粉砂岩及砂岩组成不等厚互层，夹有煤层、菱铁矿及泥晶灰岩、泥灰岩，其中灰岩含量及单层厚度由西向东增加，向吴家坪组过渡；向西层间陆相砂、泥质增多，灰岩减少，向宣威组过渡。

吴家坪组：广泛分布于扬子地层区内。湖北省境内呈孤岛状分布于鄂西松滋、长阳、秭归、兴山、利川、咸丰一带，除利川见天坝、沐抚为一套典型的海绵礁灰岩外，其他地区均以灰色—浅灰色厚层块状含燧石结核生物灰岩、生屑灰岩为主，在长阳资丘该组顶部可见白云岩、砂屑亮晶灰岩等。四川盆地中部及东部，该组岩性稳定，以灰色、深灰色泥晶灰岩为主，富含燧石结核，并夹有硅质层和钙、硅质页岩、碳质页岩及煤线。

大隆组：在扬子地层区广泛分布。在湖北京山、南漳、保康地区该组岩性单一，为灰色、灰黑色薄层状硅质页岩、硅质岩。而在长江以南至武陵山地区，该组上部为灰色、灰黑色含钙质页岩、碳质页岩夹泥灰岩或微晶灰岩透镜体，下部为灰紫色、灰黑色薄层状含碳泥质硅质岩、硅质页岩夹碳质页岩或薄—中层状微晶白云岩等。在重庆及川东地区，本组岩性与鄂西、鄂西南基本一致，岩性及厚度较稳定。

合山组：分布于贵州道真—石阡—平塘一带，下段以深灰色含燧石灰岩夹硅质岩、灰岩为主，底部黏土岩夹一层煤（厚 50～253m）；中段硅质岩、页岩间夹灰岩（厚 20～53m）；上段深灰色含燧石生物碎屑灰岩为主，夹少许页岩（厚 107～44m）。主体上为台地相沉积。

下窑组：主要分布于鄂西、鄂西南地区，除南漳—保康一带及秭归—兴山与利川等地不见分布外，其他地区均有分布。但层位介于龙潭组与大隆组间，均呈整合接触，界面清楚，易于划分。总体岩性单一，主要为一套浅灰色—深灰色中厚层、厚层状含燧石结核灰岩，仅局部地段底部有薄层状硅质岩或上部出现白云岩。

瓦屋湾组：仅分布于竹山、房县一带，下部由灰色中厚层状生物屑灰泥岩-碳质页岩组成，向上生物屑灰泥岩变厚；上部由灰色中厚层状生物屑灰泥岩-碳质页岩组成，以碳质页岩为主，块状层理、水平层理发育，为浅海陆棚相沉积。

大水沟组：与瓦屋湾组相伴出现，下部以黑色薄层状含碳质硅质岩、微碎裂放射虫硅质岩、碳质页岩为主夹透镜状灰泥岩；中部为黑色碳硅质页岩夹粉砂质页岩、微碎裂白云石化生物屑硅质岩、薄层粉砂岩；上部灰黑色碳质页岩夹透镜状灰泥岩、深灰色中厚层灰泥岩。

合山组：分布于黔东北地区。下段以深灰色含燧石灰岩夹硅质岩、灰岩为主，底部黏土岩夹一层煤（厚 50～253m）；中段硅质岩、页岩间夹灰岩（厚 20～53m）；上段深灰色含燧石生物碎屑灰岩为主,北部夹少许页岩(厚107~44m)。下与茅口组灰岩呈不整合接触,上与大隆组整合接触。属台地相沉积。

峨眉山玄武岩:分布于四川盆地西部及攀西、盐源地区。攀西地区南段及盐源地区以超基性—基性岩为主,有致密、斑状的苦橄岩及杏仁状碱性玄武岩,夹有凝灰质砂、页岩,凝灰岩及灰岩,偶见火山角砾岩,组成多个喷发旋回,厚达830~3240m。攀西地区北段及盆地西缘峨眉—雷波一带以状、杏仁状及致密状碱性玄武岩为主,夹钙碱性玄武岩,玄武角砾集块岩、粉砂岩,页岩、灰岩及泥灰岩,偶夹煤线及少量英安岩,厚度减薄至200~1000m,由西向东明显减薄。

4. 三叠系

大冶组:该组在扬子地层区内广泛分布。在鄂西南恩施利川等地,大冶组自下而上可分为四段。第一段为页岩夹薄层状灰岩、泥灰岩,或薄层灰岩、泥灰岩夹页岩,富含菊石和双壳类化石;第二段以中厚层状灰岩的出现和终止为标志,常为中厚层状灰岩夹薄层状灰岩,或薄层状灰岩夹中厚层状灰岩;第三段以薄层状灰岩为主,蠕虫状灰岩(虫迹构造)发育,有时层间夹页岩;第四段以厚层、中厚层状灰岩为主,常具纹带状、鲕状构造,有时具角砾和白云石化灰岩,白云质灰岩,但在鄂西其他地区这四个岩性段并不明显,仅第一、四两段岩性较稳定,二、三两段岩性不易分出。

川东地区本组岩性稳定,以灰色—青灰色灰岩、生物灰岩、鲕粒灰岩为主,顶部及下部夹紫红色、灰紫色钙质页岩,层间常夹有砂屑、鲕粒及生物屑灰岩,亦夹有白云质灰岩。川东地区底部夹有厚1~25m不等的灰岩与泥页岩的层段,为大冶组的良好标志。

武陵山大冶组下部以薄层泥晶灰岩为主,夹不等量的钙质页岩,水平层理极为发育,尚见有束状上叠浪成交错层,部分地区见重力流形成的滑塌角砾岩夹层。生物中窄盐性薄壳双壳类及善游泳的头足类为主,分异度低,属湖下浅海或陆架沉积。上部浅色厚层灰岩及白云质灰岩增多,部分具鲕状结构,并夹有不等量的白云岩,生物以厚壳的广盐度双壳类成分增多,反映其为浅滩至潮坪沉积。

夜郎组:分布于黔北及川东地区,为整合在合山组或大隆组之上、嘉陵江组织下的一套富含双壳类的黄绿、灰绿色钙质、砂质页岩及浅至深灰色薄至中厚层细晶鲕粒灰岩夹紫红色钙质、砂质黏土岩。

嘉陵江组:广泛分布于扬子地层区。在鄂西、鄂西南地区,该组四分性明显。下部和上部主要为薄层至厚层状白云岩夹盐溶角砾岩,中部和顶部与灰岩为主。利川地区本组上部可见到两层黑色膏泥黏土岩和一层含钾质流纹质凝灰岩,即所谓的"绿豆岩"。京山、荆门等地为厚层状白云岩与白云质灰岩互层夹角砾状白云质灰岩,南漳和竹山一带是厚层状白云岩夹鲕状白云岩及鲕状灰岩。秭归至咸丰一带为含石膏假晶白云岩。该组厚度在鄂西、鄂西南地区由西南向东北增厚,厚167~1045m。

重庆及川东地区该组岩性较稳定,三分性明显,其中第一、三两段以黄灰色薄—中厚层白云岩为主,第一段夹蓝灰、紫红等色泥质岩层,第三段夹不同颗粒结构的灰岩及火山碎屑岩(绿豆岩),夹有石膏及盐岩层,形成成分复杂的"盐溶角砾岩",第二段多以中厚层—厚层状灰岩为主,夹白云质灰岩及白云岩。

在桑植、石门等地,本组由两套白云岩、角砾状白云岩和两套泥晶灰岩或白云质泥质灰岩组成,岩性组合特征与鄂西、鄂西南地区基本一致。

巴东组:广泛出露于扬子地层区内。在荆门—利川一带,本组从下至上可分为3部分。下段(又称下紫红色段)以紫红色夹灰绿色粉砂岩、粉砂质黏土岩、页岩为主,夹含铜砂岩,底部普遍发育了黄绿色泥岩夹钙质页岩、薄层状灰岩或薄层状白云岩;中段(又称中灰岩段)主要以灰色、浅灰色灰岩、泥质灰岩、泥灰岩为其特征,有时夹页岩,区内岩性稳定,厚度有西厚东薄之势,在秭归香溪至兴山大峡口一线缺失本段;上段(又称上紫红色段)与下段岩性基本相似,主要以紫红色钙质泥岩、粉砂岩为主,顶部在巴东、恩施一带有17~21m厚的灰岩、白云岩夹页岩。

川东地区的巴东组岩性三分性亦较明显。由东向西上、下紫色层间所夹的白云岩及白云质泥岩逐步增多,杂色碎屑岩粒度变细,含量相对减少,中部灰岩中的泥质物质含量亦减少,逐步向雷口坡组过渡。顶部在区域上有程度不等的剥蚀,其幅度由东向西加剧。在云阳—利川—黔江一线以东层序基本齐全。总厚可达1000m以上,该组以西仅有下—中部部分保存,上部剥蚀殆尽,厚度也明显变薄,总厚350~700m,其上为煤系地层(二桥组或香溪组)平行不整合超覆。

湖南地区本组分布于湘西北地区,自下而上分为4个部分:下部为紫灰色厚—巨厚层含钙长石石英砂岩与紫红色含钙泥质粉砂岩及粉砂质钙质泥岩;中部为紫色薄层状粉砂岩夹少量砂质灰岩,厚218m;上部为薄—中层状含钙质粉砂岩与粉砂质钙质泥岩组成的韵律结构,总厚846m;顶部为灰色、灰绿色薄—中层状白云岩、生物碎屑灰岩、泥灰岩,间夹紫红色粉砂岩及泥岩,厚200m。

(三)南秦岭地层区

1. 武当地层区

(1)泥盆系。

西岔河组:分布于武当—郧县地区,为一套滨浅海砾岩、砂岩和页岩为主的下粗、上细的碎屑岩组合,偶夹板岩、白云岩。厚225m,与志留系上津组平行不整合或不整合接触。

公馆组:分布于武当-平利地层小区内,主要分布于郧西上津以西地区,主要以白云岩、白云质灰岩为主,夹泥质白云质灰岩和少量板岩、砂岩等。含少量珊瑚。厚509m,与下伏西岔河组整合接触。

石家沟组:分布于郧西王家山一带。以灰岩为主,夹少量白云岩、板岩及砂岩的浅海沉积环境。产珊瑚和层孔虫。厚542m,与下伏公馆组或西岔河组呈整合接触。

大枫沟组:主要分布于郧西上津一带,岩性以砂岩、粉砂岩为主,夹灰岩、板岩和砾岩,为滨浅海相沉积。厚352m,与下伏石家沟组整合接触。

古道岭组:在郧西地区分布较广,由东向西碎屑岩夹层增多。下部为灰质白云岩、粉砂质灰质白云岩夹生屑灰岩、钙质粉砂岩;上部为生屑内碎屑灰岩夹中厚层灰岩;顶部为泥质粉砂质粉晶灰岩。产腕足类和珊瑚。厚230~1288m,与下伏大枫沟组整合接触。

星红铺组：主要分布于郧西红岩沟一带，下部为钙质粉砂岩、钙质长石石英细砂岩；中部为含粉砂质内碎屑灰岩、泥质灰岩；上部为泥质细砂岩、泥质粉砂岩，偶夹粉晶灰岩。产腕足类和珊瑚。厚245m，与下伏古道岭组整合接触。

铁山组：主要分布于郧西地区，下部为深灰色中厚层灰质白云岩，中部为深灰色厚层砂质灰岩，上部为浅灰色—深灰色中厚层粉砂质白云岩，产腕足类和珊瑚。厚146m。与下伏星红铺组整合接触。

(2)石炭系。

袁家沟组：只分布于鄂陕交界的郧西岭、周公山至四峡口一带，以含燧石结核为特征的一套碳酸盐岩地层，即由含燧石结核灰岩、白云质灰岩至白云岩及含砂质、粉砂质灰岩、白云岩等组成。

四峡口组：分布于湖北省郧西县四峡口一带，在区域上一般可分上、中、下三部分。下部黑色页岩、碳质硅质页岩夹灰岩透镜体，产珊瑚、海百合茎等化石；中部灰白色、黄褐色石英砂砾岩、石英砂岩、泥质粉砂岩夹黑色碳质页岩和灰岩透镜体；上部由泥灰岩、灰岩与碳质页岩或粗砂岩呈互层或夹层出现。

羊山组：只见于郧西周公山以西三天门—四峡口一带，岩性单一，为浅灰色、灰白色、灰色厚层状灰岩，生物屑灰岩，时含燧石结核。

2. 郧县-郧西地层区

(1)泥盆系。

白山沟组：分布于郧均台地层分区内。岩石特征为底部紫黑色砾岩；向上为紫色薄层长石石英砂岩、土黄色黏土岩夹砂岩和砂质页岩；顶部为灰白色白云质石英砂岩。

王冠沟组：分布于郧均台地层分区内。下部为中粒石英砂岩与泥灰岩互层；中部为钙质砂岩、中薄层灰岩夹灰绿色页岩；上部为页岩、砂岩、条带状灰岩夹礁灰岩。

葫芦山组：分布于郧均台地层分区内。下部为中细粒砂岩、岩屑石英砂岩与黏土岩互层；中部为厚层泥质粉砂岩夹厚层中细粒石英砂岩；上部为厚层石英砂岩夹铁泥质粉砂岩、页岩及赤铁矿层。

(2)石炭系。

下集组：分布于郧西地区。岩性主要为灰色厚层泥晶白云质灰岩，细晶、泥晶白云岩、亮晶砂屑灰岩和黑色泥晶灰岩。区内岩性稳定，以泥晶、细晶结构为主，夹有砂屑灰岩、角砾灰岩和化石碎片，为开阔台地-台缘浅滩环境沉积。

梁沟组：分布于郧西地区。底部为厚层角砾状白云质灰岩；下部为厚—巨厚层泥晶灰岩夹白云质灰岩；上部为厚层亮晶砂屑、生物屑灰岩，夹燧石条带、团块。

三关垭组：分布于郧西地区。下部为灰白色杂色黏土岩、黏土质页岩夹灰色—深灰色厚层泥细晶生物灰岩、硅质团块生物屑灰岩；中部为灰色厚层生物屑灰岩、泥晶灰岩夹钙质泥岩、泥质粉砂岩；上部为厚层生物屑灰岩、泥灰岩。

第四节 晚三叠世—第四纪地层

一、地层分区及其特征

晚三叠世时期，研究区内发生大规模海退，出现厚层海陆交互相沉积，至侏罗纪海相沉积历史结束，进入陆内盆地沉积时期。研究区以青峰断裂为界，以北为南秦岭盆地区，以南为扬子盆地区。南秦岭盆地区以南襄盆地为主，扬子盆地区包括江汉盆地、四川盆地、沅麻盆地及鄂西地区的一些小盆地。其中南襄盆地发育上白垩统—第四系，江汉盆地发育下白垩统—第四系，四川盆地发育上三叠统—下白垩统，沅麻盆地发育上三叠统—古新统。

1. 南襄盆地

盆地跨河南、湖北两省，在湖北包括襄阳、郧县、光化、均县、枣阳等地区（南至襄阳，西至郧县），晚白垩世时期以砾岩、砂砾岩为主的洪积沉积，古近纪时期发育一套齐全的"红层"地层，其中下部为一套快速堆积的洪积、河流相沉积，盆地由于断裂活动而急剧沉降。晚始新世后盆地进入均衡稳定沉降阶段，沉积了一套滨-浅湖相沉积，至渐新世晚期盆地缓慢抬升，湖水变浅，沉积面积开始缩小。古近系自下而上为玉皇顶组、大仓房组、核桃园组、廖庄组、上寺组和凤凰镇组。新近纪时期，盆地整体发生沉降，沉积面积较古近纪多，不少处于隆起剥蚀的凸起也开始接受沉积，自下而上可划分为凤凰镇组、沙坪组。

2. 江汉盆地

本区包括湖北中西部和东部。上白垩统为渔洋组，其下部为紫红色钙质泥岩与砂岩，上部为灰黑色泥岩和棕色泥岩。古近系非常发育，厚度大，分布广，层序全，且含有丰富的化石。盆地面积大，内部与边缘地区的岩层区别很大，盆地内部古近系自下而上为古新统沙市组、始新统新沟嘴组、荆沙组、始新统—渐新统潜江组、渐新统荆河镇组，盆地边缘古近系自下而上为古新统龚家冲组，始新统洋溪组、牌楼口组。盆地内部新近系为广华寺组，边缘部位为掇刀石组。

3. 四川盆地

四川盆地的地层沉积序列与鄂西地区盆地相类似，自下而上为上三叠统九里岗组，上三叠统—下侏罗统桐竹园组，中侏罗统沙溪庙组，上侏罗统遂宁组、蓬莱镇组，下白垩统苍溪组。

4. 沅麻盆地

该盆地为北东向展布的山间盆地。晚三叠世出露地层有九里岗组、火把冲组、二桥组。侏罗纪时期基本维持晚三叠世末期的古地理格局，海侵范围扩大，出露地层缺失上侏罗统外，下、中侏罗统都有出露。下侏罗统为白田坝组和自流井组，中侏罗统为千佛岩组和沙溪庙组。晚侏罗世至早白垩世早期缺乏沉积岩，晚白垩世地层以湖相为主，生物以淡水及陆生生物化石组合为特征。从老到新出现的地层依次为石门组、东井组、栏垅组、神皇山组、会塘桥组、罗镜滩组、红花套组、戴家坪组、车江组和白花亭组。

5. 鄂西盆地

本区包括秭归盆地、恩施盆地、利川盆地等鄂西地区的一些小盆地。晚三叠世时期该地区地理位置处于南漳—京山海湾，沉积了滨海湖泊-沼泽相的九里岗组，以及滨海海湾-海陆交互相的王龙滩组，海水来源于环太平洋。该区在侏罗纪时期为区域构造控制的沉积盆地，下侏罗统为香溪组，中统自下而上划分为泄滩组、陈家湾组和沙溪庙组，上侏罗统遂宁组。

白垩系出露齐全，从下而上依次为石门组、五龙组、罗镜滩组、红花套组、跑马岗组。

二、岩石地层划分与对比

依据湘西-鄂西成矿带晚三叠世—第四纪的地层区划分方案（表1-5），各岩石地层单位分述如下。

（一）沅麻盆地

1. 上三叠统

九里岗组：分布于扬子地层区内，为黄灰色、深灰色粉砂岩、砂质页岩、泥岩为主，夹长石石英砂岩及碳质页岩，含煤层或煤线3~7层，总厚度0~350m。底界以粉砂岩、粉砂质泥岩与巴东组紫红色或灰绿色钙质粉砂岩、灰岩、白云岩分界；顶界以页岩、粉砂岩与王龙滩组长石石英砂岩分界，呈整合接触。

火把冲组：分布于怀化、保靖一带，主要为一套灰黑色泥岩夹粉砂岩及煤层，产植物及广盐度双壳类，属沼泽-淡化潟湖沉积。

二桥组：在湖南怀化地区、重庆忠县、万县、彭水、石柱一带广泛分布，岩性以黄灰、灰白色中—厚层状细—中粒长石、岩屑砂岩为主夹少量粉砂岩、泥岩及煤线，具水平层理。

2. 侏罗系

白田坝组：分布于湘西北分区内，底部为厚—巨厚层状燧石石英砾岩，中、下部为灰色石英砂岩夹黑色砂质泥岩及1~2层不稳定的薄煤层，上部为薄—中层状粉砂岩与粉砂质泥岩互层。厚度变化较大，怀化、保靖等地该组厚数米至数十米，在湘西北地区该组厚达400m，变化规律是自北往南减薄。

自流井组：仅限于湘西北分区内，底部为紫红色钙质泥岩，下部为生物碎屑灰岩，上部为紫红色钙质泥岩夹少量钙质砂岩。岩性似有南粗北细之变化规律。花桥以南，往往不见灰岩夹层，而代之以砂岩夹层出现。

沙溪庙组：广泛分布于扬子地层区、湘西北分区与湘中分区。鄂西秭归盆地岩性组合大致可分为：下部为紫红色泥岩与黄灰色中至细粒长石石英砂岩互层，泥岩中夹黄灰、灰紫色细砂岩、粉砂岩、含钙质结核，并以底部巨厚层状长石石英砂岩，与下伏千佛崖组紫红色泥岩呈整合接触，上部为紫红色粉砂质泥岩与长石石英砂岩互层，单层厚度较大，组成由粗到细的韵律层。部分砂岩富岩屑，具有中—大型斜层理，显示河流沉积特征，但大多数的砂岩和泥岩，具有水平层理及缓波状层理，产有淡水双壳类、叶肢介及介形类化石，显示淡水湖泊沉积的特点。

3. 白垩系

东井组：分布于石门、祁东、吉首一带。本组岩性稳定，主要以钙质砂质泥岩及钙泥质粉砂岩为主，不同程度地夹有杂砂岩或泥砾岩。岩石富含钙质，常形成钙质团块，层理不清晰，

表1-5 湘西—鄂西成矿带晚三叠世—第四纪地层划分与对比表

界	系	统	阶	沅麻盆地	四川盆地	鄂西盆地	江汉盆地	南襄盆地区
新生界	第四系							
	新近系	上新统						沙坪组
		中新统						
	古近系	渐新统		百花亭组			广华寺组	上寺组
		始新统		戴家坪组			荆河镇组	核桃园组
				红花套组			潜江组	大仓房组
		古新统		罗镜滩组			荆沙组	玉皇顶组
				会塘桥组			新沟嘴组	寺沟组
中生界	白垩系	上白垩统		神皇山组	苍溪组		沙市组	
				栏垅组			渔洋组	
		下白垩统	大北沟阶	东井组				
			特建阶				揲刀石组	
			土城子阶	石门组		遂宁组	神农口组	
					遂宁组	沙溪庙组	洋溪冲组	
	侏罗系	中统	头屯河阶		沙溪庙组	千佛崖组	龚家冲组	
			西山窑阶	沙溪庙组	千佛崖组	桐竹园组	跑马岗组	
		下统	三工河阶	千佛岩组	自流井组	九里岗组	红花岗组	
			八道湾阶	白田坝组		王龙滩组	罗镜滩组	
	三叠系	上统	瓦窑堡阶	二桥组	须家河组		玉龙组	
			永坪阶	火把冲组			石门组	
			胡家村阶	九里岗组				

(江汉盆地周缘及咸丰、来凤、恩施、建始等盆地)
(江汉盆地中心部位)
扬子盆地区 / 南秦岭盆地区

或显厚的断续水平层理，泥裂构造较常见，常夹有洪泛期形成的混积岩，部分层位产较丰富的双壳类、介形类、轮藻化石，亦可见少量的植物化石，应属半干旱气候条件下的滨-浅湖砂泥质沉积。

石门组：分布于沅麻盆地、江汉盆地西北缘、秭归盆地周缘，由砾岩、砂砾岩及杂砂岩或砾砂质泥岩组成韵律层位特征，层理不清，分选较差，常与洪泛沉积的混积岩共生，属山麓洪积扇沉积。

神皇山组：在沅麻盆地、洞庭湖盆地广泛发育，岩性主要为棕色、褐红色长石石英砂岩、粉砂岩、粉砂质泥岩组成韵律层，间夹不同分量的灰绿色泥岩或粉砂岩。与其上覆、下伏岩层相比较，除岩性组合不同外，其色暗紫，富含钙质亦是本组的最大特色。

栏垅组：主要分布于沅麻盆地和洞庭湖盆地地区，由紫红色、棕红色厚—巨厚层砾岩、砂砾岩、含砾砂岩及杂砂岩组成的韵律层。砾石成分具近源性，分选差，基本层序常具二元或三元韵律结构，层理不清，韵律间常具冲刷面。纵、横向上均向河流或滨海相过渡，应属洪积扇砾岩-砂砾岩相。

罗镜滩组：分布于常桃盆地，表现为紫红色、紫灰色厚—巨厚层砾岩、砂砾岩夹砂岩组成，下以平行不整合覆于神皇山组之上，上以退积型韵律结构过渡到以砂岩为主的红花套组。江汉盆地西缘该组以厚—巨厚层状砾岩为其特征，在顶部可见砂砾岩、含砾砂岩透镜体，常形成陡崖峭壁地貌。砾石成分因地而异，受物源控制，滚圆度由下而上逐渐变好，砾径由下而上递减，胶结物多为钙、铁质。

红花套组：分布于常桃盆地，以一套鲜艳的棕红色、砖红色为主体色调的厚层状砂岩为主的地层，其上、下以砂岩为主，中部夹较多的粉砂岩及泥岩。砂岩富含长石及岩屑、杂基含量较高，发育水平层理、小型沙纹层理；部分砂岩具板状斜层理，泥质粉砂岩具液化特征及变形构造。

百花亭组：分布于沅麻盆地的辰溪县洞门、麻阳县黄双冲、芷江县罗旧等处，由红褐色、棕褐色厚—巨厚层砾岩、砂砾岩、含砾长石石英砂岩组成二元或三元韵律结构的一套巨厚沉积。砾石成分具近源性，胶结物为砂泥质和钙质，砾石分选差，磨圆度低，组构不明显。

戴家坪组：主要分布于常桃盆地内，主要由紫色泥岩、粉砂质泥岩组成，夹灰绿色泥岩、粉砂岩和少量细砂岩，富含介形类和轮藻化石，厚度小于500m。以细碎屑岩沉积为主，常夹粉砂质泥灰岩及石膏层，属湖成砂泥岩-泥灰岩相沉积。

会塘桥组：主要分布于沅麻盆地麻阳、江口等地，不整合于棋梓桥组之上的一套棕红色、紫红色钙泥质粉砂岩、粉砂质泥岩组成的韵律层，其中夹多层灰绿色、杂色泥岩，中部夹少量细砂岩，富产轮藻及少量介形虫化石。沅麻盆地西南部该组最厚可达3000余米。

(二)四川盆地区

1. 上三叠统

九里岗组：岩性与沅麻盆地九里岗组一致。

桐竹园组：在荆当盆地主要为一套较细碎屑岩，属湖泊-沼泽相沉积，西薄东厚。当阳桐竹园厚598m，荆门海慧沟厚800m。秭归盆地本组厚度也较薄，在秭归泄滩厚359m，兴山平邑口厚280m。在利川盆地，本组上、下部均为黄色页岩，中部以砂岩为主，底部往往出现煤层或者含砾砂岩，作为底界标志。

2. 侏罗系

沙溪庙组：岩性与沅麻盆地相近。

蓬莱镇组：下部为灰色、绿灰色中细粒长石石英砂岩夹紫红色泥岩，含较多的植物茎干化石、碳质条带及黑色泥砾、少量紫红色泥砾。出露厚度为1224～2115m。

3. 白垩系

苍溪组：仅分布于重庆凤凰寨、天龙山等地，为紫灰色、砖红等色岩屑、长石石英砂岩、粉砂岩与泥岩不等厚韵律互层，时夹少量砾岩条带及透镜体，厚452m，富含双壳类及介形虫化石，与下伏蓬莱镇组顶部紫红色泥岩夹灰紫色细砂岩、粉砂岩平行不整合。

（三）鄂西地区盆地

1. 上三叠统

九里岗组、二桥组、桐竹园组岩性与四川盆地一致。

王龙滩组：在荆当盆地岩性单调，较稳定，为一套厚层状长石石英砂岩或含砾砂岩，具楔状层理，夹碳质粉砂岩、泥岩和薄煤层。属河流三角洲沉积。

值得指出的是，利川盆地一套厚层状长石岩屑石英砂岩、石英砂岩平行不整合于巴东组之上。四川省地质局107队（1975、1984）进行的1∶20万忠县幅和黔江幅区划时划分为"须家河组"，但岩性和层序与鄂东南地区的王龙滩组极为相似，故本次清理将其视为王龙滩组，厚度由南向北变薄。省境内王龙滩组由西向东是一穿时明显的岩性地层单位。

2. 侏罗系

千佛崖组：分布于扬子地层区与湘西北地层分区内。底部为一层含砾石英砂岩，有时砾石富集成薄层，并为底界标志，与下伏香溪群桐竹园组绿黄色钙质泥岩呈整合接触，下部为紫红色、绿黄色泥岩、粉砂岩、鲕粒石英砂岩夹介壳灰岩，上部以紫红色为主，夹黄灰色泥岩，砂质页岩、粉砂岩、长石石英砂岩。

遂宁组：在秭归盆地出露齐全，岩性以绿灰色、紫灰色细粒长石石英粉砂岩为主，夹紫红色、棕红色泥岩，以底部一层黄灰色厚层状中粒长石石英砂岩，与下伏沙溪庙组呈整合接触，厚度变化不大。

蓬莱镇组：岩性描述同四川盆地。

（四）江汉盆地

1. 盆地中心区

渔洋组：分布于江汉盆地中心掩盖区之下，其下段为紫红色泥岩与紫红色钙质石英砂岩、钙质石膏质长石石英砂岩互层夹白色细砂岩、粉砂岩、砾岩、底部为含砾砂岩；上段为灰黑色泥岩、棕色泥岩（含石膏）、钙芒硝泥岩互层，夹玄武岩、砂岩的地层序列。厚度超过1000m。

沙市组：分布于江汉盆地中心地带，为浅紫棕色厚层状砂岩之上的以深灰色泥岩为主，次为含膏泥岩、粉砂岩的地层序列。下段为一套紫色泥岩夹棕色、深灰色含膏泥岩、芒膏岩及岩膏组成的韵律层;上段为深灰色泥岩夹棕红色、浅灰色泥岩、泥膏岩、芒硝及石膏质粉砂岩;顶部以较稳定的泥膏岩和含膏泥岩层与上覆新沟嘴组过渡。厚200~1900m。

新沟嘴组:在江汉盆地内广泛分布,是盆地内重要的含油、含盐地层。其下段以深灰色泥岩夹砂岩、泥膏岩、油页岩及泥灰岩,其顶部为灰色泥膏岩及白色泥膏岩,习称大膏层;上段为紫红、灰色泥岩夹泥膏岩、砂岩。厚430~700m。

荆沙组:与新沟嘴组相伴出现,为整合于以深灰、紫红色交替出现为主体色调的新沟嘴组之上的一套棕红、紫红色泥岩夹少量灰绿色泥岩及粉砂岩,局部夹泥膏岩、盐岩和玄武岩。下段为棕紫色、棕红色泥岩与粉砂岩或砂岩互层;上段为棕紫色、紫色,少量灰色泥岩夹粉砂岩。

潜江组:指整合或平行不整合于以棕红色、紫红色为主的荆沙组之上的一套深灰色泥岩、泥膏岩、钙芒硝泥岩、油页岩及盐岩组成的地层,夹砂岩,为江汉盆地重要含油、盐层系,与上覆荆河镇组整合接触。

荆河镇组:为整合于潜江组之上的一套绿色、灰色泥岩与粉砂岩互层,夹油页岩及泥灰岩,局部呈杂色,下部夹薄层泥膏岩。自下而上,泥质岩颜色由暗红渐变杂色,砂质岩由多变少,与下伏潜江组呈整合接触,与上覆广华寺组呈角度不整合。

广华寺组:指不整合于荆河镇组之上一套以灰黄色为主体色调的成岩度较差的杂色黏土岩、砂岩和砂砾岩互层,上、下部颗粒较细,中部颗粒较粗。在盆地内普遍存在,岩性无明显差别。在钟祥市一带底部夹两层淡水泥灰岩,厚300~900m。

2. 江汉盆地周缘

石门组:分布于江汉盆地西北缘、沅麻盆地南东段,是一套以紫色为主题色调的巨厚层块状砾岩,底部可见一层厚层的角砾岩,以角度不整合覆于前白垩纪之上。砾石成分因地而异,其成分和厚度在垂向、侧向上均有明显的变化。江汉盆地西缘本组砾石由下而上砾石砾径由大变小、磨圆度、分选型变好。

五龙组:主要集中于宜昌地区,其岩性可分3段。下段以棕红色、浅灰色粉砂岩、细砂岩为主,夹中粒砂岩、粉砂质泥岩、薄层状砾岩及灰黑色泥岩透镜体,含少量植物化石及丰富的孢粉化石;中段以灰白色、浅棕黄色中—细粒砂岩为主,夹泥质粉砂岩,含砾砂岩;上段为浅黄棕色、棕红色中—细粒砂岩与含砾中、粗粒砂岩互层。

跑马岗组:广泛分布于宜都、宜昌、当阳、远安、南漳、荆门、钟祥、建始、恩施、咸丰、来凤等地,整合于红花套组棕红色砂岩之上,富含生物化石的以棕黄色为主,夹灰绿色、黄绿色、灰白色的杂色砂岩、粉砂岩、粉砂质泥岩和泥岩,上部夹泥灰岩含2~3层含铜页岩;中下部夹石膏层,局部形成工业矿层;顶部层位往往被第四纪松散堆积物所覆盖,仅在荆门、当阳、宜都等局部地段有顶部层位。

龚家冲组:分布颇广,主要发育于宜都县徐家溪—长冲坳、当阳县龚家冲—七里冲、荆门严家坡—团林铺、南漳土门垭—张家坡等地。此外,在松滋市八眼泉等地也有零星出露。本组以湖缘相红色细碎屑沉积为主,夹泥质沉积及钙质沉积,局部地区出现洪积相粗碎屑沉积。

洋溪组:主要分布于宜都、松滋、荆门、南漳、枝江等地,为一套浅湖相沉积。宜都枝城以西、松滋斯家场以北和松滋口以东及当阳东岳庙、沈家冲、杨家冲等地为黄褐色、浅棕色及棕红色砂岩、粉砂岩、泥岩不等厚互层,夹灰绿色、粉红色钙质泥岩或泥灰岩、黑色页岩,偶见灰褐色砂质泥灰岩,厚100～520m;荆门、南漳等地为黄色中—厚层状砂岩、棕红色粉砂岩和泥岩,与黄灰色灰岩不等厚互层,偶夹薄层砾岩,厚200～580m。

牌楼口组:主要分布于江汉盆地西北缘,整合于洋溪组顶部灰白色—紫红色薄—中厚层状砂质灰岩或棕红色钙质泥岩之上的一套以灰黄色—浅紫色厚层松散状砂岩为底,整体以砂岩为主夹泥质细砂岩、泥岩、钙质细砂岩的地层,顶部往往被第四系松散沉积物所覆盖。

掇刀石组:零星分布于整个江汉边缘地区,主要见于汉江沿岸的襄阳、谷城县界一带、宜城流水、钟祥斑竹铺。荆门团林铺和杨集,零星出露于宜昌鸦雀岭、枝江资福寺、襄阳市峪山等地,以白色为主体色调,上部为灰白色、瓷白色、浅肉红色泥岩夹灰绿色黏土岩,底部为灰白色砾岩夹少量钙质粉砂岩的地层序列,可见最厚处达80m,一般厚40m左右。

(五)南襄盆地

寺沟组:分布于青峰断裂以北,随州市以西的枣阳、古城、丹江口市等及南襄盆地南缘地带,所见岩性可分为上、下两段:下段以砂岩、砂砾岩为主夹含砾砂岩、粉砂岩;上段以砂岩、钙质粉砂岩为主,夹粉砂质泥岩,局部夹膏盐矿层。

玉皇顶组:出露于丹江口盆地将军山一带,李官桥盆地与房县盆地,下部为砖红色、棕红色含砾砂岩及粉砂岩夹砂质泥岩及细砂岩,局部地区出现角砾状灰岩;中部为一套棕红色泥岩、粉砂岩和浅灰、肉红色泥灰岩,局部见黑色碳质泥岩。

大仓房组:在湖北省境内只分布于房县盆地,岩性以褐红色、紫红色为主体色调的粉砂质泥岩为主,上部夹钙质泥岩及泥灰岩;中、下部由含砾粉砂岩、砂砾岩、砾岩等分别与泥质粉砂岩形成由粗至细的韵律层。

核桃园组:仅分布于房县盆地,所见岩性下部为厚—中层状灰褐色砾岩、砂砾岩与浅棕色含钙质结核,具灰绿色蠕虫状条带的钙质粉细砂岩和粉砂质泥岩互层,局部夹米黄色、淡红及灰白色石灰岩,底部为巨厚层—块状砾岩与下伏大仓房组分界;上部为淡红色、褐红色及黄绿色泥岩,泥灰岩夹灰白色松散状砂岩或细砂岩,厚200～765m。

上寺组:仅分布于房县盆地,其岩性下部在盆地西部边缘为含角砾泥岩,东部边远为砖红色泥质粉砂岩与中—厚层砾岩不等厚互层;中部肉红色、红白色钙质泥岩夹泥灰岩,以中粗砾岩为底,与下部分界;上部红色厚层中—巨砾岩,出露厚度为672.1～878.2m。

沙坪组:呈东西向展布于房县盆地南部的盘峪河—七里河及红塔至三海堰一带。每个自下而上沉积韵律由灰黄色砾岩、砂砾岩、钙质砂岩、泥灰岩或钙质泥岩组成;上部为红色块状巨砾岩,砾岩成分以白云岩为主,杂有白云质灰岩及黑色燧石,均呈角砾状,砾径较大,大者可达1m以上。

第二章 岩浆岩

第一节 岩浆岩的时空分布与构造—岩浆事件序列

该成矿带岩浆岩主要分布于鄂西黄陵地区和湘西白马山地区。其中侵入岩绝大多数为花岗岩类：英云闪长岩、奥长花岗岩、花岗闪长岩、二长花岗岩，另有少量中基性侵入岩，极少量超基性岩和碱性岩。火山岩类主要有玄武质、流纹质、英安质火山岩，少量超基性、粗面质和安山质火山岩。通过近年来较详细的地质调研和高精度同位素测年，初步建立了区内（湘西—鄂西地区，下同）岩浆岩格架。

一、太古代岩浆岩

侵入岩主要见于鄂西宜昌黄陵杂岩北部的水月寺—坦荡河、交战垭—雾渡河、高岚镇一带，可分为东冲河片麻岩（TTG片麻岩）、晒甲冲片麻岩（钙碱性片麻岩）和交战垭超镁铁质岩组合三套。中太古代东冲河片麻岩，主要岩性为英云闪长质片麻岩、奥长花岗质片麻岩、花岗闪长质片麻岩。其侵入年龄为$(2947\pm5)\sim(2903\pm10)$Ma（高山等，2001），属中太古代；据1：25万荆门幅区域地质调查（湖北地调院，2005），认为交战垭超镁铁质侵入岩也形成于中太古代；晒甲冲片麻岩主要为二长花岗质片麻岩，可能形成于新太古代。

火山岩出露很少，仅分布于黄陵地区北部，产于野马洞岩组（Ar_2y）中，为一套"绿岩组合"或相当于"绿岩组合"，其年龄大约为$3051\sim3000$Ma（魏君奇等，2012；高山等，2001）。

二、古元古代岩浆岩

侵入岩类仅出露于黄陵及钟祥地区，分为花岗岩及基性岩脉组合，花岗岩体有黄陵圈椅埫岩体，其成岩年龄为(1854 ± 17)Ma（熊庆等，2008）；岔路口岩体及钟祥华山观岩体。张丽娟等（2011）采用LA-ICP-MS锆石U-Pb法获得的华山观岩体成岩年龄(1851 ± 18)Ma。彭敏等（2009）在黄陵地区殷家坪到坦荡河之间发现1.85Ga的具区域伸展作用标志的基性岩脉。

火山岩出露较少，主要在湖南益阳见及，为钙碱性玄武质-英安质火山岩或拉斑玄武岩-玄武安山岩，形成于岛弧环境。

三、中元古代岩浆岩

侵入岩仅出露于上扬子宜昌黄陵地区,其中黄陵太平溪超基性岩 Sm-Nd 全岩等时线年龄为 1282Ma(胡正祥等,1990)。

火山岩在区内分布较广。在黄陵地区形成一套以拉斑玄武质火山岩为主的岩石组合——庙湾岩组(力耳坪组);湖南文家市冷家溪群变玄武岩取得的锆石 Pb-Pb 蒸发法年龄为 1271Ma(周金城等,2003)。

四、新元古代岩浆岩

侵入岩见于黄陵地区黄陵岩基,可分为端坊溪序列、茅坪序列、黄陵庙序列、大老岭序列、晓峰序列。岩性有闪长岩(变辉长岩)、石英闪长岩、英云闪长岩、奥长花岗岩、花岗闪长岩及基性—酸性岩脉岩墙。

近年来,黄陵南部新元古代花岗岩同位素年龄研究表明,花岗岩形成年龄介于 844~765Ma 之间(冯定犹等,1991;李志昌等,2002;Li et al.,2003;凌文黎等,2006;李益龙等,2007;Zhang et al.,2009;高维等,2009),但所得出的结论却并不一致,部分岩体测年数据与岩体之间的地质接触关系所显示的先后侵入次序明显矛盾。新的 SHRIMP U-Pb 定年结果表明,三斗坪单元的侵位年龄为(863±9)Ma(Wei et al.,2012),黄陵庙序列最早路溪坪奥长花岗岩侵位年龄为(852±10)Ma(1∶5 万莲沱幅区调,待发表)。Peng et al.(2012)应用黄陵花岗岩基之上的南华纪南沱组冰碛砾岩中亦发现存在(859±26)Ma、(861±12)Ma,反映其物源来自该区新元古代花岗岩。

新元古代晚期阶段(750~542Ma):此阶段火山岩发育较少,蔡志勇等(2006)测得武当地块周缘耀岭河群中基性和酸性火山岩单颗粒锆石 U-Pb 同位素年龄为(636~629)Ma。侵入岩主要由极少量花岗岩组成。基性岩墙群集中分布于黄陵地区七里峡一带,辉绿岩 Rb-Sr 全岩等时线给出年龄为(706±64)Ma(李志昌等,2002),基性岩墙群 ELA 锆石 U-Pb 精确年龄为(744±22)Ma;凌文黎等(2007)在研究中获得辉长-辉绿岩锆石 U-Pb 年龄为(679±3)Ma。

五、早古生代岩浆岩

分布于湖南白马山地区和湖北武当地区,近年来获得的大量高精度同位素年龄显示,该期岩浆活动的主体年代区间为 470~410Ma。

六、晚古生代—早中生代岩浆岩

主要见于湖南省,仅发育三叠纪的侵入岩,而缺失石炭纪—二叠纪同碰撞阶段的侵入岩。

七、中生代岩浆岩

零星分布于湖南省,但随着研究的逐步深入,该时期的岩浆岩也有了陆续报道,如湖南白马山花岗岩 204.5Ma(陈卫峰等,2007)、(176.7±1.7)Ma(陈卫峰等,2005)。

第二节 侵入岩及其成因与形成构造环境

湘西—鄂西地区侵入岩较少，占总面积的 2‰~3‰，绝大多数为花岗岩类，另有少量中基性侵入岩类，极少量超基性岩类。其中：晋宁期花岗岩类约占侵入岩的 35%，其次为加里东期（约 30%），印支期（约 20%）、中新太古代（约 15%）。

一、太古代侵入岩

主要见于宜昌黄陵杂岩北部的水月寺—坦荡河、交战垭—雾渡河、高岚镇一带。

（一）中太古代基性—超基性岩及花岗岩

出露于水月寺—坦荡河、交战垭—雾渡河、高岚镇一带，可分为交战垭超镁铁质岩组合和东冲河花岗质片麻岩组合。

1. 交战垭超基性岩体

地质特征：由两个小岩体组成，单个呈透镜状或条带状，总体呈北东向展布，面积约 0.11 km^2，另有部分呈包体产于东冲河片麻杂岩中。岩体后期受构造改造片理化强烈。

岩石特征：原岩主要为辉橄岩，次为含辉纯橄岩、角闪辉石岩等。岩石蛇纹石化、透闪石化和滑石化蚀变后形成蛇纹岩、蛇纹石化辉橄岩、滑石透闪岩、透闪蛭石岩、滑石片岩及透闪黑云片岩等。岩体在平面上具分带性：南部以纤维状蛇纹岩（原岩为辉橄岩）为主，向南至边部依次为透闪蛭石岩、滑石透闪岩、透闪黑云片岩；北部岩体为纤维状蛇纹岩、鳞片状蛇纹岩（原岩为含辉纯橄岩）两种，向西则为灰白色滑石片岩，向东为透闪黑云片岩、透闪石岩类（可能为辉石岩）。

地球化学特征：岩体中斜辉辉橄岩 SiO_2 含量小于 44%，而角闪辉石岩、透闪透辉石岩等大于 44%，属镁质超基性岩。高 Cr，平均为 0.48，低 Ti、P，与变质橄榄岩和 M 型超镁铁质杂岩相似，是上地幔高度部分熔融的苦橄质岩浆分异的产物。

岩石稀土元素总量较低，稀土配分曲线较平缓，轻重稀土比值均 >1，δEu 值为 0.65~0.91，具弱的铕亏损，岩石 REE 分配型式与科马提岩、变质橄榄岩类似。岩石微量元素 Rb、Ba、Th、Sr 等元素含量较低，而 Ni、Co 的含量较高，Pt 含量为 $3.0×10^{-6}$，Pd 为 $2.2×10^{-6}$。超基性岩 SI 值较大，为 75.76~78.72，>75%，稀土分配型式极平坦，MgO/FeO 分子比为 10.37~22.71，>7，表明岩石为未经分异的幔源岩浆直接结晶形成，很可能为科马提岩的一部分，是地幔高程度部分熔融的产物。

成因及时代讨论：该岩体与津巴布韦绿岩带中的镁铁、超镁铁质岩石相当，其产出状态与南非的巴伯顿山地等相似，可能属花岗岩-绿岩带绿岩中的超镁铁质部分。岩体总体上呈包体、残留体分布于东冲河片麻杂岩中（29 亿年左右），时代应早于东冲河片麻杂岩；同时与野马洞岩组斜长角闪岩[(3051±12)Ma，高山等，2001][207]Pb/[206]Pb 法具有较强的亲缘关系，因此，交战垭超镁铁质岩置于中太古代较为合理。

2. 东冲河及巴山寺花岗质片麻岩

地质特征:总体上呈北东向带状展布;其上为古元古代黄凉河岩组、南华纪—震旦纪沉积盖层不整合覆盖,并被中元古代核桃园基性—超基性岩、新元古代圈椅埫岩体和小坪杂岩体、新元古代晚期的基性岩墙等侵入。

岩石学特征:主要岩性为英云闪长质片麻岩、花岗闪长质片麻岩和奥长花岗质片麻岩组合。岩石普遍具片麻状构造,变晶结构。从英云闪长岩-奥长花岗岩,总体显示暗色矿物含量减少而石英含量增高的趋势。岩体中包体发育,一部分为野马洞岩组、交战垭超镁铁质岩,该类包体通常呈棱角状、条带状、长条状、球状等,与母岩间具有较清楚的界线;另一部分为深源暗色包体,规模不大,成分为角闪石、黑云母、斜长石、辉石等,与寄主岩石的边界部分清楚,部分呈过渡。

地球化学特征:岩石化学成分中 SiO_2 含量较高,一般 $Na_2O>K_2O$,显示低钙低钾而富钠的特点。岩石的里特曼指数为 1.53~3.02,以钙碱性为主,ANKC 值多数>1,显示次铝-过铝的特征,随 Ca 的减少,K/Na 比值增大。稀土配分曲线向右倾斜,δEu 为 0.83~0.92,Eu 异常不明显。微量元素 Cr、Co、Ni 平均含量明显高于维氏花岗岩平均值的 3~10 倍以上,具有玄武质岩石特征。Zr、Rb、Sr、Ba、Nb、Be、Ta、Sn 值与 Л. Н. Оьчинчков 所报道的基性岩浆分异的花岗岩类十分接近。Rb/Sr 值相当低(0.17~0.19),与迁安片麻岩 Rb/Sr 值(0.06~0.21)相近,表明英云闪长质-奥长花岗质片麻岩源岩应为玄武质岩石成分。

成因:东冲河花岗质片麻岩的稀土元素为正铕异常与基性岩石相似,而且微量元素 Cr、Co、Ni、TFe 平均含量明显高于维氏花岗岩平均值的 3~10 倍以上,其源岩更接近基性岩石。奥长花岗岩-英云闪长岩内的包体成分非常单一,为基性—超基性岩,并且早期围岩的成分亦为玄武质岩石(斜长角闪岩类),T_{DM} 与斜长角闪岩相近(凌文黎等,1998)。因此,东冲河花岗质片麻岩可能是斜长角闪岩部分熔融的产物。高山等(2001)对东冲河奥长花岗片麻岩的锆石 SHRIMP U-Pb 年代学研究表明,奥长花岗片麻岩的侵入年龄为(2947±5)~(2903±10)Ma,属中太古代。

(二)上扬子新太古代花岗质片麻岩

主要以晒甲冲花岗质片麻岩为例叙述。

地质特征:主要有 6 个侵入体,呈小岩体产出,出露总面积为 18.57 km^2。岩体侵入于东冲河片麻杂岩,在圈椅埫西部见被新元古代的基性岩墙侵入。

岩石学特征:主要岩性为条带状(含角闪)黑云二长花岗岩,细粒等粒鳞片花岗变晶结构,条带状、片麻状构造,结构构造较均一。混合岩化、钾化作用较发育,局部已变为钾长花岗质片麻岩。

岩石地球化学特征:岩石化学以高 SiO_2、CaO,富碱为特征,一般 $K_2O>Na_2O$,岩石的 ANKC 值为 0.79~0.99,属次铝类型。岩石的里特曼指数为 2.38~3.91,属钙碱性系列,其 NKA 值显示为钙碱性—偏碱性。稀土元素总量为(69.31~444.99)×10^{-6},其变化范围较大。稀土配分曲线右倾,轻稀土明显较重稀土富集,δEu 为 0.73~2.15,大部分为正铕异常,少部分为负铕异常,其分配型式与东冲河花岗质片麻岩接近。岩石微量元素 Cr、Co 含量比维氏花岗岩平均值高1~4倍,而Rb、Zr、Nb、Sr、Sc含量亦比平均值高1~3倍,Rb/Sr比值为0.14~0.45,个别为3.32。

成因:稀土元素为正铕异常与基性岩石相似,而且微量元素Cr、Co含量明显高于维氏花岗岩平均值,岩体中局部见基性岩包体,因此,其可能为基性岩石部分熔融产生。

二、元古代侵入岩

1. 古元古代花岗岩

地质特征:黄陵地区主要见圈椅埫和岔路口岩体。圈椅埫岩体呈不规则的椭圆状,面积约21km², 侵入于东冲河片麻杂岩和野马洞岩组;岔路口岩体呈椭球状侵位于TTG系列岩石中;另在黄陵岩体中也见到了二长花岗岩-钾长花岗岩岩体,面积虽小,但岩石组合及特征与岔路口岩体一致。各岩体均显示清楚的同心环状构造,中部为钾长花岗岩,边部为二长花岗岩;钾长花岗岩与二长花岗岩为脉动侵入接触。

岩石学特征:主要岩性为钾长花岗岩及二长花岗岩,钾长花岗岩具典型的花岗结构,块状构造。岩石粒度有一定的变化:在圈椅埫一带可见中细粒(0.2~2mm)和中粗粒(2~6mm)两种结构;矿物组成上钾长石明显高于斜长石,另可见黑云母等;二长花岗岩具不等粒花岗结构,块状构造,岩石的矿物组成上钾长石与斜长石含量接近。

岩石地球化学特征:SiO_2含量均大于70%,K_2O普遍高于Na_2O,且$K_2O+Na_2O>8\%$,富碱。岩石的ANKC表明为次铝—过铝。采用了SiO_2-AR图解进行判别,绝大多数样品落入碱质区(彭敏等,2009),稀土元素总量为$(120.71\sim1115.05)\times10^{-6}$,其变化范围较大。稀土配分曲线右倾,轻稀土明显较重稀土富集,δEu为0.29~0.42,具强负铕异常,微量元素富集Ga、Y、Zr和Nb,亏损Sr和Ba。

成因、构造背景:圈椅埫及花山观岩体的岩石地球化学成分在Zr-10 000*Ga/Al及(Na+K)/Al-10 000*Ga/Al图解落入A型花岗岩范围,同时伴随有同时代的基性岩脉(彭敏等,2009;张丽娟等,2011)。表明岩体形成于伸展构造环境。

2. 中元古代基性—超基性岩

地质特征:由核桃园基性—超基性岩体、大坪超基性岩体、肖家咀基性岩体组成,呈不规则状小岩体、岩株或岩脉断续产出,构成北东向不连续的基性—超基性岩带。该期岩体侵入黄凉河岩组和力耳坪岩组及庙湾岩组,被新元古代侵入岩穿切。

岩石学特征:超基性岩包含了较多的岩石类型,由纯橄岩、辉橄岩、橄榄岩、橄辉岩、辉石岩、角闪岩组成;基性岩主要为辉长岩。各岩石均为变晶结构,条带状构造发育,仅局部保留块状构造。岩石的后期变质明显,主要表现为蛇纹石化、透闪石化等。

地球化学特征:据1:25万荆门幅资料,超基性岩中的MgO含量相当高,$m/f=4.55\sim9.60$,属镁质超基性岩。核桃园超基性岩石的稀土总量较低,稀土配分曲线总体平坦,轻、重稀土分馏不明显,岩石的微量元素中Pt、Pd含量较低,Cr、Ni、Co、Ti与世界超基性岩相近;大坪超基性岩SI值为76.9~83.2,表明岩浆分异程度低;MgO/FeO分子比为15.5~25.36,显示为原始超基性岩浆直接结晶的产物,纯橄岩、橄榄岩Sm/Nd比值分别为0.379、0.209,

^{143}Nd/^{144}Nd 分别为 0.512 90、0.512 34,显示其物源区主要为亏损上地幔,并伴随有一定的结晶分异作用;肖家咀辉长岩中的 MgO 含量为 5.60%;m/f=0.62,属富铁质基性岩。TFe、CaO 含量高,岩石固结指数为 34.8~57.2,反映岩浆经历较强的结晶分异作用或地壳物质混染。微量元素 Cr、Co、Ni、Cu 含量高。Sm/Nd 比值为 0.285、0.404,^{143}Nd/^{144}Nd 为 0.512 725、0.513 389,反映岩浆在分异过程中不断亏损,上地幔物质不均匀补充,并且可能存在较强的地壳物质混染作用;核桃园辉长岩 SI 值小于 40,显示岩石由幔源岩浆经过分异作用形成。

成因、构造背景:超基性岩 MgO/FeO>7,物源区主要为亏损上地幔,源岩应是地幔物质;基性岩的 SI 值一般<40,说明岩浆结晶分异作用在晚期更明显,固结指数与 K_2O+Na_2O 线性相关较好,而与 SiO_2、Al_2O_3、MgO、CaO 相关性较差,显示岩石由幔源岩浆经过分异作用形成,并在其侵位过程中有一定量地壳物质的混染。大坪超基性岩体、肖家咀基性岩与庙湾岩组斜长角闪岩伴生,但时间上略晚。

三、新元古代花岗岩

主要有端坊溪序列、茅坪序列、黄陵庙序列、大老岭序列(表 2-1),共同构成黄陵花岗岩基的主体。端坊溪序列由角闪闪长岩及暗色闪长岩(变辉长岩)组成;茅坪序列由石英闪长岩-英云闪长岩组成;黄陵庙序列主要由花岗闪长岩及少量由奥长花岗岩组成,类似于太古代的 TTG 岩石组合,规模巨大。大老岭序列由二长花岗岩组成。

(一)端坊溪序列

端坊溪序列分布于端坊溪—寨包及竹林湾、黄金河、瓦场湾等地,近东西方向带状展布。侵入于中元古代庙湾岩组(力耳坪组),被黄陵庙序列奥长花岗岩及鼓浆坪二长花岗岩侵入。根据其岩性、结构构造及接触关系等划分为垭子口中—细粒闪长岩和寨包细—中粒角闪闪长岩。

1. 垭子口中—细粒闪长岩

(1)岩石学特征:由中—细粒角闪闪长岩组成,局部暗色矿物分布不均匀而显花斑状,主要矿物成分为斜长石 55%~60%、角闪石 18%~30%、石英 3%~7%、黑云母 3%~4%、钾长石 0~2%。具中细粒结构,其中暗色矿物分布不均匀,黑云母多与角闪石密切伴生。斜长石(An=48.3)呈他形—半自形粒状,具钠长石双晶,偶见肖钠双晶,多被钠奥长石取代;普通角闪石为半自形粒状,具淡黄绿色—绿色多色性,其中偶见紫苏辉石、普通辉石残晶。岩石中副矿物组合简单,以磁铁矿为主,占总量的 90%,次为黄铁矿、磷灰石、锆石及榍石。

(2)主量元素、微量元素特征:岩石化学成分在 Q'-Anor 图解上投入石英闪长岩区,在 SiO_2-AR 图解中落入钙碱性区,属贫铝型钙碱性岩,其中 K_2O、SiO_2 含量偏低,CaO、Na_2O 含量偏高,Na_2O/K_2O 比值高,具深成火成岩岩石化学特征。

表 2-1 黄陵地区新元古代花岗岩及晚期基性岩墙群岩石序列表(马大铨,1992,2002)

岩套	单元	主要岩性	序列	序号	侵入体	主要岩性	侵入关系	时代(Ma)	资料来源
晓峰	七里峡	花岗斑岩、花岗山长斑岩岩墙群	晓峰	19	七里峡岩墙群	花岗斑岩、花岗山长斑岩(岩墙群)	侵入11、12、18	797±5(L) 806±4(L) 802±10(S)	Zhang S B,et al.,2009 Li Z X,et al.,2004
大老岭	马滑沟	中细粒含石榴二云二长花岗岩	大老岭	18	马滑沟	中细粒含石榴二云二长花岗岩	侵入6、9、10、11、12	794±7(L) 817±22(S)	凌文黎等,2006 Zhang S B,et al.,2009
大老岭	田家坪(*沙坪、龙潭坪)	似斑状角闪黑云二长花岗岩	大老岭	17	田家坪	似斑状角闪黑云二长花岗岩	侵入17		
大老岭	鼓浆坪	不等粒黑云二长花岗岩	大老岭	16	鼓浆坪	不等粒黑云二长花岗岩	侵入9、16		
大老岭	凤凰坪	角闪黑云石英二长闪长岩	大老岭						
				15	总溪坊*	中粒黑云母二长花岗岩	侵入10、11、12		
				14	金龙沟*	中细粒闪长岩	侵入		
				13	龙潭坪*	细粒斑长黑云母花岗岩	侵入6	844±10(S)	Wei Y X,et al.,2012
黄陵庙	下堡坪	淡色似斑状黑云花岗闪长岩	黄陵庙	12	内口	中粒斑状花岗闪长岩	侵入9、10、11	879±7(S) 821±2(L) 835±14(S)	马国干,1984 Zhang SB,et al.,2009 魏运许等,待发表
黄陵庙	蛟龙寺	淡色似斑状黑云奥长花岗岩	黄陵庙	11	茅坪沱	中粒少斑花岗闪长岩	侵入9、10	844±11(S)	魏运许等,待发表
黄陵庙			黄陵庙	10	鹰子咀	中粒花岗闪长岩	侵入9	850±4(S)	魏运许等,待发表
黄陵庙	乐天溪	含角闪石黑云奥长花岗岩	黄陵庙	9	路溪坪	中细粒奥长花岗岩	侵入6、7	852±12(S)	魏运许等,待发表
三斗坪	小溪口	中细粒黑云英云闪长岩	茅坪	8		中细粒角闪黑云英云闪长岩(脉岩)	侵入5、6、7		
三斗坪	堰湾	粗粒含角闪石黑云英云闪长岩	茅坪	7	金盘寺	粗中粒含角闪黑云英云闪长岩	侵入6	842±10(S)	Wei Y X,et al.,2012
三斗坪	西店咀	角闪黑云英云闪长岩	茅坪	6	三斗坪	中粒黑云角闪英云闪长岩	侵入4、5	844±4(Ar) 863±9(S)	李益龙等,2009 Wei Y X,et al.,2012
三斗坪	太平溪	中粗粒黑云角闪英云闪长岩	茅坪	5	太平溪	粗中粒黑云角闪石英闪长岩	侵入4		
三斗坪	美人沱(*文昌图)	中细粒石英闪长岩	茅坪	4	中坝	中细粒角闪石英闪长岩	侵入1、2		
三斗坪			茅坪	3	肚脐湾	粗粒角闪闪长岩	被10侵入		
三斗坪	肖家猪(三条岭八座坟)	暗色石英辉长岩	端坊溪	2	寨包	细中粒暗色闪长岩(变辉长岩)	侵入1		
三斗坪			端坊溪	1	垭子口	中细粒角闪闪长岩(变辉长岩)	被2、4侵入		

注:年龄一栏的代号示年龄测试方式:S.SHRIMP;L.LA-ICP-MS;Z.单颗粒锆石 U-P;Ar.Ar-Ar;*代表独立单元或侵入体。

稀土总量较高,稀土配分曲线右倾,属轻稀土富集型分配模式,具弱负铕异常,稀土分馏程度低。岩石 Sm/Nd 比值均小于 0.2。

微量元素与维氏中性岩平均值比较,含量普遍向基性岩过渡,$(Rb/Yb)_N$ 均大于 1,反映强不相容元素富集。锶、铌、钛、磷亏损,钾、锆富集。反映为花岗质岩石遭受了强蚀变交代作用及地壳物质的同化混染,或具同化混染的玄武质岩石。

2. 寨包细—中粒角闪闪长岩

侵入垭子口中—细粒闪长岩,接触界面清晰,呈港湾状,向内倾斜。西部被南华系莲沱组砂岩沉积角度不整合掩盖。

(1)岩石学特征:由暗色细—中粒闪长岩构成,主要矿物成分为斜长石、普通角闪石及少量的辉石、黑云母等。斜长石(An=48.5)呈半自形板条状,钠长石双晶发育;紫苏辉石呈他形粒状—柱粒状,多被角闪石交代呈港湾状,与透辉石一起在侵入体中不均匀分布。岩石副矿物总量约 7500g/t,以磁铁矿为主,约占 90%,次为黄铁矿、磷灰石,反映出氧逸度低的特征,为深源环境的产物。

(2)岩石化学及地球化学特征:据 1:25 万建始幅资料,该岩体岩石化学组分中,TFe、TiO_2、MgO 含量高,SiO_2、K_2O、Al_2O_3 含量较低,K_2O/Na_2O 比值小。岩石化学特征参数表明其属偏铝质钙碱性基性岩。

微量元素组合中 Cr、Ni 含量高,Pb、Ba 含量低,Ba/Sr、Rb/Sr 比值小,岩石分异指数低,为深成火成岩熔融作用的产物。

稀土元素总量低,与庙湾岩组幔源型火成岩相似,稀土配分型式属轻稀土富集型,不具铕异常,且 Sm/Nd 比值为 0.25,反映源岩为下地壳火成岩。

3. 端坊溪序列成因及时代讨论

(1)岩浆成因分析:端坊溪序列从早次单元至晚次单元,由角闪闪长岩演变为暗色角闪闪长岩,由中细粒结构向细中粒结构转变,斜长石含量降低,角闪石含量增高,早期斜长石堆晶作用明显,具逆演化特征。侵入体中普遍见紫苏辉石残晶,表明物源为含紫苏辉石基性地体。各侵入体中含紫苏角闪石包体与围岩矿物成分一致,仅表现为结构、含量的不一致,表明为同源岩浆残留体。岩体中副矿物总量高,以磁铁矿为主,含大量黄铁矿,反映岩浆氧逸度低,为深源岩浆作用的产物。锆石颜色单一,多呈碎块状,反映物源单一。

岩石化学成分 SiO_2、TiO_2、CaO、K_2O+Na_2O 含量变化小(据 1:25 万建始幅),Al_2O_3、TFe、MgO 变化较大;从早次单元至晚次单元 SiO_2、Al_2O_3、K_2O+Na_2O、P_2O_5 降低,TFe、CaO、MgO 含量增高,分异指数降低,固结指数增高,具典型逆演化特征。K_2O/Na_2O 比值小。据 Lgτ-lg($\sigma 25\times 100$)图解样品投点落入造山带和岛弧区。该类岩石为深成火成岩熔融作用的产物。

微量元素 Cr、Co、Ni、Cu 含量高,K、Rb、Ba 含量低,早次单元中相容元素含量低,而不相容元素含量高,明显受不同矿物结晶作用的支配。端坊溪序列微量元素组成与幔源型岩浆具相似性,且 Ba/Sr、Rb/Sr 比值小,表明源岩为深成火成岩。

稀土元素含量低。稀土配分型式属轻稀土富集型,早次单元至晚次单元从强正铕异常演变为不具铕异常。从岩石稀土配分特征分析,只有斜长石的堆晶作用才会形成垭子口单元的强正铕异常,并具有相对较强的轻稀土富集,这些与端坊溪序列特征相吻合,反映其为部分熔融平衡结晶作用的产物。岩石稀土模式与玄武岩一次分离熔融计算的熔体模式具一致性(Hanson,1981),Sm/Nd 比值小于 0.318,表明物质非地幔来源,应为不同程度熔融的产物,应属上地幔衍生的下地壳变质玄武岩不同程度熔融平衡结晶作用的产物。

(2)时代讨论:结合区域构造、岩体侵位及其弱蚀变特征等,将形成时代暂置于新元古代早期。

(二)茅坪序列

总体呈北北西向半椭球形展布,西北侧侵入崆岭群,南端被南华系莲沱组角度不整合掩盖,东侧被黄陵庙岩体呈斜切式穿切。划分为中坝中细粒石英闪长岩、太平溪粗中粒石英闪长岩、三斗坪中粒黑云角闪英云闪长岩侵入体(单元)、金盘寺中粗粒(含)角闪黑云英云闪长岩侵入体(单元)4 个单元。

1. 中坝中细粒角闪石英闪长岩(单元)

呈近南北—北东向弧形展布,其中文昌阁侵入体呈足趾状残存于中坝侵入体之中。西侧侵入于小以村岩组与庙湾岩组中,南侧被南华纪莲沱组砂岩沉积角度不整合覆盖,东侧与太平溪粗中粒石英闪长岩呈涌动接触,与三斗坪中粒黑云角闪英云闪长岩呈脉动接触,东侧侵入于端坊溪序列中。

(1)岩石和矿物特征:主要岩性为中—细粒角闪石英闪长岩和细粒黑云角闪石英闪长岩。矿物成分由斜长石、普通角闪石、石英等组成,黑云母含量较少。常见副矿物为磁铁矿,次为磷灰石、锆石等。

岩体中包体极发育,呈长条状-长透镜状,大小一般为 $(8 \times 2.2) \sim (300 \times 50) cm^2$,长轴与围岩面理一致。包体类型较多,常见微细粒闪长(玢)岩、斜长角闪岩、(角闪)黑云斜长片麻岩包体,少见石英闪长岩质、辉绿玢岩质包体。

(2)岩石化学及地球化学特征:岩石化学组分与里梅特尔闪长岩平均值比较,SiO_2、TiO_2、Fe_2O_3、MgO、CaO 碱质成分含量高,K_2O/Na_2O 比值小。岩石化学特征参数表明其属次铝质钙碱性中性岩。

微量元素组合与维氏中性岩比较,Ba、Nb、K、Cr、Zr 为平均值的 1/2~1/5,Rb 为平均值的 1/25,Sc、Pb、Hf 含量较高。K/Rb、Ba/Rb 比值较大,Ba/Sr、Rb/Sr 比值小,源岩为深成火成岩。

稀土元素总量低,稀土配分型式属轻稀土富集型,具极弱铕异常。

2. 太平溪粗中粒石英闪长岩

呈近南北向—北北东向带状展布。西侧与中坝单元呈涌动接触,东侧被三斗坪单元脉动侵入。包体极发育,且类型较多,常见闪长玢岩质包体,包体呈长条状—透镜状产出,多密集呈带状产出,宽度 3~5m 不等,呈近南北走向。

(1)岩石和矿物特征:主要岩性为黑云角闪石英闪长岩,岩石呈深灰色,中细—粗中粒结构,块状构造。矿物成分由斜长石、石英、普通角闪石、黑云母等组成。斜长石(An=30.5)具半自形板条状,钠长石双晶发育,少见卡钠复合双晶;角闪石呈短柱状—长柱状,以自形晶为主;黑云母呈鳞片状,可见石英不均匀分布于矿物间隙。

常见副矿物为磁铁矿,次为钛铁矿、磷灰石、榍石、黄铁矿、褐帘石等,少量锆石。

(2)岩石化学及地球化学特征:据1:25万宜昌幅、建始幅区域地质调查报告,岩石化学组分与里梅特尔闪长岩平均值比较,SiO_2、Na_2O含量较高,TFe、MgO、CaO含量低,K_2O/Na_2O比值小。岩石化学特征参数表明其属次铝质钙碱性中性岩。

微量元素组合与维氏中性岩比较,Ni、Pb、K、Nb、Sr含量较低,为平均值的1/2~1/3,Rb为平均值的1/5。Ba/Sr、Rb/Sr比值小。

稀土元素总量低,稀土配分型式属轻稀土富集型,不具铕异常。全岩及单矿物Rb-Sr等时线$^{87}Sr/^{86}Sr$初始比值为0.7045。

3. 三斗坪中粒黑云角闪英云闪长岩、金盘寺粗中粒英云闪长岩

(1)地质特征:呈近南北向展布,为茅坪序列之主体,其北部侵入崆岭群小以村岩组及庙湾岩组,南侧被南华系莲沱砂岩沉积角度不整合覆盖,东侧被金盘寺侵入体或路溪坪侵入体侵入。岩体内部被龙潭坪侵入体侵入,在龙潭坪侵入体中可见三斗坪侵入体的包体。

(2)岩石学特征:岩性为中粒黑云角闪英云闪长岩,呈暗灰色—黑白相间的斑杂色,中粒结构,长英矿物粒径2~4mm,少量可达5mm,块状构造。主要由斜长石(54%~69%)、石英(18%~22%)、黑云母(5%~13%)、普通角闪石(7%~15%)等组成;斜长石呈板柱状,表面绢云母化,常见聚片双晶及肖钠复合双晶,其成分为中长石;石英多为他形粒状,分布于其他矿物间隙中;角闪石为柱状,具绿色—浅黄色多色性,晶体内部含许多细小石英包体,柱体长轴趋于定向排列。常见副矿物为磁铁矿,次为磷灰石、钛铁矿、褐帘石、锆石等。

金盘寺侵入体岩性为中粗粒角闪黑云英云闪长岩,粗—中粒结构,弱片麻状构造、块状构造。主要由斜长石(50%~67%)、石英(18%~28%)、黑云母(8%~22%)、普通角闪石(2%~10%)组成。斜长石自形、半自形板柱状,表面绢云母化,粒径2~5mm,常见聚片双晶及肖钠复合双晶,其成分为奥中长石。石英多为他形粒状,分布于其他矿物间隙中。黑云母呈鳞片状—书页状,棕色,片径2~5mm,多为集合体,内部常有包体(石英、斜长石、磷灰石等)。角闪石为绿色柱状,柱长多为3~6mm,晶体内部含许多细小石英包体,两组解理发育,常见简单双晶。常见副矿物为磁铁矿、磷灰石、锆石、褐帘石等。

(3)主量元素特征:新元古代三斗坪、金盘寺侵入岩体的SiO_2变化于62.27%~64.27%之间,平均63.21%,在$Q'-F'$-Anor图解中(Le Maitre R W et al.,1989),落入闪长岩-花岗闪长岩区,Al_2O_3为16.94%~17.46%,平均17.16%;K_2O+Na_2O为5.31%~5.75%,平均5.46%;Na/K为2.52~3.43。固结指数(SI)为13.22~16.95,平均值为15.73,分异指数(DI)为63.72~69.68,平均值为66.11,反映岩浆结晶分异程度中等。里特曼指数δ为1.37~1.53,属钙碱性系列,在SiO_2-K_2O图解中,样品均落入钙碱性系列花岗岩中;A/CNK=0.98~1.06,A/NK-A/CNK图解显示,为准铝质到弱过铝质,表明岩体为SiO_2过饱和型准铝质到弱过铝质钙碱性花岗岩。而侵入三斗坪英云闪长岩的龙潭坪细粒斑状二长花岗岩岩体,在Q'-F'-Anor图解中落入二长花岗岩区(Le Maitre R W,et al.,1989),SiO_2含量为73.16%,Al_2O_3为13.91%,全碱K_2O+Na_2O为7.23%,Na/K多为1.2,固结指数为2.8,分异指数为85.69,反映出岩浆结晶分异程度较高的特点。A/CNK=1.06,里特曼指数δ为1.73,属SiO_2

过饱和型过铝质高钾钙碱性花岗岩。

(4)稀土元素特征:三斗坪黑云角闪英云闪长岩、金盘寺角闪黑云英云闪长岩侵入体的稀土元素(REE)总量变化于$(42.62～117.12)×10^{-6}$之间,Sm/Nd比值0.17～0.24,均小于0.33,属轻稀土富集型,具有相似的稀土配分模式。δEu除一个偏低为0.97、一个偏高为1.63外,其余为1.00～1.2,具较弱的正铕异常。δCe=0.87～0.89,铈亏损。Eu/Sm为0.33～0.50,显示二者具同源性。而龙潭坪黑云母二长花岗岩侵入体的稀土总量偏低,稀土配分曲线向右倾斜,岩石Sm/Nd比值0.17,小于0.33,属轻稀土富集型,δEu=1.03,具较弱的正铕异常,δCe=0.89,铈亏损。Eu/Sm为0.35。轻重稀土比为13.9,比三斗坪侵入体和金盘寺侵入体高,反映龙潭坪侵入体的岩浆分异程度较高,轻稀土配分曲线斜率更陡。

(5)微量元素特征:三斗坪黑云角闪英云闪长岩、金盘寺角闪黑云英云闪长岩侵入体的微量元素:$(Rb/Yb)_N$为1.1～3.62,均大于1,强不相容元素富集,富集K、Rb、Ba、Sr大离子亲石元素(LILE)和非活动性元素Zr,和亏损Nb、Ta、Hf、Ti、P等高场强元素(HFSE),具活动大陆边缘岛弧构造环境特征的微量元素分布型式,反映与板块俯冲消减作用有关。Nb、P、Th、Ti亏损,K、Zr、Sr富集,反映其物质来源于地壳岩石,显示为壳源花岗岩的特征(Pearce et al.,1984;李昌年,1992)。龙潭坪细粒斑状二长花岗岩侵入体$(Rb/Yb)_N$为10.37,远大于1,强不相容元素强烈富集,与三斗坪侵入体和金盘寺侵入体微量元素比值蛛网图存在明显的差异,其Nb、Sr、P、Ti、Th亏损,K、Zr富集,反映其物质来源为地壳岩石,锶亏损,显示与蚀变作用强有关,于镜下见斜长石表面泥化、绢云母化,及少量黑云母退变为白云母的现象相吻合。

(6)Rb-Sr、Sm-Nd同位素地球化学特征:三斗坪英云闪长岩的$\varepsilon Nd(t)$变化在-12.4～-11.0之间,$\varepsilon Sr(t)$变化在20.2～32.2之间;细粒斑状黑云母二长花岗岩花岗岩的$\varepsilon Nd(t)$=-16.3,$\varepsilon Sr(t)$为82.9。在$\varepsilon Nd(t)$-$\varepsilon Sr(t)$图解中,所有样品均落入中国下地壳区,表明花岗岩形成源区为下地壳。

(7)茅坪序列形成时代讨论:新的锆石SHRIMP U-Pb定年结果表明(Wei et al.,2012),黄陵地区新元古代茅坪系列中三斗坪中粒黑云角闪英云闪长岩岩体、金盘寺中粗粒角闪黑云英云闪长岩岩体,以及龙潭坪细粒斑状二长花岗岩岩体的形成时代分别为:$(863±9)$Ma、$(844±10)$Ma和$(842±10)$Ma。

(三)黄陵庙序列

1.新元古代黄陵庙序列

分布于鹰子咀—内口—古城坪等地,西侧侵入茅坪序列,南端被南华系莲沱砂岩沉积角度不整合掩盖,主要为路溪坪奥长花岗岩(英云闪长岩)、鹰子咀中粒花岗闪长岩、茅坪沱中粒少斑花岗闪长岩、内口中粒(斑状)黑云(二长花岗岩)花岗闪长岩。

(1)地质特征:路溪坪奥长花岗岩见于莲沱幅西南路溪坪及东北角葛后坪一带。路溪坪侵入体呈北北西、北西向带状展布,该侵入体呈斜切式侵入新元古代金盘寺粗中粒英云闪长岩,并侵入中元古代基性—超基性岩及中元古代变质地层中,东侧与新元古代鹰子咀中粒花岗闪长岩多呈涌动接触,局部地方为脉动接触。葛后坪侵入体呈近南北向的带状,其北西侧与新元古代中粒花岗闪长岩呈涌动接触,其余地方被南华纪或震旦纪地层角度不整合覆盖。

鹰子咀中粒花岗闪长岩分布于莲沱幅西南侧鹰子咀一带。与新元古代毛坪沱中粒少斑(斑状)花岗闪长岩呈涌动接触,与新元古代内口中粒斑状花岗闪长岩呈脉动侵入接触。

茅坪沱中粒少斑(斑状)花岗闪长岩,分布于莲沱幅乐天溪附近,与内口中粒斑状花岗闪长岩呈涌动侵入接触。

内口中粒(斑状)黑云(二长花岗岩)花岗闪长岩分布于乐天溪—古城坪—钟鼓寨一带,与毛坪沱单元呈涌动侵入接触,与总溪仿单元呈脉动侵入接触。

(2)岩石组合特征。黄陵庙序列由早侵入次的奥长花岗岩到晚侵入次的花岗闪长岩,粒度变化:由中细粒结构演变为中粒结构,再演变为中粒含斑结构;成分变化:钾长石含量逐渐增高,暗色矿物含量降低。角闪石、黑云母分属镁角闪石和镁黑云母,斜长石多属奥长石,普遍具明显正环带构造。副矿物种类较多,磁铁矿含量高,一般均大于90%,磷灰石、榍石含量低。

中细粒奥长花岗岩(部分为英云闪长岩):风化面呈灰黄色,新鲜面呈灰色。矿物粒径多1～2.5mm,造岩矿物为斜长石(An=24～28.5)64%～68%、石英24%～30%、黑云母4%～8%、角闪石1%～3%、钾长石2%～5%;副矿物以磁铁矿为主,少量独居石、石榴子石、锆石等。

中粒花岗闪长岩:矿物粒径2～5mm,多为3mm左右,斜长石50%～55%(An=26～28),部分岩石中斜长石晶体表面浑浊,呈黄褐色,见黏土化和绢云母化,并见白云母穿插交代斜长石现象;石英25%～30%,呈他形粒状,局部见波状消光及重结晶;钾长石8%～15%,呈他形粒状,半自形板状,具格子双晶,不均匀分布于岩石中,偶见条纹双晶(正条纹长石);黑云母4%～5%,呈鳞片状,具浅黄色—暗褐色多色性。在南沱附近的侵入体中,可见部分黑云母被白云母穿切交代,少量被绿泥石交代。副矿物以磁铁矿为主,约占总量的98%,次为磷灰岩、锆石及褐帘石。

中粒少斑花岗闪长岩:风化面呈灰黄色,新鲜面呈浅灰色。矿物粒径2～5mm,造岩矿物为斜长石55%～60%、石英28%～35%、钾长石3%～8%及少量的黑云母3%～5%,副矿物以磁铁矿为主,其他副矿物含量低。具似斑状结构。斑晶主要为石英聚晶和少量斜长石斑晶,钾长石斑晶少见。部分地方钾长石含量低,接近浅色英云闪长岩的成分。以含斜长石和石英斑晶与鹰子咀单元相区分。与内口单元的区别是,内口单元中钾长石斑晶为主,斑晶含量大于10%,且钾长石斑晶较大;而毛坪沱单元中的钾长石斑晶少,主要为石英聚斑晶。

中粒斑状黑云花岗闪长岩(部分地方钾长石含量偏高,为二长花岗岩):具似斑状结构,块状构造。矿物粒径2～5mm,岩石风化面呈灰黄色,新鲜面呈浅灰色。造岩矿物为斜长石52%～55%、石英28%～33%、钾长石10%～20%及少量的黑云母3%～5%,副矿物以磁铁矿为主,其他副矿物含量低,可见少量褐帘石、榍石、锆石等;钾长石中常见明显环带状构造。

(3)包体特征:与茅坪序列接触带附近包体多为粗中粒(斑状中粒)黑云石英闪长岩及中细粒黑云英云闪长岩包体。与崆岭群接触处常见斜长角闪岩、黑云斜长片麻岩及黑云片岩包体。

(4)岩石化学特征:据1∶5万莲沱幅区域地质调查资料,在深成岩的分类 Q-A-P 图解及

Q'-Anor 图解上(Streckeisen,1973;Le Maitre et al., 1989),路溪坪侵入体样品落入英云闪长岩区和花岗闪长岩区,另外 3 个侵入体主要落入花岗闪长岩区,仅晚期单元有少量落入花岗岩区。

路溪坪奥长花岗岩 SiO_2 含量为 67%～75.5%,Al_2O_3 为 13.78%～15.93%,全碱 K_2O+Na_2O 为 4.95%～6.88%,N→Na(钠钾比)多为 1.5～2.9。固结指数为 2.1～11,平均值为 5.73,分异指数为 77.4～88.5,平均 81.65,A/CNK=1.04～1.25,里特曼指数 δ 为 0.75～1.51。

鹰子咀中粒花岗闪长岩 SiO_2 含量为 67.6%～76.46%,Al_2O_3 为 13.78%～16.54%,全碱 K_2O+Na_2O 为 6.33%～7.12%,平均 6.8,N→Na(钠钾比)多为 1.75～4.31。固结指数为 1.37～4.81,个别达 9.17,平均值为 3.18,分异指数为 78.47～95.55,平均 87.9,A/CNK=1.04～1.25,里特曼指数 δ 为 1.33～1.76。

茅坪沱中粒少斑(斑状)花岗闪长岩 SiO_2 含量为 69.62%～76.47%,Al_2O_3 为 12.79%～15.43%,全碱 K_2O+Na_2O 为 6.62%～7.5%,平均 6.94,N→Na(钠钾比)多为 1.23～2.28,个别 0.91。固结指数多为 1.47～5.26,个别达 7.6,平均值为 4.13,分异指数为 77.2～90.86,平均 82.88,A/CNK=0.99～1.096,里特曼指数 δ 为 1.58～1.81。

内口中粒(斑状)黑云(二长花岗岩)花岗闪长岩 SiO_2 含量为 70.9%～75.18%,Al_2O_3 为 13.53%～14.92%,全碱 K_2O+Na_2O 为 6.44%～7.76%,平均 7.09,N→Na(钠钾比)多为 1.21～2.11,个别 0.87。固结指数多为 2.02～4.5,平均值为 3.77,分异指数为 81.44～89.49,平均 85.26,A/CNK=1.022～1.146,里特曼指数 δ 为 1.4～1.96。

该序列岩石具有岩浆结晶分异程度较高,属铝过饱和 SiO_2 过饱和型钙碱性花岗岩类。

(5)稀土元素特征:该序列花岗岩的稀土总量偏低,稀土配分曲线向右倾斜,岩石 Sm/Nd 比值均小于 0.33,属轻稀土富集型。早期侵入体具正铕异常,铈亏损。晚期侵入体少量出现铕亏损。

(6)微量元素特征:路溪坪奥长花岗岩体微量元素与维氏中性岩比较,Ba、Nb、K、Cr、Zr 为平均值的 1/2～1/5,Rb 为平均值的 1/25,Sc、Pb、Hf 含量较高。K/Rb、Ba/Rb 比值较大,Ba/Sr、Rb/Sr 比值小,源岩为深成火成岩。$(Rb/Yb)_N$ 属强不相容元素富集型,钾、锆、锶富集,钍、铌、磷、钛亏损,反映出与消减作用有联系。

鹰子咀中粒花岗闪长岩中微量元素 $(Rb/Yb)_N=2.6～7.37$,均大于 1,强不相容元素富集。钾、铌、锆、钛亏损,钍、锶、磷富集,反映其物质来源为地壳岩石,显示花岗岩的特征。锶富集,反映与消减作用有关。

茅坪沱中粒少斑花岗闪长岩中,微量元素 $(Rb/Yb)_N=2.24～7.61$,均大于 1,强不相容元素富集。钾、铌、锆、锶、钛亏损,钍、磷富集,反映其物质来源为地壳岩石,显示花岗岩的特征。锶亏损,反映与消减作用无关。其微量元素原始地幔标准化蛛网图与正常弧花岗质岩石的微量元素比值蛛网图类似。

新元古代内口中粒斑状花岗闪长岩中,微量元素 $(Rb/Yb)_N=4.96～728$,均大于 1,强不相容元素富集;为强不相容元素富集型。钍、铌、磷、钛亏损,钾、锆富集,锶大部分富集,少量样品亏损。反映其物质来源为地壳岩石,显示花岗岩的特征。

(7)同位素地球化学特征:路溪坪中粒奥长花岗岩的 $\varepsilon Nd(t)$ 变化在 $-11.4～-10.56$ 之

间，εSr(t)变化在 21.11～39.20 之间；鹰子咀中粒花岗闪长岩锶同位素初始值$(^{87}Sr/^{86}Sr)_i=$ 0.706 45～0.707 24，εNd(t)为 -18.1～-15.07，εSr(t)变化在 41.825～53.003 之间；茅坪沱中粒少斑花岗闪长岩锶同位素初始值$(^{87}Sr/^{86}Sr)_i=0.7096$，εNd($t$)为 -19.89，εSr(t)为 86.52；内口中粒斑状花岗闪长岩的 εNd(t)变化在 -19.89～18.49 之间，εSr(t)变化在 55.37～86.52 之间。在 εNd(t)-εSr(t)图解中，样品均落入中国下地壳区，表明源区为下底壳源。

(8)成岩时代：中细粒奥长花岗岩锆石 SHRIMP U-P 定年结果为(852±12)Ma。中粒花岗闪长岩样品锆石 SHRIMP U-P 定年结果为(850±4)Ma。茅坪沱中粒少斑花岗闪长岩锆石 SHRIMP U-P 定年结果为(844±11)Ma。内口中粒斑状花岗闪长岩锆石 SHRIMP U-P 定年结果为(835±14)Ma。其形成时代为新元古代。

2. 黄陵庙序列侵入岩成因及构造环境

黄陵庙序列由奥长花岗岩（英云闪长岩）、中粒花岗闪长岩、中粒少斑花岗闪长岩、中粒（斑状）黑云（二长花岗岩）花岗闪长岩组成，在岩石化学成分上表现为：SiO_2 含量为 67.6%～76.47%，变化范围不大，反映了岩石从中酸性到酸性的演化。从奥长花岗岩—花岗闪长岩，SiO_2 总体逐渐升高，碱含量也逐渐升高，反映岩浆向富硅、富碱方向演化。在粒度上，从早期单元到晚期单元，结构演化为细中粒—中粒—中粒少斑—中粒斑状。在稀土元素配分曲线图中，黄陵庙序列中，各侵入体均为轻稀土元素富集，重稀土元素平坦型，为地壳部分熔融的产物。微量元素特征表现为：富集亲石元素 Rb、Sr、Ba、Th、P，而 K、Nb、Ti、Zr 亏损，显示岛弧岩浆或活动大陆边缘岩浆的特征。Rb/Sr＝0.010～0.46，仅个别为 0.68，具壳幔混合特征（壳源 Rb/Sr＞0.5），Nb/Ta＝4.5～56.57，平均 18.77，绝大多数低于原始地幔值(17.5)，但高于大陆地壳平均值(11)(Green,1995)，La/Nb＝1.4～7.53，平均为 3.48，均高于原始地幔值(0.94)，少部分低于地壳平均值(2.2)，说明其物质来源为壳源物质。εNd(t)值低，其变化于 -19.89～-10.56 之间，I_{sr} 值高，变化于 0.704 71～0.709 60 之间，表明源区主要是壳源的，但受幔源物质的混染。在 Y-Nb 图解中，落入火山弧或同碰撞花岗岩区，在 SiO_2-Al_2O_3 图解中，样品多落入 IAG+CAG+CCG 区；第 4 组中粒斑状（二长）花岗闪长岩体及第 3 组部分中粒少斑花岗闪长岩体落入后造山花岗岩区内，其他样品均靠近其区域边界。在 Ta-Yb 判别图解中，黄陵庙序列侵入岩样品均落入火山弧花岗岩区，表现出了弧花岗岩的特点，说明源区受到了俯冲组分影响。在 R_1-R_2 图解中，黄陵系列花岗岩多落入 2 区，部分落入 6 区，仅一个细中粒奥长花岗岩落入 1 区，反映活动板块边缘花岗岩特征。中粒斑状（二长）花岗闪长岩及部分中粒少斑花岗闪长岩落入 6 区，表明为同碰撞（"S"型）花岗岩特征。

（四）大老岭序列

主要由二长花岗岩、似斑状角闪黑云二长花岗岩及含石榴子石二长花岗岩组成。

1. 地质特征

(1)鼓浆坪中粗粒二长花岗岩：主要分布在"之"字拐—大老岭林场场部—天柱山—长冲一线及其以西。岩性一般为肉红色中粗粒块状黑云母二长花岗岩，有时见少量钾长石小斑晶（＜1cm），亦可含微量角闪石，与凤凰坪似斑状角闪黑云二长花岗岩呈截切式侵入，但亦见有急变过渡关系。

(2)田家坪似斑状角闪黑云二长花岗岩:呈近东西向分布,以含大量粗大钾长石斑晶及明显的角闪石区别于鼓浆坪二长花岗岩,但二者直接接触关系未能查明。据长冲南采石场见似斑状二长花岗岩脉侵入鼓浆坪二长花岗岩,且鼓浆坪二长花岗岩与凤凰坪石英二长闪长岩局部为急变过渡,故暂将本侵入体置于鼓浆坪二长花岗岩之后。

(3)马滑沟含石榴子石二长花岗岩:主要见于马滑沟岩体以及许多未圈定的岩脉状小岩体;岩性为肉红色块状二长花岗岩,色率低,除黑云母外还含有白云母。往往有微量红色石榴子石但分布不均匀。视岩体大小及岩体内部部位,其结构有中粒、中细粒及细粒等。

2. 岩石学特征

(1)鼓浆坪中粗粒黑云母二长花岗岩:浅肉红色、中粗粒、半自形粒状结构,块状构造。斜长石(An=15~22)常以共结边相接触而聚集成直径不等的集合体(5~15mm),其晶体均为自形—半自形板状、粒状,粒径$(1×2)~(2×4)mm^2$,钠长石式双晶发育,中心部位具弱绢云母化、帘石化,局部葡萄石化,常见正环带,在与微斜长石接触处常产生净边、齿状边。微斜长石为半自形—他形粒状,粒径$(4×6)~(6×8)mm^2$,个别$8×10mm^2$,多具格子状双晶,其中常有规律地分布着显微细条纹、发辫状钠长石微晶。石英为他形等粒状,粒径2~6mm,个别较粗大,除呈分散粒状外,还呈不规则的凝聚体产出,局部有弱波状消光,晶体内部偶见有被熔蚀呈残余状的角闪石和锆石、磷灰石等包裹体。黑云母常为板状或片状产出。柱粒状角闪石零星分布。

(2)田家坪中粗粒似斑状角闪黑云二长花岗岩:与前一类二长花岗岩的显著区别是具似斑状结构为特征,斑晶为肉红色微斜(条纹)长石,占5%~25%,为自形—半自形板状、粒状,粒径10~50mm,卡斯巴双晶较发育,内部具有环带,细小的半自形—他形斜长石,石英、黑云母等常呈包体出现于斑晶中,基质以中粗粒奥长石(An=22)为主,次为微斜长石、石英和少量黑云母、角闪石等。

(3)马滑沟中细粒石榴子石黑云二长花岗岩:色率低(肉红色),中细粒结构,并含微量自形—半自形红色石榴子石和细鳞片状原生白云母。而组成岩石主体仍是自形—半自形斜长石(An=28)、半自形—他形微斜长石、他形石英和少量黑云母,其中部分石英有波状消光和碎粒化现象。

3. 岩石化学、稀土、微量元素特征

据1:25万神农架资料(下同),大老岭序列SiO_2含量为68.5%~74.6%,K_2O与Na_2O含量大体相符。在深成岩的分类Q-A-P图解(Streckeisen,1973;Le Maitre et al.,1989)及岩石化学成分在Serechei Sen and Le Maiter(1979)的Q'-Anor图解中,均投入二长花岗岩区,该序列岩石稀土元素总量较高,稀土分馏程度较高,铕异常不明显或具负铕异带。岩石微量元素含量与维氏花岗岩平均值比较,Hf、Cr、TFe含量高出平均值1倍以上,其余元素含量均为平均值的1/2~1/4。强不相容元素富集,K、Zr富集,Th、P、Sr、Ti亏损。均显示为壳源特征。

4. 形成时代

大老岭岩体侵入黄陵庙岩体,上被南华系角度不整合覆盖,凌文黎(2006)测得大老岭二长花岗岩的年龄为(794±7)Ma,其形成时代为新元古代。

(五)新元古代晚期基性岩墙群

1. 黄陵地区新元古代晚期基性岩墙群

上扬子新元古代晚期基性岩墙群1:5万及1:25万区域地质调查称之为晓峰超单元或七里峡岩脉岩墙群,或晓峰岩套(马大铨等,2002)、晓峰序列(Wei et al.,2012)。

地质特征:呈北东向的陡立岩墙产出。岩性以基性岩为主,由闪长岩、闪长玢岩、石英闪长玢岩、石英二长闪长玢岩、花岗斑岩及少量辉绿(玢)岩等组成。总体上其侵位顺序为细粒闪长岩→闪长玢岩→石英闪长玢岩→石英二长闪长玢岩→花岗斑岩。上被南华纪—震旦纪地层角度不整合覆盖,局部为断裂接触。在花岗斑岩中还可见有暗色包体。

岩石学特征:闪长岩主要为细粒结构;闪长玢岩、石英闪长玢岩、石英二长闪长玢、花岗斑岩及少量辉绿(玢)岩则为斑状结构。闪长玢岩、石英闪长玢岩、石英二长闪长玢岩斑晶以斜长石、角闪石为主,角闪石普遍发生绿泥石化蚀变,花岗斑岩斑晶以石英、钾长石为主及少量角闪石。辉绿玢岩具变余斑状结构,基质具变余辉绿结构,斑晶为基性斜长石,少量辉石,基质由半自形—自形长板柱状斜长石无序排列所形成的三角空隙内分布着辉石,构成辉绿结构。辉石被阳起石、绿泥石、黑云母等取代而残留假象。

地球化学特征:SiO_2变化较大,较富铝,碱质总量较高,Na含量均高于K;ANKC均小于1.10,里特曼指数除细粒闪长岩大于4外,其他均小于4,具钙碱性的演化趋势。稀土总量多在200×10^{-6},稀土分配曲线左高右低,$\delta Eu<1$,花岗斑岩的负铕异常明显,曲线出现低谷;其他岩石具弱的负铕异常。微量元素均表现为富集大离子亲石元素Ba、Th、U、LREE。

成因、构造背景:基性岩墙群是在拉张环境下形成,指示了古大陆的裂解过程。黄陵岩墙样品的Th/Ta比值(1.42～27.04)和La/Yb比值(0.73～34.95),大部分较高(曾雯等,2004),不同于Th/Ta、La/Yb比值较低为特征的岩浆来源于地幔柱的岩墙,而与较高的比值为特征来源于太古代陆下岩石圈的岩墙类似(李江海等,1997)。

2. 扬子北缘新元古代晚期基性岩

地质特征:主要分布于青峰断裂以北,且主要为基性侵入岩岩石类型有辉绿岩、辉长辉绿岩,见明显的片理化,变余辉绿结构、变余辉长结构仅局部残留。

岩石学特征:变辉绿岩呈深绿色—暗绿色,矿物组成主要有钠长石、阳起石、绿帘石、黑硬绿泥石、榍石,另外有少量绿泥石、磷灰石、磁铁矿、褐铁矿、黑云母等。显微鳞片花岗变晶结构,变余辉绿结构局部残留,多为定向-片状构造;变辉长辉绿岩呈浅绿色,纤柱状、粒状变晶结构,变余辉长辉绿结构,片状—微片状构造。主要矿物成分及含量为钠长石、透闪石、阳起石呈、绿帘石、绿泥石,另外还有一定的榍石、磁铁矿等副矿物。

地球化学特征:SiO_2变化较小(44.90～52.25),里特曼指数(δ)主要集中在0.7～1.92之间、镁铁比值m/f<2,为富铁质基性岩;$K_2O<Na_2O$,碱铝指数NKA为0.632～0.71,含铝指数ANKC为0.215～0.586,为次铝的;长英指数(FL)平均为27.844、分异指数(DI)为23.01～45.54、固结指数(SI)为22.69～49.03、氧化率Ox为0.60～0.75,稀土配分曲线为向右微倾斜的曲线,δEu为0.88～0.97,表现为微弱的铕负异常;LREE/HREE、La/Yb分别为1.87～

1.99及7.42～7.84，表明轻重稀土分馏较明显。岩石中Zr、Ti、Pb含量较高，Cr、Ba、Zn、Cu、Co、As含量较低(1∶25万襄阳幅，2008)。

成因、构造背景：基性岩在Ti-Zr图解中结果显示，投影点均落入大陆玄武岩区和板内玄武岩。

(六)新元古代脉岩

主要有辉绿岩脉($\beta\mu$)、煌斑岩脉(χ)、云斜煌斑岩、(球粒)闪斜煌斑岩、闪长岩脉(δ)、闪长玢岩脉($\delta\mu$)、石英闪长岩脉(δo)、花岗斑岩脉($\gamma\pi$)、花岗岩脉(γ)、花岗伟晶岩脉($\gamma\rho$)及石英脉(q)等。

四、早古生代(加里东期)侵入岩

主要分布在湘中地区与湖北武当地区，湘中白马山岩体与加里东期华南板块陆内碰撞造山运动有关；湖北武当地区的则与中寒武世—志留纪时的裂解有关。

(一)湘中早古生代(加里东期)侵入岩

1. 白马山岩体

(1)地质特征：长轴呈北北东向展布的巨大复式岩基，与侵入的最新地层早志留世两江河组呈侵入接触，其上为中泥盆世地层覆盖。

(2)岩石学特征：主要类型为黑云母二长花岗岩、二云母二长花岗岩、花岗闪长岩及少量的黑云母英云闪长岩、钾长花岗岩。岩石包体主要为闪长质暗色包体，与寄主岩界线清楚，常见副矿物有褐帘石、磁铁矿等，钛铁矿常见，但含量很少。稀有、稀土金属矿物种类多，如锆石、独居石、磷钇矿等。金属矿物除常见黄铁矿、黄铜矿、方铅矿等外，还普遍见有锡石、白钨矿。富挥发分矿物以磷灰石常见，有时可见萤石。副矿物类型属锆石-褐帘石-磷灰石-榍石型和锆石-榍石-褐帘石型。

(3)岩石化学特征：总体特征是由早至晚侵入岩石SiO_2、K_2O含量相对增高，TiO_2、Fe_2O_3+FeO、MgO、CaO等含量逐渐降低。DI、CNK值从早期至晚期由小递增，而SI、δ值则由大递减。岩石总体特征属正常钙碱性系列或过铝质花岗岩类型。

(4)岩石稀土元素特征：稀土元素总量偏高，$\Sigma REE=(210.43\sim135.00)\times10^{-6}$，轻重稀土比值$\Sigma Ce/\Sigma Y 6.61\sim2.2$，属轻稀土相对富集，$\delta Eu=0.99\sim0.20$，铕亏损或弱亏损。岩石稀土模式配分曲线总体向右倾斜，早次侵入体曲线斜率较大，晚次侵入体斜率较小，铕的亏损不明显至明显，未见有"铕谷"出现。同时，稀土元素总量和分量也呈有规律的变化，反映了花岗岩同源岩浆演化的特点。

(5)岩石微量元素特征：由早到晚侵入次岩石中的微量元素含量基本相近，其中Rb、Sn元素丰度值由早至晚逐渐增高，而Zr、Ni等元素则向反，呈下降趋势。

(6)岩石同位素地球化学特征：据1∶25万怀化幅区域地质调查资料(2013，未出版)，早志留世白马山二长花岗岩的全岩同位素分析结果为：$\delta^{18}O=(9.22\sim9.44)\times10^{-3}$，平均为9.33$\times10^{-3}$(SMOW)；应用锆石SHRIMP U-Pb同位素定年，测得其成岩年龄为(411±4.5)

Ma,反映出岩体成岩时代为加里东期。

(二)秦岭-大别造山带南缘加里东期侵入岩

秦岭-大别造山带南缘(湖北北部)的早古生代侵入岩主要出露于北部随南—竹溪(延至邻区陕南)一带,主要为基性—超基性岩带,碱性花岗岩零星分布。基性—超基性侵入岩多呈小岩体、岩墙产出,规模大小不一,大多为基性岩,极少数为超基性岩。

1. 超基性侵入岩

区内见于高枧超基性岩体、银洞山超基性岩体和杜家山超基性—基性岩,主要介绍高枧超基性岩体。

(1)地质特征:岩体分布于房县王补河一带,由大小不等10个岩体组成。呈椭球状、扁豆状及纺锤状,近东西走向,与围岩产状一致。其中1号岩体出露长220m,宽50~90m,呈小岩株,北侧与围岩产状一致,而南侧为明显斜切侵入关系。岩体据一定分带性,但相带不对称,边缘相为辉石角闪石岩,内部相为单辉橄榄岩,二者呈渐变过渡关系。

(2)岩石特征。

辉石角闪石岩:岩石暗绿色,具粒状变晶结构,块状构造,矿物粒度向岩体内逐渐增大,最大达15mm。岩石主要由角闪石70%~75%、辉石15%~20%组成,并有少量的黑云母、白云母及磁铁矿、榍石(白钛石)、磷灰石等矿物组成。辉石为自形、半自形粒状,呈嵌晶分布于角闪石中,并变为透闪石、纤闪石、绿泥石、滑石,仅保留辉石外形。角闪石均已次变为透闪石、纤闪石、绿泥石。黑云母次变为绿泥石。榍石(白钛石)呈他形粒状,也有为脉状、网脉状。

单辉橄榄岩:暗绿色,海绵郧铁结构,块状构造。岩石主要由橄榄石(60%~70%)、单斜辉石(20%~35%)及少量角闪石、黑云母组成,含微量磁铁矿、白钛石、磷灰石等。橄榄石半自形粒状,粒径0.5~2.0mm,全部被片状蛇纹石取代,橄榄石周围分布他形粒状辉石,构成反应边结构。辉石(透闪石)粒径3~7mm,半自形粒状;磁铁矿不规则粒状,有时分布于辉石中,有时分布于橄榄石、辉石的粒间。局部地段,见绢石化并有古铜辉石残留,表明局部有二辉橄榄岩存在。

(3)副矿物特征:单辉橄榄岩与辉石角闪岩副矿物基本一致,为钛铁矿、磁铁矿、榍石、磷灰石组合,两者为同源分异的产物。副矿物锆石主要见于辉石角闪岩中。单辉橄榄岩中钛铁矿、磷灰石含量较低。

(4)微量元素及含矿性:与维诺格拉多夫的超基性岩微量元素平均值比较,除Ti、Ni含量高外,Cr、Co、V、Fe、Cu等元素的含量均低。

(5)岩石化学特征:岩石化学成分与戴里辉橄岩岩石化学成分对比,单辉橄榄岩SiO_2、Al_2O_3、CaO、Na_2O、K_2O、P_2O_5相应值低,但TiO_2、Fe_2O_3、MgO相应值高,其余大致相当;与戴里角闪石岩岩石化学成分对比,辉石角闪石岩SiO_2、Al_2O_3、CaO、Na_2O、K_2O、P_2O_5相应值低,但TiO_2、Fe_2O_3、MgO相应值高,其余大致相当,二者具有一致性。岩石化学成分显示其属碱性超基性岩。

辉石角闪石岩镁铁比值m/f=1.42~1.64,为富铁质超基性岩;单辉橄榄岩镁铁比值m/f为3.13,为铁质超基性岩;$K_2O<Na_2O$,碱铝指数NKA为0.372~0.636,含铝指数ACNK为

$0.071 \sim 0.088$，为次铝的；$CaO+K_2O+Na_2O>Al_2O_3>K_2O+Na_2O$（分子数），为正常类型；从单辉橄榄岩到辉石角闪石岩，分异指数(DI)、长英指数(FL)、固结指数(SI)平均为22.79，分异指数(DI)、氧化率 Ox 因样品少而规律性不强，但 SiO_2、K_2O+Na_2O 及 $CaO+MgO+Fe_2O_3+FeO$ 含量增加，拉森指数 $-36.18 \sim -32.32$，符合岩浆由超基性向基性演化的一般规律。其 m/f 比值较小，其岩浆来源应属玄武岩浆分离结晶的产物。

2. 基性侵入岩

分布于青峰断裂以北的新元古代变质岩区，具局部集中成群和总体相对分散的特点。

(1)地质特征：岩体呈脉状及似层状产出，形状多不规则，呈北西—北西西向展布。其侵位地层主要为青白口纪武当山岩群(QbW.)—南华纪耀岭河组(Nhy)，受后期构造运动的改造，岩石普遍发生变形和变质，岩体边部片理化程度较高，其片理产状与围岩变质面理产状协调一致。与围岩接触关系则多表现为顺层或微小角度的侵入特征，但在少数较大岩体边部，常可见岩体呈"锯齿状""舌状""枝状"等侵入并切穿围岩的现象。

(2)岩石学特征。

变辉绿(玢)岩($\beta\mu Pz$)：岩石呈绿色、暗绿色，风化后呈黄褐色，常具球状风化外貌。具鳞片花岗纤柱状变晶结构、变余辉绿结构，微片状—块状构造，部分岩石中可见变余斑状结构。原岩中辉石及基性斜长石分别被透闪石-阳起石(30%~40%)、绿泥石(10%~15%)和钠长石(35%~45%)、绿帘石(15%~20%)等变质矿物所取代，部分仍不同程度地保留了原矿物的晶形假象。据变余特征来看，原矿物粒径一般在0.5~1.5mm，属细粒级，少数辉石粒径达3~5mm，呈斑晶出现，个别侵入体中亦偶斜长石斑晶。钠长石呈他形粒状或板条状变晶，在其晶体表面常见有许多细小绿(黝)帘石展布，粒径0.1~0.7mm，少数粒径达1.0~2.5mm，呈变余斑晶状出现；透闪石-阳起石呈纤柱状变晶，柱长0.3~0.5mm，宽0.05~0.1mm；绿帘石呈粒状变晶，晶体大小不均一，大者达0.4mm，小者仅0.05mm左右；绿泥石呈鳞片状变晶，片径0.3mm左右。岩石中偶见绿帘石团块，其大小不等，一般在3~10cm。副矿物主要为榍石、磷灰石、磁铁矿等。

变辉长辉绿(玢)岩($\upsilon\beta\mu Pz$)：岩石呈绿色、深绿色，风化后呈浅黄褐色。岩石总体特征与上述变辉绿(玢)岩相似，所不同的是暗色矿物略有减少，但矿物自形程度明显提高，结晶颗粒略粗，一般2~4mm，以细—中晶粒级为主，极个别侵入体可达粗晶粒级，并具变余辉长辉绿结构。

从总体来看，该期侵入体边部一般片理化较明显，但在其中部，多呈微片状—块状构造，且原岩结构构造保留较好。从变辉绿(玢)岩到变辉长辉绿(玢)岩，矿物结晶颗粒明显增大，自形程度提高，由细晶粒级过渡为细—中粒级，由辉绿结构过渡为辉长辉绿结构，暗色矿物含量亦略有减少，显示岩浆演化的一般规律。

(3)副矿物特征：变辉绿(玢)岩和辉长辉绿(玢)岩副矿物组合及基本特征相似，主要为榍石、磷灰石、黄铁矿、磁铁矿及锆石等。由早到晚，磷灰石略有增加、黄铁矿略有减少，其他副矿物含量变化不大。

(4)岩石化学特征：据1:25万十堰幅、襄阳幅资料，基性岩岩石化学成分与戴里辉绿岩平均值基本一致；m/f<2，为富铁质碱性基性岩；$K_2O<Na_2O$，碱铝指数 NKA<1，含铝指数

ANKC 为 0.516～0.984，为次铝质，$CaO+K_2O+Na_2O>Al_2O_3>K_2O+Na_2O$（分子数），属正常类型；长英指数（FL）为 27.13～42.25、分异指数（DI）为 33.52～40.69、固结指数（SI）为 13.77～19.85。里特曼指数（δ）变化较大，在 1.96～12.26 之间。主要属碱性玄武岩，少量为拉斑玄武岩。

（5）微量元素特征：古生代基性岩体微量元素与维氏基性岩丰度值对比，Pb、Ba、Zr、Y 微量元素丰度值偏高，具富集特征；Ga、As 丰度值较接近维氏丰度值，而 Zn、Cu、Cr、Co、Ni 丰度较低（据 1∶25 万十堰幅、襄阳幅，2008）。

（6）形成时代讨论：基性—超基性侵入岩侵入的最新地层时代为奥陶纪，在泥盆纪之后的地层中未见基性侵入岩，形成时代应晚于奥陶纪而早于泥盆纪，而且区内早志留纪兰家畈组中大量的辉斑玄武岩和超基性火山岩的存在，也暗示这些基性—超基性侵入岩形成于志留纪。

五、早中生代（印支期）侵入岩

侵入岩主要分布于白马山、崇阳坪及中华山地区。

（一）白马山岩体

1. 地质特征

该时期花岗岩出露于湘中西部的新化、隆回、溆浦县境内的白马山岩体东、中、西部，构成白马山岩体之主体；平面形态在白马山复式岩体中沿东西轴向呈 3 个不规则棱形—似长椭圆形串珠排列。花岗岩在东部侵入于志留纪花岗岩中，西部则侵入的地层为前泥盆系。中华山岩体为独立侵入体。

2. 岩石学特征

该时期花岗岩岩石类型有角闪石黑云母花岗闪长岩和黑云母二长花岗岩，主要造岩矿物有钾长石、斜长石、石英、黑云母及少量角闪石。岩石具似斑状结构，斑晶大小（5～8）×（8～12）mm^2，斑晶成分主要为斜长石、钾长石，含量 5%～15%，由早侵入次到晚侵入次，斑晶含量逐渐减少，即由斑状到少斑状，基质以细中粒为主。主要造岩矿物有斜长石、钾长石、石英、黑云母及角闪石。副矿物主要有磁铁矿、钛铁矿、黄铁矿、毒砂、白钨矿、黄铜矿、方铅矿、闪锌矿、锡石、锆石、独居石、磷灰石、榍石等 20 余种，副矿物类型属锆石-磷灰石-榍石型。

3. 岩石化学特征

岩石总体特征是由早次花岗闪长岩到晚次二长花岗岩，SiO_2、K_2O 含量增高，FMI 值增高，反映出早侵入次岩石具有富镁、富铁偏基性特点；A/CNK=1.42，属铝过饱和类型，δ=1.88，归钙碱性系列；由早至晚，DI 值降低、SI 值增高，反映了侵入体分异程度增强。晚侵入次岩石 SiO_2 含量相对偏高，FeO、TiO_2 偏低，CIPW 标准矿物计算值中均有 C 值，表明岩浆继续朝偏酸性方向演化；A/CNK>1 属铝过饱和类型，岩石微量元素 K/Rb=141.84、Rb/Sr=1.44，介于"S"型和"I"型花岗岩之间。

4. 岩石稀土元素特征

岩石稀土元素含量除早期花岗闪长岩中 Tm 元素外，其他元素丰度均低于维氏值，稀土

元素总量 $\Sigma REE\ 169.51\times10^{-6}$ 也比维氏值低，δEu 值为 0.582。稀土配分曲线右倾、轻重稀土比值 $\Sigma Ce/\Sigma Y$ 偏高，属轻稀土相对富集，铕无明显亏损或弱亏损，δEu 值为 0.553。

5. 岩石微量元素特征

岩石中的微量元素含量大部分相近，花岗闪长岩中 W、Sn、Pb、Zr、V 等元素丰度值略高于二长花岗岩，而 Cu、Ba、Cs 则相反。与维氏酸性岩平均丰度值相比大部分元素丰度值含量相近，其中 Sn、Cs 元素略高出维氏酸性岩；Au、Sr 明显低于维氏值。

6. 岩石同位素地球化学特征

采全岩氧同位素分析结果为：$\delta^{18}O=(9.00\sim9.40)\times10^{-3}$，平均为 9.20×10^{-3}(SMOW)。LA-ICP-MS 锆石 U-Pb 定年表明，黑云母花岗闪长岩和黑云母二长花岗岩的成岩年龄分别为 (209.2 ± 3.8)Ma、(204.5 ± 2.8)Ma(陈卫锋等，2007)，根据上述年龄，将该时期侵入定位的花岗岩体归属于晚三叠世。

（二）中华山岩体

1. 地质特征

平面形态呈近圆形，花岗岩侵入于志留纪花岗岩中。

据岩石学特征和接触关系，该时期花岗岩仅出露中三叠世第二次细中粒(少)斑状黑云母二长花岗岩($T_2^b\eta\gamma$)。

2. 岩石学特征

该时期花岗岩岩石类型为黑云母二长花岗岩，主要造岩矿物有钾长石、斜长石、石英、黑云母。岩石具似斑状结构，普遍见钾长石斑晶，大小一般为 $(1\sim2)\times(3\sim5)cm^2$，形态为板条状，晶形好，含量一般为 1%～3%，局部含量可达 5%～10%。细中粒花岗结构，粒径一般为 0.5～5mm，呈岩枝者粒径变小，一般在 2mm 左右。

斜长石呈自形—半自形板状、板柱状，卡钠双晶常见，聚片双晶可见，环带构造发育，一般为 3～5 环，最高达 25 环，An=45。钾长石呈他形粒状，常见不规则的条纹构造和隐格双晶，偶见纺锤双晶，内有石英、斜长石、黑云母等矿物包体，还见石英穿孔交代现象。石英呈他形粒状，具波状消光，个别见次生石英，晶体较小，交代早期石英和钾长石。石英有 3 个世代：第一世代石英包裹于钾长石中；第二世代充填于早期矿物间；第三世代则交代第二世代石英。黑云母呈板片状，棕褐色、淡黄色。

3. 岩石副矿物特征

岩石副矿物主要有褐铁矿、白钨矿、独居石、磷灰石、黄铁矿、毒砂、绿泥石、电气石、辉锑矿等，含量一般为 1.21～3.61g/t，锆石含量高达 10.9g/t，电气石 23.19g/t，磁铁矿与钛铁矿在样品中具互为消长关系的特点。锆石有普通锆石和外来锆石。

4. 岩石化学特征

岩石 SiO_2 为 67.72%，含量相对较高，$K_2O>Na_2O$；A/CNK=1.32，属铝过饱和类型，$\delta=1.74$，归钙碱性系列；DI 值偏高，SI 值偏低，反映了岩体分异程度较好、固结程度好的一般规律。

5. 岩石稀土元素特征

除 Tm 元素外，其他元素丰度均低于维氏值，稀土元素总量 $\Sigma REE\ 214.40\times10^{-6}$，$\delta Eu$ 值

0.43，轻重稀土比值 $\sum Ce/\sum Y = 5.40$，值偏高，属轻稀土相对富集，铕有明显亏损，δEu 值 0.553。稀土模式配分曲线向右倾斜，铕的亏损较明显，见有"铕谷"出现。

6. 岩石微量元素特征

岩石中的 W、Pb、Rb、Th 等元素丰度值高于维氏酸性岩平均丰度值，Sr 与维氏酸性岩平均丰度值相比低近 40 倍，余者略低于维氏值。

六、晚中生代（燕山期）侵入岩

1. 地质特征

该时期花岗岩出露于白马山岩体的中心部位，为白马山复式岩体主要组成部分，平面形态在白马山岩体中沿东西轴向呈 3 个不规则圆形—椭圆形出现。花岗岩在主要侵入于中三叠世花岗岩中。

据岩石学特征和接触关系，该时期花岗岩可为多次侵入的结果，即中侏罗世第一次细中粒电气石二云母二长花岗岩、中侏罗世第二次中粒电气石二云母二长花岗岩、中侏罗世第三次细粒电气石二云母二长花岗岩和晚期中侏罗世更长环斑花岗伟晶岩，侵入次间见明显的侵入接触关系，界线突变明显。

2. 岩石学特征

该时期花岗岩岩石类型主要为电气石二云母花二长花岗岩，主要造岩矿物有钾长石、斜长石、石英、黑云母、白云母及少量电气石。早次侵入体岩石具细中—中粒花岗结构，晚次侵入体岩则具细粒花岗结构，少量钾长石大小达 6~10mm，呈斑晶出现于第二次侵入体岩石中；由早侵入次到晚侵入次，基质粒径有由细→粗→细的变化规律。

钾长石呈他形板状，部分半自形板状，条纹构造明显，格子双晶亦有，局部见石英和钾长石成文象交生，个别具波状消光。斜长石半自形板状，聚片双晶发育，环带构造可见，个别颗粒被后期石英交代边缘呈蚕食状或残留成不规则环状边，$An = 28$。石英呈他形粒状，局部呈聚集体出现，具波状消光。黑云母呈片状，红棕色—淡黄色多色性显著。电气石呈半自形—他形粒状、柱状，大小一般 0.2~6mm 不等，横裂理发育，吸收性明显，Ne' 褐黄绿色，No' 淡黄色至无色。

3. 岩石副矿物特征

岩石副矿物主要为锆石、独居石、电气石、毒砂、斜黝帘石等 21 种，含量一般为 0.8~2.6g/t，其中电气石高达 490g/t。

4. 岩石化学特征

岩石中 SiO_2 在 72% 左右，$K_2O > Na_2O$，$Fe_2O_3 + FeO$ 含量较低，$A/CNK > 1$，岩石属铝过饱和类型；氧化系数较高（0.55），说明岩体形成时处于较高的氧逸度环境。特征参数出现 C 值、DI 值偏高，表明岩浆朝酸性方向演化。

更长环斑花岗伟晶岩则表现出特有的岩石化学特性，SiO_2（62.5%）比较低，Al_2O_3（21.82%）、Na_2O（5.51%）较高，$K_2O > Na_2O$，A/CNK 为 1.22，岩石属铝过饱和类型。

5. 岩石稀土元素特征

岩石稀土元素丰度大部分低于或接近维氏值，稀土元素总量除早次侵入体高外，余者均比维氏值低；轻重稀土比值ΣCe/ΣY偏高，属轻稀土相对富集；δEu一般为0.24～0.84(更长环斑花岗伟晶岩除外，δEu＝5.23)，但高于维氏值10倍。在岩石稀土元素配分模式图上，稀土配分模式曲线总体特征相似，模式向右倾斜，铕的亏损不明显至明显，见有"铕谷"出现。同时稀土元素总量和分量也呈有规律的变化，反映了各侵入次花岗岩规律性同源岩浆演化的特点。

6. 岩石微量元素特征

岩石微量元素中的 W 在早次侵入体中高达 180×10^{-6}，与维氏酸性岩平均丰度值相比高出约60倍，Sn、Pb等成矿元素丰度值高于维氏酸性岩平均丰度值有1～10倍之多，反映出岩体的含矿性好。其他元素则或略高出或略低于维氏酸性岩值。

7. 岩体形成时代

LA-ICP-MS锆石U-Pb定年显示，白马山岩体的二云母花岗岩为(176.7 ± 1.7)Ma，暗色包体为$(205.1\pm3.9)\sim(203.2\pm4.5)$Ma(陈卫锋等，2005)，属于燕山早期。

第三节　火山岩及其形成构造环境

湘西—鄂西地区出露了从中太古代到第四纪几乎所有时代的火山岩。岩石类型主要有玄武质、流纹质、英安质火山岩，少量超基性、粗面质和安山质火山岩。

一、太古代火山岩

仅分布于黄陵地区北部，产于野马洞岩组中，为一套"绿岩组合"或相当于"绿岩组合"。

地质特征：多呈大小不等的包体群赋存于东冲河片麻杂岩、晒甲冲片麻岩中，常见与交战垭超镁铁质岩共生。受后期岩浆作用及变形变质改造，这套变质岩系在空间分布上极为不连续，较集中分布于圈椅淌岩体周边的野马洞、白果园等地。出露总面积为$5.51km^2$。

岩石组合特征：岩石组合主要为一套混合岩化的斜长角闪岩、黑云斜长变粒岩、黑云角闪斜长片麻岩、石英片岩、角闪片岩和黑云片岩。原岩恢复为一套拉斑玄武质-安山质-英安质火山岩建造。

地球化学特征和原岩恢复：斜长角闪岩SiO_2含量45.63%～49.9%，Al_2O_3 10.57%～18.07%，$FeO+Fe_2O_3$ 11.69%～16.61%，TiO_2 1.33%～2.45%，$Na_2O>K_2O$，Na_2O+K_2O 3.05%～4.86%，显示基性岩类特征。黑云斜长变粒岩SiO_2含量71.83%，Al_2O_3 14.87%，$FeO+Fe_2O_3$ 12.02%～16.61%，TiO_2 0.225%，$Na_2O>K_2O$，Na_2O+K_2O 6.98%，显示酸性岩类特征。斜长角闪岩在ACF图上投影表明岩石化学成分为玄武岩类，在玄武岩全碱-SiO_2图解上投入到近高铝玄武岩的拉斑玄武岩区内。黑云斜长变粒岩在(al+fm)-(c+alk)-Si图解上(西蒙南，1953)投入火山岩区，在ACF图上投在英安岩区，利用B. N. Church法在$FeO+Fe_2O_3+1/2(MgO+CaO)$与Al_2O_3/SiO_2变异图上其原岩亦为英安岩。

斜长角闪岩稀土配分模式LREE略有富集$[(29.24\sim65.26)\times10^{-6}]$，HREE$[(31.53\sim52.94)\times10^{-6}]$稍有亏损，ΣREE较低$[(66.77\sim108.6)\times10^{-6}]$，LREE/HREE比值为0.927～

1.81,表明分异程度较低,分布曲线微右倾,Eu 异常不明显,$\delta Eu=0.85\sim1.08$;黑云斜长变粒岩稀土配分模式 LREE(70.775×10^{-6})富集,HREE(2.646×10^{-6})亏损,LREE/HREE 比值为 14.47,表明分异程度较高,分布曲线右倾,较明显的正 Eu 异常,$\delta Eu=1.26$。从稀土元素特征对比来看,含榴斜长角闪岩与大洋拉斑玄武岩相近。

微量元素 Nb/La 的平均比值为 0.58,Sr/Ba 为 1.2,属强不相容元素弱富集,且 Th 和 Nb 为亏损的配分型式。

构造背景: 交战垭超镁铁质岩其原岩主要为一套变质的超基性岩石(变质科马提质岩石),而野马洞岩组主要由基性火山岩(斜长角闪岩)夹少量中(酸)性火山沉积岩石(主要是黑云角闪斜长片麻岩类)组成,区域上可与大别山地区的木子店岩组进行对比。这些物质组合在一起,共同显示出太古宙绿岩带物质组合特点。由于不同岩石组合出露于不同地段,且限于黄陵地区太古代物质的出露范围较小,野马洞岩组出露不全,难以确定其内部层序,根据全球绿岩带物质组合大体相似这一特点,推断其层序从下至上应为超基性(部分也可能是稍晚的侵入体?)→基性岩层→中(酸)性火山岩层,反映从早到晚,绿岩带形成环境的活动性逐渐减弱的特点。

时代讨论: 采用激光剥蚀等离子质谱(LA-ICP-MS)分析技术,魏君奇等(2012)测定崆岭杂岩中野马洞岩组斜长角闪岩包体中原生岩浆结晶锆石的 U-Pb 年龄为(3000 ± 24)Ma;焦文放等(2009)测定条带状黑云母斜长片麻岩中岩浆锆石 U-Pb 年龄(3218 ± 13)Ma。高山等(2001)对该区奥长花岗质片麻岩中锆石进行 SHRIMP U-Pb 分析,获得奥长花岗片麻岩的侵入年龄为(2947 ± 5)Ma 和(2903 ± 10)Ma,另获得继承锆石的谐和 $^{207}Pb/^{206}Pb$ 年龄(3051 ± 12)Ma,该年龄被解释为代表野马洞岩组的成岩年龄。

二、元古宙火山岩

(一)古元古代火山岩

湘西—鄂西地区古元古代火山岩也出露较少,仅湖南益阳见及,现以湖南益阳拉斑玄武岩-玄武安山岩为例介绍。

以拉斑玄武岩为主,少量玄武安山岩,分布于拉斑玄武岩的南东外侧,其南东侧与冷家溪群变质围岩呈断层接触。拉斑玄武岩中穿插有次火山岩-辉绿岩。

1. 岩石学特征

拉斑玄武岩新鲜岩石呈灰绿色、深灰色、灰黑色,致密块状,部分见枕状构造,枕长 $0.5\sim2m$,高 $0.2\sim0.5m$,枕体上部凸起,下部微凹或较平,具定向排列,枕体产状一般为($260°\sim270°$)∠($25°\sim32°$),个别 $310°\angle45°$。在较大的枕体中,中心部位矿物结晶颗粒较粗,为架状结构—似辉绿结构,向外矿物颗粒逐渐变细,多为纤维变晶结构,边部有数毫米厚的基性玻璃。有的玻璃具杏仁-角砾状构造。枕状体之间充填有基性玻质岩,且混杂有硅质岩屑。镜下观察:岩石由单斜辉石、斜长石假象及透闪石、绿帘石、绿泥石、绢云母、黏土矿物等组成,具架状结构、纤状结构。单斜辉石多为细小粒状,杂乱分布,大小一般 $0.05\times0.25mm^2$,略具中空特征。斜长石大小不一,呈柱状、柱条状,大小一般(0.15×1.0)~(0.04×3.0)mm^2,少数

$0.03×0.16mm^2$。

玄武安山岩岩石风化强烈,为橘黄色—紫红色,岩石因蚀变作用其矿物成分完全改变,但岩石结构基本保留清晰,岩石具变余斑状结构,斑晶由柱状矿物假象显示,大小1mm左右,含量2%左右。基质具变余间粒-交织结构,矿物成分主要是绢云母、黏土矿物等。

辉绿岩风化蚀变非常强烈,风化后呈紫红色、橘黄色—黄色,有的半风化—风化岩石中具较明显的白色斑点,大小1mm左右。地表岩石多见球状风化,球体大小一般10cm左右,个别较大。球体往往呈0.5cm厚的单层剥落。新鲜岩石多呈灰绿色,岩石具变辉绿结构、变余半自形柱状结构,矿物成分主要为单斜辉石(29%~30%)和斜长石(45%~60%),蚀变后几乎由透闪石、绿泥石、铁质、帘石类、绢云母及石英等所取代。单斜辉石呈条柱状、长柱状,少数呈短柱状及他形粒状,镜下无色,少数为褐黄色,可见近垂直的两组解理,多为透闪石及绿泥石所取代。斜长石呈板柱状,多为帘石、绢云母及黏土矿物取代而成变余状。单斜辉石与斜长石的粒度及结晶程度相近,颗粒大小一般$(0.12×0.6)~(0.5×1.3)mm^2$。

2. 岩石化学特征

拉斑玄武岩总体表现为高硅、低钛、碱的特点。与库尔茨克玄武质科马提岩、中国(黎彤)和世界(戴里)玄武岩、岛弧型玄武岩相比较,SiO_2、Al_2O_3、CaO相对偏高,而MgO、Na_2O、K_2O则含量偏低,且更为接近于岛弧型玄武岩。将氧化物含量投影于全碱-硅变异图解上,其样点全部落入正常拉斑玄武岩区;MgO含量6.09~7.74,均小于9,CaO/Al_2O_3值多为0.63~0.8,表明其不属于玄武质科马提岩。

玄武安山岩岩石化学成分与拉斑玄武岩基本相近,差别甚微,反映出它们具同源岩浆序列的特点,是玄武岩浆分异演化的产物。

辉绿岩岩石化学成分与拉斑玄武岩基本相似,只有SiO_2、MgO、K_2O、Na_2O稍高,而TiO_2、Fe_2O_3、FeO则略低,表明其岩石相对偏酸碱性。两者微量元素含量则存在较大的差别,辉绿岩中相对富集Cu、Zn、Rb、Sr和Cr,其他元素则较之贫乏。

稀土元素特征:岩石稀土元素总量偏低,轻、重稀土比值小,$\Sigma Ce/\Sigma Y$为1.896,δEu值0.27;与科马提岩相比,总量相对偏高,δEu值则偏低,$\Sigma Ce/\Sigma Y$基本接近。在岩石稀土元素模式图上,总体为稍向右倾斜的近水平状,与科马提模式曲线形态大体相似,但有一定的差异;类似于大洋拉斑玄武岩的模式曲线,铕有亏损现象。

形成时代:拉斑玄武岩中获全岩钐-钕等时线年龄值为2246Ma。

形成的构造环境分析:变基性火山岩是在海相环境中以裂隙式方式宁静喷溢而形成的,形成于幼年期未成熟岛弧的弧间次生扩张构造环境。

成因探讨:玄武岩浆来源于地幔,同时,可能还遭受少量地壳物质的混杂。

(二)中元古代火山岩

湘西—鄂西地区中元古代火山岩主要分布在湖北的黄陵—神农架。

1. 湖北黄陵地区

原1:25万荆门幅资料显示:黄陵穹陵北部的力耳坪组和南部的庙湾岩组均为一套以拉斑玄武质火山岩为主的岩石组合,亦有部分为铁镁质侵入岩。其中庙湾组出露厚度大,岩石组合齐全。力耳坪组和庙湾岩组遭受了高绿片岩相-低角闪岩相变质,为一套厚层细粒斜长角闪岩、绿帘斜长角闪岩、绿帘角闪(片)岩,偶夹黑云斜长片麻岩条带,斜长角闪岩沿走向分布稳定,成分变化不大,岩石均具柱状变晶结构、弱定向构造或片状构造,主要矿物成分为角闪石(54%～80%)、斜长石(钠黝帘石化)(15%～40%)、石英(1%～4%)、楣石(0.5%～3%)、黑云母(1%～9%)、钠长石1%,原岩为基性岩类(基性超浅成侵入岩或基性火山岩)。该岩组中的火山岩在成分上十分单一,几乎不含安山岩、英安岩或流纹岩,与一般朝酸性端分异演化的太古代火山岩不同。

岩石化学特征为:SiO_2含量48.09%～51.95%,$FeO+Fe_2O_3$ 11.21%～14.79%,Na_2O+K_2O为2.85%～4.50%,稀土分布模式LREE略有富集,HREE稍有亏损,LREE/HREE比值为1.17～1.78。$\delta Eu=0.23～1.27$,分布曲线较平缓微右倾,恢复其原岩为拉斑玄武质火山岩,亦有部分为铁镁质侵入岩,其稀土配分曲线与不同洋中脊玄武岩的稀土分配型式进行对比,发现与过渡的("T"型)洋中脊玄武岩吻合。另外从稀土分配模式和微量元素蛛网图中可以看出,力耳坪岩组与黄陵杂岩南部崆岭群庙湾岩组的斜长角闪岩(透闪石岩除外)十分类似,说明力耳坪岩组与庙湾岩组完全具可对比性,均为拉张环境下陆壳向洋壳演化的产物。

综上所述以及结合后期1:25万神农架幅区域地质调查资料,我们认为力耳坪岩组与庙湾岩组相同,是同一事件不同地区的产物,将二者归并,统一用庙湾岩组表示。

胡正祥(1990)在庙湾岩组斜长角闪岩(原岩为大洋区玄武岩)中获得Sm-Nd等时线年龄为(1605.5±81)Ma,可代表该套岩石的形成年龄。

2. 湖北神农架群郑家垭组火山岩

神农架群底部的郑家垭组中的基性火山岩零星分布于郑家垭、石槽河、台子上、徐庄等地。其岩性为变质玄武岩及基性熔结火山角砾岩,见有气孔-杏仁构造。应用岩石化学成分及稀土分配型式等有关图解分析其原岩为拉斑玄武质火山岩。基性熔结火山角砾岩:基性角砾(浆屑)70%,火山凝灰物质(浆屑、玻屑)30%。

(三)新元古代火山岩

1. 青白口纪火山岩

湖北武当(岩)群变火山岩组原来一般归为中—晚元古代。蔡志勇等(2006)测得武当群上部变沉积岩组中的凝灰岩夹层单颗粒锆石U-Pb年龄为(744±36)Ma,所以本书将武当岩群下部变火山岩组归为新元古代青白口纪。

湖南益阳沧水铺地区板溪群底部的火山集块岩曾获得了单颗粒锆石U-Pb年龄933～922Ma(甘晓春等,1993)和Rb-Sr等时线年龄921Ma(黄建中等,1996),以前常被当成青白口纪的岛弧火山岩(如王孝磊等,2003),但王剑等(2003)却获得英安质火山集块岩锆石SHRIMP U-Pb年龄为(814±12)Ma,并划归为南华系。

(1)武当群中火山岩。

为一套中浅变质的沉积-火山岩系,未见底,有阳起片岩、钠长片岩、绢(白)云石英片岩、碳质片岩、石英岩、变石英砂岩、变粉砂岩及少量大理岩、磷灰石岩等组成。变沉积岩原岩岩性以长石石英质砂岩为主,夹少量粉砂质泥岩和泥质粉砂岩。变火山岩岩性以中酸性为主、偏基性岩类次之。中酸性岩原岩主要为英安-流纹质岩和中酸性(晶屑、岩屑)凝灰岩,基性岩原岩主要为玄武-安山质熔岩或火山碎屑岩(凌文黎等,2002)。武当群变火山岩以偏酸性($SiO_2>70\%$)和偏基性($SiO_2<53\%$)居多,并存在一定比例的安山质岩石,且在总体岩性特征上表现为钙碱性(凌文黎等,2002),但偏基性岩常为拉斑系列。武当群酸性和基性火山岩均显示出显著的Nb、Ta、Ti负异常,且具有较低的大离子亲石元素含量,表现出岛弧火山岩的特征。在各种地球化学图解上也常落入岛弧火山岩区,形成于陆缘岛弧环境(凌文黎等,2002)。

(2)湖南冷家溪群中火山岩。

冷家溪群雷神庙组第一段下部为一套灰色、青灰色薄—中层状绢云母板岩,纹层状绢云母板岩夹粉砂质板岩与浅灰白色、灰紫色薄层状浅变质含凝灰质岩屑石英杂砂岩、凝灰质板岩、沉凝灰岩构成不等厚的韵律,间夹石英角斑岩、普遍富含火山碎屑物质为其特色,由下而上构成3~5个旋回,单个旋回厚30~50m不等,每一旋回由含凝灰质岩屑石英杂砂岩(石英角斑岩),渐变为凝灰质板岩、沉凝灰岩(1:25万长沙幅)。

冷家溪群的南桥组中下部为灰色—深灰色中—中厚层状变质片理化岩屑杂砂岩、石英微晶片岩、帘石透闪片岩、石英云母片岩、千枚岩组成的韵律层系夹脉状、似层状变辉绿岩、黝帘石岩等变基性火山岩-次火山岩;上部以片理化砂岩、绢云母千枚岩、石英云母片岩与变基性熔岩、帘石透闪石岩、帘石阳起石岩、变角斑岩、变石英角斑岩、变流纹质凝灰岩类夹层。火山岩在空间上呈平行带状、链状、似层状顺层分布,亦有部分呈脉状、岩墙产出。变基性岩类单套厚数米至数十米,与围岩接触处未见明显的蚀变现象。岩石主要组成矿物是斜长石,可见卡钠、钠长石律双晶,但多被绿泥石交待,在斑状结构的岩石中亦可见斜长石的宽板状自形晶,形成拉斑玄武结构、变余交织结构、变余间隐结构等。细碧角斑岩的Sm-Nd等时线年龄分别为(1262 ± 97)Ma、1300Ma(1:25万长沙幅),单颗粒锆石$^{207}Pb/^{206}Pb$蒸发法年龄为(1271 ± 2)Ma(周金城等,2003),形成于蓟县纪。据王孝磊等(2003)研究,南桥组中的玄武岩具明显的N-MORB特征,是俯冲带附近的古洋壳残片。

(3)湖南板溪群中火山岩。

沧水铺(宝林冲组)火山岩:宝林冲组分布局限在益阳宝林冲—百羊庄一带,厚度为368.2m,其下部主要是紫灰色变英安质玻屑凝灰岩、玻屑熔结凝灰岩、变英安质火山角砾岩与火山角砾岩;中部为灰紫色英安质集块岩、英安质集块岩夹安山质凝灰岩,含砾英安质凝灰岩。纵向上的变化较明显,从下部凝灰岩、火山角砾岩-集块岩-沉火山角砾岩,下部属火山喷发相(有短暂间歇),上部属沉火山沉积相(含喷发相),显示了一个较完整的火山喷发-沉积旋回。正如前述,该地层时代[(814 ± 12)Ma]归入南华纪(王剑等,2003)。

据王孝磊等(2003)研究,它们属于钙碱性岩系,其Nb、Ta、Ti显著亏损,适度富集大离子亲石元素及轻稀土,具有岛弧火山岩的亲缘性。根据其形成时代,综合当时区域岩浆岩的总体特点,本书认为它们可能是经过俯冲流体交代的富集岩石圈地幔部分熔融的产物,形成于后碰撞拉张环境。

黔阳山石洞、黄狮洞辉绿岩、玄武岩,古丈玄武岩与怀化-隘口基性岩墙群为同时代岩浆作用的产物,顺层侵位于板溪群中,其中古丈盘草玄武岩穿过板溪群五强溪组(王孝磊等,

2003),古丈辉绿岩锆石 SHRIMP U-Pb 年龄为 765Ma(周继彬等,2004)。安化—杉木寺—石井头一带的五强溪组第二岩性段和第三岩性段还产出了中酸性凝灰质板岩与中厚层状变沉凝灰岩、晶屑凝灰岩及角斑质凝灰岩(1:25 万益阳幅)。

据王孝磊等(2003)研究,五强溪组基性火山-侵入岩属碱性玄武岩系列,江口组中玄武岩属拉斑玄武岩,它们的 SiO_2 含量变化范围较宽,在 45.56%~60.37%之间,基性岩较富 TiO_2,在 1.42%~5.13%之间。富集轻稀土和大离子亲石元素,Nb、Ta 亏损不明显,与 OIB 近一致。在一些地球化学图解(如 Zr-Ti)上落入板内玄武岩区,应形成于板内裂解环境。

2. 南华纪火山岩

区内南华纪的火山岩发育比较广泛。湖南江口组、富禄组,湖北的耀岭河群中都大量发育了火山岩,另外三峡莲沱组中也有少量火山岩。

(1)湖南江口组、富禄组、南沱组中火山岩。

新化高桥江口组中产出了角砾玄武岩。宁乡大湖、狮子山一带的富禄组底部发育一套玄武质火山岩系,呈层状、似层状产出。主要岩性为喷溢相之苦橄玄武岩,而在大湖附近见有喷发相、喷溢相组合的一个较为完整的火山活动旋回,下部为喷发相-玄武质火山角砾岩,厚48m 左右;上部为喷溢相-苦橄玄武岩,厚约 16m。

而富禄组底部的玄武岩为碱性玄武岩类,SiO_2 含量低,岩石稀土元素总量高,为(425.49~589.54)$\times 10^{-6}$,轻、重稀土分异较明显,$\Sigma Ce/\Sigma Y$ 为 9.36~10.9,Eu 基本无异常,δEu 值在 0.94~0.99 之间。

在湖南望城县麻田东侧南沱冰碛岩组的含砾砂泥质岩之上产有玄武质火山岩,厚 5~270m,延伸约 5km,其上被震旦纪陡山沱组覆盖。玄武岩底板处的含砾砂泥质岩一般有0.2~2m 厚的烘烤作用带;顶板的陡山沱组板状页岩夹钙泥岩无接触变质作用。火山岩主体岩性为苦橄质玄武岩,而玄武质熔岩又还常夹有薄层状与熔岩同成分的玻屑凝灰岩及凝灰岩,并和熔岩呈过渡关系。据岩石化学成分在 TAS 图上投影属玄武岩,而在 Hyndman(1972)世界各地玄武岩系列分界线硅碱图上,属拉斑玄武岩。岩石稀土元素总量高,轻稀土富集,铕不亏损,δEu 值为 0.89;模式曲线为向右陡倾斜状,铕不亏损。

(2)湖北耀岭河群火山岩。

耀岭河群岩性上以变基性火山岩(熔岩、火山碎屑岩或凝灰岩)为主,夹少量变酸性火山岩和变陆源碎屑岩,具有双峰式火山岩的特点。耀岭河群基性火山岩富集 Ba、Rb、Th、La、Ce,轻微亏损 Nb、Ta,类似于大陆拉斑玄武岩(李怀坤等,2003)。凌文黎等(2002)也认为,耀岭河群火山岩无明显的 Nb、Ta 负异常,个别低 HREE 含量的基性岩样品具有弱 Nb、Ta 负异常,可能与其喷出和结晶过程中受地壳围岩的混染作用有关。耀岭河群火山岩地球化学特征与侵入武当岩群中的基性岩墙群类似,明显不同于武当岩群地层中的火山岩。在各种地球化学图解中,耀岭河群火山岩多落入板内环境(大陆裂谷环境)。程裕淇(1994)测得耀岭河群细碧岩锆石 U-Pb 年龄为 730Ma;李怀坤等(2003)测得陕西及河南耀岭河群酸性火山岩和凝灰岩的 TIMS 法锆石 U-Pb 同位素年龄分别为(808±6)Ma、(746±2)Ma;蔡志勇等(2005)测得武当地块周缘耀岭河群中基性和酸性火山岩单颗粒锆石 U-Pb 同位素年龄为 636~629Ma。主体形成于南华纪。

三、古生代火山岩

志留纪火山岩主要见于梅子垭组下部,为变基性火山碎屑岩、变粗面质火山碎屑岩。

1. 玄武岩

岩石呈灰绿色、黄绿色,可见气孔、杏仁构造。枕状体长轴与地层产状一致;大小不等,大的直径 50~100cm,长 100~200cm;小者 10~15cm,一般 30~50cm;呈椭圆形,有厚 1~2cm 的冷凝边,具气孔构造;枕状体间由绿泥石、方解石和绿帘石充填。

岩石主要由透闪石-阳起石、绿泥石、绿帘石、钠长石组成,岩石鳞片变晶结构,局部见粗玄结构、填间结构、交织结构、似球颗结构、斑状结构、嵌晶含长结构、间粒结构。部分玄武岩尚保留有单斜辉石、拉长石、角闪石等。

2. 玄武质火山角砾岩

岩石变质后为黑云绿帘钠长片岩、钠长黑云绿帘片绿帘透闪石-阳起片岩、黑云钠长片岩等,局部尚保留原生的沉积韵律。

岩石具鳞片花岗变晶结构、变余晶屑、岩屑凝灰结构,片状构造。由岩屑、晶屑及凝灰物质组成。岩屑、晶屑含量一般 5%~20%,岩屑变质、变形后呈透镜状,由钠长石、绿泥石或石英、黑云母、绢云母组成,晶屑主要为钠长石。原凝灰物质经变质后形成钠长石、绿帘石、透闪石-阳起石、黑云母等为主的矿物组合。透闪石-阳起石定向分布,被黑云母不同程度取代。

第三章　变质岩

湘西—鄂西地区变质岩主要分布于黄陵、神农架、雪峰山、梵净山及武当地区。变质岩岩石类型齐全，有区域变质岩、动力变质岩、接触变质岩、气-液变质岩、混合岩。以区域变质岩分布最广，而动力变质岩贯穿各期，呈带状沿断裂带及韧-脆性剪切带分布。区内主要经历了阜平运动、大别运动、吕梁运动、晋宁运动、加里东运动、印支—燕山运动。根据《岩石分类和命名方案：变质岩岩石的分类和命名方案》（中华人民共和国国家标准，1998）中变质岩的分类命名方案，同时参考《变质岩鉴定手册》（陈曼云等，2009，地质调查工作方法指导手册），根据岩石的矿物组合、主要矿物的百分含量及结构构造等特征，进行命名。

第一节　区域变质岩及其变质作用

一、区域变质岩分布、类型及原岩恢复

主要分布于由太古代—早古生代地层组成的基底隆起区中，此外，坳陷区的次级隆起中亦有分布。阜平期变质仅见于野马洞组中；大别期变质岩见于野马洞组、东冲河片麻杂岩中；晋宁期变质岩见于鄂西黄陵地区野马洞组、东冲河片麻杂岩、湘中冷家溪群、板溪群中。加里东期变质岩多见于湘中湘西南华纪、震旦纪—志留纪地层；印支期—燕山期变质岩系主要局限于一些中生代构造岩浆活动带，常呈带状出露；表现为以区域性的热液水化退变为特点（岩浆热较低，变质程度仅达绿片岩相），表现为中—低压绿片岩相退变质特点，且多以矿物组合的部分改变表现出来，退变质作用不完全。

区内的区域变质岩可分为极低级变质岩类、板岩、千枚岩类、片岩类，片麻岩类，长英质粒岩类，角闪质岩类、麻粒岩类、大理岩类、钙硅酸盐岩类共10类。

1. 轻微变质岩类

该类岩石分布十分广泛，湘中为青白口系—早古生代寒武系，湖北在扬子陆块（南秦岭）陡山沱组、庄子沟组和双尖山组中亦有分布，包括变质砂岩、变沉积-火山碎屑岩、变质碳酸盐岩、（变）硅质岩等，主要变质矿物为细小的黏土矿物、绢云母、绿泥石、方解石、白云石、石英等。

2. 板岩

主要分布于中元古界—新元古界和寒武系—奥陶系中。新生矿物主要是细小鳞片状绢云母，多呈平行定向排列；黄褐色雏晶状黑云母，细小片状浅绿色绿泥石及粒径0.01～

0.05mm的重结晶石英等,有时还见黄铁矿、硬绿泥石、菱铁矿、方解石、电气石等。岩石中一般原始层理保存较好,具变余泥质、粉砂-凝灰质或砂状结构,粒状鳞片变晶结构,板状或片状构造。当变质程度稍高,岩石绝大部分由细小的绢云母、石英、绿泥石组成,绢云母具明显的定向性,略呈丝绢光泽时即向千枚岩过渡,属千枚状板岩。其原岩有两类:一类为正常沉积的粉砂质黏土岩,极少数为硅质岩;另一类为少数的中酸性火山凝灰岩-火山凝灰质碎屑岩。常见岩石类型及主要矿物组成见表3-1。

表3-1　湘西-鄂西成矿带常见板岩一览表

岩石类型	主要岩性	主要矿物	填图单位	可能的原岩
板岩	含基性凝灰质泥板岩	Qz、(Bi)、Ser	Pt_2z、Nhy、S_1m	凝灰质黏土质岩石
	泥质板岩	Qz、Ser、Ab	Pt_2z、Qbk、Nhy、$Z_1d—S_1d$	黏土质岩石
	碳质板岩	Ser、Qz、C、Chl	QbS	含有机质黏土质岩石
	绢云板岩	Ser、Qz、C、Co	QbW、Nhy、$Z_1d—S_1d$	黏土质岩石
	白云质板岩	Do、Mud	Pt_2z	白云质泥质岩

3. 千枚岩类

主要分布于冷家溪群、武当(岩)群中、震旦系陡山坨组、南华系耀岭河组。岩石一般原岩几乎全部重结晶,泥质一般不再保留,但变余砂状(凝灰碎屑状)或熔岩中的残斑仍然可见。矿物粒度粗于板岩,平均粒度一般在0.1mm以下。具变余泥砂质、晶屑、岩屑或砾屑结构,显微鳞片变晶结晶结构。千枚状构造及斑点千枚构造。主要由绢云母、石英、绿泥石组成,其他矿物成分有黑云母、钠长石、绿帘石等。绢云母分布最广,且呈向排列,常与绿泥石平行连生;绿泥石呈细小的显微鳞片状结晶,少量呈蠕虫状结晶者,属叶绿泥石,主要是含铁变种,定向排列,解理常弯曲(揉褶);黑云母呈很细小鳞片状、叶片状,粒径<0.05~0.1mm,薄片中为褐色、棕褐色、黄褐色、退色时呈黄褐色、金黄色,多色性显著;石英他形粒状,呈压扁拉长的扁平颗粒或压扁的锯齿形颗粒,常可见波形消光;钠长石,呈细小扁平粒状及锯齿形花岗变晶粒状、表面洁净新鲜,可见聚片双晶,牌号An=3~5。其原岩有两类:一类为正常沉积的粉砂质黏土岩;另一类为少数的中酸性火山凝灰岩-火山凝灰质碎屑岩。常见岩石类型有绢云千枚岩、钠长千枚岩、长英质千枚岩、云英千枚岩、绿泥千枚岩及红柱石千枚岩。

4. 片岩类

研究区分布较广,武当山地区的武当(岩)群,黄陵地区古元古界小以村岩组—青白口系孔子河组;湖南雪峰山地区冷家溪群、板溪群均有出露。

常与片麻岩、变粒岩、混合岩共生。在低级变质岩区呈夹层产于千枚岩及变质碎屑岩中。岩石富含片状或柱状矿物,一般>25%,呈平行定向排列。由片状矿物云母、绿泥石,柱状角闪石和粒状长石、石英等矿物组成,粒度大于0.1mm。具显晶质的鳞片变晶结构或斑状变晶结构,岩石中部分保留有原岩之结构和矿物成分的残余,可分为云母片岩类、长石片岩类、蓝闪片岩类、绿片岩类、镁质片岩类、石墨片岩6类(表3-2)。

表 3-2 湘西-鄂西成矿带常见片岩岩石类型一览表

岩石类型			主要岩性	主要矿物	填图单位	可能的原岩
片岩类	云母片岩	黑云片岩	（透闪）黑云片岩	Bi、Qz、Tre	Pt_1x、Nhy	基性火山（凝灰）岩
			绿帘（钠长）黑云母片岩	Bi、Ab、Qz、Ep	Pt_2x、QbW_2	基性火山岩
			钠长黑云片岩	Bi、Ab、Qz		沉火山凝灰岩
		白云母片岩	钠长石英白云片岩	Mu、Ab、Qz	Pt_1m	砂质粘土岩
			含磁铁白云片岩	Mu、Qz、Mt	Z_1d、QbW_2	含铁泥质岩
		二云片岩	含石墨二云片岩	Mus、Bi、Ab、Qz	Pt_1x、Z_1d	砂质粘土岩
			石英二云片岩	Qz、Ab、Mus、Bi	Z_1d、Ar_2y、Pt_1x	砂质粘土岩、
	长石片岩	云英片岩	白（二）云石英片岩	Qz、Mus、Bi	Pt_1x	泥砂质岩石、
			铁质白云石英片岩			粘土质粉砂岩
			含石榴白云石英片岩	Qz、Mus、Bi、Gr	Z_1d、$\in_1q$	泥砂质岩石
			含石墨红柱石十字石矽线石二云石英片岩	Gr、And、Stau、Sill、Bi、Pl、Qz	Pt_1y、Pt_1x、Ar_2y	含有机质粘土质粉砂岩
			黑云斜长石英片岩	Qz、Pl、Bi	Pt_1x	粘土质砂岩
		长英质片岩	绢（白）云石英钠长片岩	Ab、Qz、Ser(Mus)	QbW	变酸性含晶屑岩屑凝灰岩、长石杂砂岩
	绿片岩	阳起片岩	绿泥阳起片岩	Act、Chl、Sph、Ilm	Nhy、Pt_2m	基性火山岩
			透闪阳起片岩	Act、Tre	Nhy	基性火山（凝灰）岩
			绿帘钠长阳起片岩	Ep、Ab、Act	Nhy、vPz_1	基性火山岩
			含榴钠长阳起片岩	Gr、Ab、Act	Nhy、vPz_1	基性火山岩
		绿泥片岩	（含钛）方解钠长（绿帘）绿泥片岩	Chl、Ep、Ab、Cc	Pt_2m、Nhy	基性火山碎屑（凝灰）岩
					Nhy、vPz_1	基性火山（侵入）岩
			含磁铁黝帘钠长绿泥片岩	Ep、Ab、Chl	Nhy	基性火山（凝灰）岩
			绿帘钠长绿泥片岩	Ep、Ab、Chl	Nhy、vPz_1	基性火山（侵入）岩
			石英黑硬绿泥石片岩	Chtd、Qz	Pt_2m	基性凝灰质粉砂岩
			方解黑硬绿泥石片岩	Chtd、Co	Pt_2z	基性火山岩
		绿帘片岩	阳起绿帘片岩	Ep、Tre、Gr、Bi	Nhy、vPz_1	基性火山（侵入）岩
			角闪绿帘片岩	Ep、Hb、Tre、Gr、Bi	Nhy、vPz_1	基性火山（侵入）岩
	镁质片岩	蛇纹石片岩	蛇纹石片岩	Serp	ΣPt_2	超基性岩
		滑石片岩	含绿泥石、滑石片岩	Chl、Ta	ΣPt_2	超基性岩
	蓝片岩		含蓝闪（绿帘）白云钠长变粒岩	Glan、Ep、Mus、Ab、Qz、Chl	Z_1d、QbW_2	中基性火山岩
			含蓝闪钠长绿帘绿泥片岩			
	石墨片岩		石墨片岩	Gph、Qz	Pt_1x	碳质粘土质砂岩

5. 片麻岩类

岩石主要由粒状矿物长石、石英和一定数量的片状、柱状矿物组成,见于鄂西黄陵地区。长石片麻岩中,长英矿物>60%,且长石多于石英,长石一般在25%以上,片柱状矿物含量<50%。根据主要变质矿物成分进一步细分为斜长片麻岩、二长片麻岩、钾长片麻岩、斜长角闪片麻岩、花岗质片麻岩5种(表3-3)。

表3-3 湘西-鄂西成矿带片麻岩岩石类型一览表

岩石类型		主要岩性	主要矿物成分	填图单位	可能的原岩
片麻岩类	富铝片麻岩	含石榴矽线黑云斜长片麻岩 含石墨红柱石、十字石二云石英片岩	Sill、Bi、Pl、Qz、Gr、And、Stau、Alm	Pt_1x	富铝质岩石、黏土岩
		含石榴白(二)云钠长片麻岩	Ab、Qz、Mus、Bi	Pt_1x、QbW^2、Z_1d	黏土质砂岩、角斑质岩石
	斜长片麻岩	绿泥斜长片麻岩	Pl、Qz、Chl	Pt_1x	长石砂岩
		(含榴)黑云斜长片麻岩	Pl、Qz、Bi	Pt_1x	长石砂岩
	钾长片麻岩	含白云钾长片麻岩	Kf、Qz、Mus	$Pt_3\eta\gamma$	钾长花岗岩
	碱性长石及二长片麻岩	黑云二长片麻岩	Mi、Or、Bi、Qz	Pt_1x	酸性火山岩、长石砂岩
		白云微斜钠长片麻岩	Ab、Qz、Mus、Mi	$Pt_3\eta\gamma$、QbW^2	酸性火山岩、二长花岗岩
		二云二长片麻岩	Mi、Ab、Mus、Bi、Qz	Z_1d、$Pt_3\eta\gamma$	二长花岗岩、酸性火山岩
		白云钠长片麻岩	Ab、Qz、Mus	Z_1d、$Pt_3\eta\gamma$	中酸性火山岩、碎屑岩
		角闪二长片麻岩、矽线黑云二长片麻岩	Pl、Kf、Qz Hb、Bi、Sill	$Pt_3\eta\gamma$	中酸性火山岩、碎屑岩

6. 长英质粒岩类

本类岩石主要由长石、石英等粒状矿物组成,一般占矿物总量的70%以上,片状和柱状矿物在30%以下,构成鳞片粒状(花岗)变晶结构。这类岩石在大别地区新元古代青白口纪—早古生界地层;黄陵地区古元古界小以村组中元古界庙湾岩组(力耳坪组),青白口系武当(岩)群、南华纪耀岭河组;在震旦系中也常见,前者与片岩、片麻岩共生,后者呈夹层产出。按其成分可进一步分为变粒岩、浅粒岩、石英岩、长石石英岩4种(表3-4)。

7. 角闪质岩类

主要分布于鄂西黄陵地区中太古界野马洞组、古元古界小以村岩组、中元古界庙湾岩组(力耳坪组)中,可分斜长角闪岩和角闪石岩两类。

8. 麻粒岩

出露于湖北黄陵杂岩区,主要分布于秦家坪—周家河—坦荡河一线,二郎庙、李家屋场亦有分布,常呈透镜状夹于小以村岩组角闪岩相变质岩中。常见岩石类型为镁铁质麻粒岩,含紫苏辉石斜长角闪岩、紫苏辉石麻粒岩,其对应的原岩为正变质斜长角闪石;长英质麻粒岩,主要为紫苏辉石黑云斜长片麻岩。原岩为中性侵入岩(表3-5)。

表 3-4 长英质粒岩类主要岩石类型一览表

岩石类型		主要岩性	主要矿物成分	填图单位	可能的原岩
长英质粒岩类	变粒岩 斜长变粒岩	(含榴)白(二)云钠长变粒岩	Ab、Qz、Mus、Gr	Pt_1x、QbW^2	中—基性火山岩、中酸性火山凝灰岩
	二长变粒岩	白(二)云二长变粒岩	Mus、Bi、Ab、Mi、Qz	QbW^2	中—酸性火山岩、火山凝灰岩
	钾长变粒岩	铁锰质钾长变粒岩	Mi、Qz、Mn	Nhy、Z_1d	碱性岩
	浅粒岩 钠长浅粒岩	含石墨白云钠长浅粒岩	Gph、Ab、Qz	Z_1d	含碳质碎屑岩
		含榴(白云)钠长浅粒岩	Ab、Qz、Gr、Mus	QbW^2	酸性火山岩、碎屑岩
	二长浅粒岩	白云二长浅粒岩	Mi、Ab、Qz、Mus	QbW^2	酸性火山岩长石砂岩
		含榴二长浅粒岩	Mi、Ab、Qz、Mus	$Pt_3z\eta\gamma$	细粒二长花岗岩、流纹岩
	钾长浅粒岩	钾长浅粒岩	Mi、Qz、Mus	Nhy	钾质流纹岩
	含碳质(石墨)浅粒岩	含碳质(石墨)浅粒岩	Gph、Ab、Qz	Z_1d	含碳质碎屑岩
	长石石英岩	长石石英岩	Pl、Qz、		长石石英砂岩
		钾长石英岩	Kf、Qz		
		黑云斜长石英岩	Pl、Qz、Bi		
		含石墨黑云斜长石英岩	Pl、Qz、Bi、C		
	石英岩	石英岩	Qz、Ep、Mus、Ab	Pt_1x、Z_1d	硅质岩、石英砂岩
		含锰石英岩	Qz、Mn	Z_1d	含铁锰质砂岩
		含榴白云石英岩	Qz、Ga、Mus		
		透闪石英岩	Qz、Tre、Mus		
		含半石墨石英岩	Qz、C、Mus、Bi		
		角闪磁铁石英岩	Qz、Mt、Hb、Mus、Bi		化学沉积
		石英岩	Qz、Ep、Mus、Ab	Pt_1x、Z_1d	硅质岩

表 3-5 麻粒岩类主要岩石类型一览表

岩石类型	主要岩性	主要矿物成分	填图单位	可能的原岩类型
麻粒岩类	二辉麻粒岩、含紫苏辉石斜长角闪岩 含紫苏辉石黑云斜长片麻岩	Hy、Pl、Hb、Di	Pt_1x	花岗岩、花岗闪长岩、英云闪长岩
	榴线英岩类：矽线石榴子石英岩、含刚玉矽线石榴片岩	Gr、Sill、Hy、Alm、Cn、Pl、Qz、	Pt_1x	高岭石黏土岩

9. 大理岩类

主要分布于武当岩群、震旦系陡山沱组、灯影组及寒武系黄陵杂岩区小以村岩组中。除灯影组大理岩成层性稍好外,其他地层中所夹大理岩多呈透镜状产出。具粒状(花岗)变晶结构、块状构造、条带状构造、层状构造。根据方解石、白云石的含量不同可划分为(方解石)大理岩、白云石大理岩和白云质大理岩、白云岩及白云质灰岩。大理岩中常含有石英、白云母、黑云母、透闪石、透辉石、蛇纹石、橄榄石、碳质、硅质、铁质、角闪石、长石、绿泥石、绿帘石、黝帘石、滑石、石榴子石、硅灰石、滑石、石墨等。当次要矿物的含量>5%时,均可参加定名。常见岩石有大理岩、透闪石大理岩、橄榄石大理岩、透辉石大理岩、石墨大理岩、碳质方解石大理岩、含透闪石透辉石大理岩、含石英大理岩、白云母质大理岩,其原岩为灰岩或含粉砂质、泥质灰岩;白云质大理岩、含石墨白云质大理岩、含橄榄石或蛇纹石绿帘石斑花状白云质大理岩、含透辉石透闪石白云质大理岩,其原岩为白云质灰岩;白云石大理岩、橄榄方解石白云石大理岩、方解石白云石大理岩原岩为白云岩及灰质白云岩(表 3-6)。

表 3-6 大理岩类主要岩石类型一览表

岩石类型		主要岩性	主要矿物成分	填图单位	可能的原岩类型
大理岩类	大理岩	(含白云石英石墨)大理岩	Col、Q、Mus、Gph、Chl	Z_1d、$Z_2\epsilon_1d$、ϵ_1q	灰岩、白云质灰岩、泥砂质灰岩
	白云石大理岩	白云石大理岩、白云微斜石英白云石大理岩	Dol、Qz	Z_1d、$Z_2\epsilon_1d$、ϵ_1q	白云岩、白云质灰岩
	滑石化大理岩	滑石白云石大理岩	Ta、Col、Dol	Z_1d、ϵ_1q、$Z_2\epsilon_1d$	白云岩、白云质灰岩
	蛇纹石化大理岩	蛇纹石化大理岩	Serp、Col	Pt_1h、Z_1d、ϵ_1q	灰岩
	石墨(碳质)大理岩	含碳石英大理岩	Col、Qz	Qbk	含碳质灰岩
		含碳石英白云石大理岩	Do、Qz	Qbk、Z_1d、ϵ_1q	含碳质白云岩
	含生物碎屑大理岩	含生物碎屑大理岩	Col、Dol	ϵ_1q	含生物碎屑白云质岩

10. 钙镁硅酸岩类

见于黄陵地区中元古界庙湾岩组(力耳坪组)中,以岩石中含较多的钙镁硅酸盐矿为特征,常见矿物为绿帘石、透辉石、方柱石、透闪岩、透闪透辉,石英和碳酸盐矿物<50%,粒柱变晶结构,块状构造。主要岩性有(表 3-7)石英绿帘石岩、透闪岩、透闪透辉岩、透辉方柱石岩。

表 3-7 钙镁硅酸岩类主要岩石类型一览表

岩石类型		主要岩性	主要矿物成分	填图单位	可能的原岩类型
钙硅酸盐岩类	透辉石岩	透辉石岩	Di	Σ、vPt_3	超基性侵入岩
	透闪石岩	方解方柱透闪石岩	Cd	ΣPt_2	超基性(火山)侵入岩
	绿帘石岩	角闪绿帘片岩	Ep、Hb	Pz_1v、vS	超基性(火山)侵入岩
		石英绿泥绿帘石岩	Ep、Qz、Chl		
		钠长阳起绿帘石岩	Ep、Ab、Tre	ΣPt_2	
		含钠长透闪绿帘石岩	Ep、Ab、Tre		

二、变质作用期次及变质相

在综合区域变质岩的岩石类型、变质矿物特征及组合、变形构造及地质年代学的基础上，参考区域资料将区内变质作用分为迁西期、阜平期、大别期、吕梁期、晋宁期、加里东期、印支期—燕山期7个变质期(表3-8)。

表3-8 研究区区域变质作用及变质相划分表

时代	构造期	变质作用类型	变质阶段或变质相		代表矿物组合	产出层位
早中生代	印支期—燕山期(M_7)	区域低温动力变质作用	低绿片岩相		Bit+Mus+Chl+Qz	武当(岩)群
	加里东期(M_6)	区域埋藏变质作用,自变质作用	绿片岩相及极低级变质作用			
晚元古代	晋宁期(M_5)	水化退变作用	降温阶段(M_5^4)	绿片岩相	Bit+Mus+Chl+Qz	小以村岩组(孔兹岩系)、庙湾岩组(火山岩)
		区域中低压高温变质作用	减压升温阶段(M_5^3)	高角闪岩相-麻粒岩相	Corn+Ca+Pl+Qz+Kf Hy+Ga+Cord+Spe	
			等压升温阶段(M_5^2)	低角闪岩相-高角闪岩相	Sill+Ga+Qz+Pl±Gr Hb(褐)+Ga+Pl+Qz	
			升压升温阶段(M_5^1)	绿片岩相-低角闪岩相	Bi+Chl+Qz And+Stau+Bi+Qz+Gr Hb(蓝绿)+Ga+Pl	
早元古代	吕梁期(M_4)	区域动力热流变质作用	升温阶段(M_4)	高角闪石相(麻粒岩相?)	Pl+Hb(褐色)+Qz	野马洞岩组、东冲河片麻岩、晒甲冲片麻岩、小以村岩组
新太古代	大别期(M_3)	区域动力热流变质作用	升温阶段(M_3)	角闪石相	Pl+Hb(褐色)+Qz	野马洞岩组、东冲河片麻岩
中新太古代	阜平期(M_2)	区域动力热流变质作用	升温阶段(M_2)	高角闪石相(麻粒岩相?)	Pl+Hb(褐色)+Qz	野马洞岩组、东冲河片麻岩
古、中太古代	迁西期(M_1)	自变质作用	升温阶段(M_1)	绿片岩相	Hb(浅绿)+Ep+Ab	野马洞岩组

(一)迁西期低压绿片岩相变质作用(M_1)

黄陵结晶基底主要由野马洞岩组、中太古代交战垭超镁铁质岩组合、东冲河片麻杂岩-

TTG片麻岩组成。野马洞组主要由一套混合岩化的斜长角闪岩、黑云斜长变粒岩、黑云角闪斜长片麻岩等组成，其主体部分黑云斜长片麻岩的形成年龄为3.2Ga(焦文放等，2009)；斜长角闪岩中的形成年龄为3.0Ga(魏君奇等，2012)；TTG片麻岩中原生岩浆锆石的年龄为(2.96～2.9Ga；Gao et al.,1999；Qiu et al.,2000；Zhang et al.,2006；郑永飞，张少兵，2007)。迁西期变质发生在野马洞岩组沉积之后、东冲河片麻杂岩(TTG系列)侵位之前，伴随该期变质作用，花岗岩绿岩地体形成发生绿片岩相为主的中低压变质作用，是绿岩带形成阶段的自变质产物。

(二)阜平期区域动力热流变质作用(M_2)

该期区域变质作用表现在以变质变形包体形式赋存于东冲河片麻杂岩之中的野马洞岩组和东冲河片麻杂岩中，其矿物组合属角闪岩相变质矿物。阜平期角闪岩相变质事件表现为TTG花岗岩及其拉斑玄武质岩石包体，变质为TTG片麻岩及其斜长角闪岩包体(魏君奇等，2012)。该次变质作用时间为崆岭杂岩中斜长角闪岩包体中发现变质改造锆石的U-Pb年龄为(2715±9)Ma。主要岩性为斜长角闪岩、黑云角闪斜长片麻岩、黑云母片岩、黑云斜长变粒岩，特征变质矿物为角闪石(褐黑色)、斜长石、黑云母等。矿物组合为斜长角闪岩中出现Hb(褐色)+Pl；黑云斜长角闪片麻岩中出Hb(褐色)+Pl+Qz±Bi。姜继圣(1985)根据区内所出现的一些特征变质矿物组合，并结合变质反应曲线已有的实验资料，大致确定其变质作用的温度670～720℃，变质压力范围为3～5GPa。

(三)大别期区域变质作用(M_3)

大别期区域变质作用表现于太古代花岗岩-绿岩中，野马洞岩组、交战垭超镁铁质岩组合、东冲河片麻杂岩发生角闪岩相递增变质作用。该期角闪岩相变质事件造成黄陵地区太古代与元古代之间的不整合面，变质新生锆石的U-Pb年龄为(2558±40)Ma(魏君奇等，2012)，代表黄陵地区该期变质作用的时间。

以低绿片岩相-高绿片岩相-低角闪岩相递增变质作用为特征，以总体上从外部到内缘、从白果园到任家坪或从水月寺到野马洞依次出现低绿片岩相-高绿片岩相-低角闪岩相特征矿物或矿物组合。代表矿物组合为：

低绿片岩相　　Act+Chl+Ep+Ab　　　　(基性岩)
高绿片岩相　　Hb(浅绿)+Ep+Ab　　　　(基性岩)
低角闪岩相　　Hb(蓝绿)+Di+Ga+Pl　　(基性岩)

(四)吕梁期区域变质作用(M_4)

该期变质作用表现为绿帘角闪岩退变作用：在低角闪岩相斜长角闪岩中广泛分布，以出现角闪石(无色)、钠长石为特征。刘喜山等(1996)认为是一种近等压退变过程，并获得平衡温度、压力为$T=450℃$；$P=0.5～0.6GPa$。代表矿物组合为：Hb(无色)+Ab+Bit，显示绿帘角闪岩相退变特征，1∶25万荆门幅资料显示其变质作用的温度为500℃。

吕梁期变质作用在花岗岩-绿岩中，总体表现一种较低级的变质特点，在后期(晚元古代晋宁期)高级变质作用中,其叠加改造影响较小,暗示在晋宁造山运动中,大部分较低级变质的花岗岩-绿岩以逆冲岩片形式保存起来。

(五)晋宁期变质作用(M_5)

表现于小以村岩组及庙湾岩组地层中,以出现绿片岩-低角闪岩相、高角闪岩相、麻粒岩相多相共存的矿物组合为特征,并伴随一定的混熔(溶)作用。可分为4个阶段:早期绿片岩-低角闪岩相变质(M_5^1),早中期角闪岩相-高角闪岩变质作用(M_5^2),中晚期高角闪岩相-麻粒岩相变质(M_5^3),晚期绿片岩相变质(M_5^4)。

1. 产出地层及变质矿物组合

(1)早期绿片岩-低角闪岩相变质:出露于小以村岩组富铝片岩、片麻岩及庙湾岩组斜长角闪岩中,特征变质矿物有黑云母、石榴子石、角闪石(绿色)十字石、蓝晶石、透闪石等。代表矿物组合如下。

基性岩:Hb+Ga+Pl±Bi。

富铝片麻岩:Bi+Chl+Qz±Gr;And+Stan+Pl+Qz±Gr;And+Stan+Ky+Alm+Qz。

长英质片麻岩:Stan+Ga+Pl+Qz±Bi。

大理岩中:Dol+Cal+Tce;Tre+Cal+Q。

(2)早中期角闪岩相-高角闪岩变质作用:是小以村岩组主要变质相,特征变质矿物有黑云母、石榴子石、矽线石、角闪石(褐、暗绿色)、透辉石等。代表矿物组合如下。

基性岩:Di+Ga+Pl;Hb(褐色)+Ga+Pl。

富铝片麻岩:Sill+Ga+Mu+Pl±Qz±Gr;Sill+Bi+Pl+Gr。

大理岩:Di+Cal+Qz。

(3)中晚期高角闪岩相-麻粒岩相变质:区域上零星分布于小以村岩组及庙湾岩组孔兹岩系及基性岩中。特征变质矿物有黑云母、石榴子石、矽线石、角闪石(褐色)、透辉石等。常见矿物组合如下。

基性岩:Hy+Ga+Pl±Qz;Hy+Ga+Spe±Qz;Hy+Ga+Cord+Pl±Qz。

富铝片麻岩:Sill+Ga+Bit+Kf+Pl±Qz;Corn+Ga+Bit+Kf+Qz。

大理岩:Fo+Di+Dal+Pl。

2. 变质作用的温度、压力估算

(1)早期绿片岩-低角闪岩相变质。

基性岩:在黑云绿帘角闪钠长片岩中,利用(Plyusnina,1982)普通角闪石-斜长石地质温压计求得变质温度为460℃,压力$5.9×10^8$Pa。在含钛斜长角闪片岩中,求得变质温度为530℃,压力$5.2×10^8$Pa。应用共存的斜长石-角闪石矿物地质温度计(别尔丘克,1967)求得变质温度为450℃。利用Johnson(1988)角闪石压力计$P=4.28×AITol-3.54$求得压力为$4.0×10^8$Pa。应用角闪石的AIⅣ-AIⅥ变异图及应用角闪石的(Na+K)-Ti变异图,其角闪石落于绿帘角闪岩相区,反映了低角闪岩相变质特征(1∶25万神农架幅)。

石英岩:在角闪石榴子石英岩中,利用(лерчук,1970)共存的角闪石和石榴子石之间Mg分配等温线图解,求得变质温度为365℃(该期变质作用温压计算数据参考1∶25万神农架报告及 1∶25 万荆门幅报告,下同)。

在含蓝晶石二云二长石英片岩中,利用(лерчук,1970)共存的黑云母和石榴子石之间 $Mg\text{-}Fe^{2+}$ 分配等温线图解,求得变质温度为 450℃。利用石榴子石-黑云母共生矿物组合图解,求得变质温度为 520℃,压力约 $2.0×10^8$ Pa。

综上所述,该期变质作用形成的温压条件为:$P=(2\sim5.5)×10^8$ Pa、$T=365\sim550$℃。

(2) 早中期角闪岩相-高角闪岩变质作用。

富铝片麻岩含黑云母矽线石英石榴子石岩中:用共存的黑云母和石榴子石之间 $Mg\text{-}Fe^{2+}$ 分配等温线图解(лерчук,1970),求得变质温度 580℃;再利用共存的黑云母和石榴子石地质压力计(格列维斯基,1977)求得压力为 $4.5×10^8$ Pa。在十字石白云石英石榴子石岩中,用石榴子石-十字石地质温度计(в. в. фецыкин,1975),求得变质温度为 625℃。

综上所述,该期变质作用形成的温压条件为:$P=4.5×10^8$ Pa、$T=580\sim625$℃。

(3) 中晚期高角闪岩相-麻粒岩相变质作用。

石英岩石英黑云母石榴子石岩中:利用共存的黑云母和石榴子石之间 $Mg\text{-}Fe^{2+}$ 分配等温线图解(лерчук,1970),求得变质温度为 680℃,再利用共存的黑云母和石榴子石地质压力计(格列维斯基,1977)求得压力为 $7.2×10^8$ Pa。

富铝片麻岩角闪石蓝晶透辉斜长片麻岩中:利用普通角闪石-斜长石地质温压计(L. P. Plyusnina,1982)求得变质温度为 650℃,压力 $1.9×10^8$ Pa。应用共存的斜长石-角闪石矿物地质温度计(别尔丘克,1967)求得变质温度为 700℃和 790℃。利用 Johnson(1988)角闪石压力计 $P=4.28×AITol-3.54$ 求得压力为 $(4.35\sim4.58)×10^8$ Pa。

研究区常见红柱石、蓝晶石共生,偶见红柱石、蓝晶石与矽线石共生,根据 Richardson(1969)Al_2SiO_5 多形变体三相共存压力条件,其压力为 $(4\sim5.5)×10^8$ Pa。

综上所述,该期变质作用形成的温压条件为:$T=650\sim790$℃,$P=(4.35\sim7.2)×10^8$ Pa。

(4) 晚期绿片岩相变质作用。

晋宁晚期主要为绿片岩相变质作用:在先存的高级变质岩区发生绿片岩相的退变质作用。该类变质作用在黄陵地区野马洞岩组、小以村岩组、庙湾岩组及部分基性—超基性岩、花岗岩中常见。常见斜长石的绢云母化、角闪石退变为黑云母、绿泥石,而在青白口纪之后的地层中,孔子河组、武当(岩)群等地层中表现为绿片岩相的进变质作用。主要矿物组合为绢云母+白云母±黑云母±绿泥石+石英。

(六) 加里东期绿片岩相变质作用(M_6)

该期变质作用主要为绿片岩相变质作用。在早期先存的高级变质岩中表现为发生绿片岩相的退变质作用,而在武当(岩)之后的地层中表现为绿片岩相变质作用。

(七) 印支期—燕山期绿片岩相变质作用(M_7)

该期变质作用主要为绿片岩相变质作用。在早期先存的高级变质岩中表现为发生绿片岩相的退变质作用,而在武当(岩)群之后的地层中表现为绿片岩相变质作用,并伴随强烈的片理和劈理,特征变质矿物为黑硬绿泥石、绿泥石、绢云母等。在扬子前陆带沉积地层中,沿系列板劈理上出现有鳞片状绢云母及长英质矿物为特征,总体显示绿片岩相变质特点。据1:5万镇坪幅、瓦仓幅资料,其变质温度为360~380℃,压力属中压变质相系。

第二节 动力变质岩

本书采用陈曼云等著《变质岩鉴定手册》(地质调查工作方法指导手册,2009)中动力变质岩组构分类方案(表3-9)。将湘西—鄂西地区动力变质岩分为未固结的断层泥和断层角砾、已固结的构造角砾岩、碎裂岩类、假玄武玻璃、糜棱岩类、变晶糜棱岩类。

表3-9 动力变质岩的组构分类表

脆性变形为主的变质岩类(无定向或弱定向)					韧性变形为主的动力变质岩(定向构造明显)			
未固结的动力变质岩		断层角砾(岩石碎块>30%) 断层泥 (岩石碎块<30%)			已固结的动力变质岩		基质含量(%)	组构特征
已固结的动力变质岩		碎基含量(%)	碎块(斑)粒度(mm)	组构特征	糜棱岩类	糜棱岩化+原岩名称	5~10	原岩组构为主+糜棱组构
构造角砾岩类	构造角砾岩	30~70	>2	角砾状组构		初糜棱岩	10~50	糜棱组构为主+原岩组构
	构造砾岩			砾状组构(弱定向)		糜棱岩	50~90	糜棱组构
碎裂岩类	碎裂化+原岩名称	5~10	>2	原岩结构为主也有碎裂结构		超糜棱岩	>90	细糜棱组构,条带/条纹状组构
	碎裂+原岩名称	10~30			变晶糜棱岩类	千糜岩		含有碎斑的千枚状构造(矿物粒径<0.1mm)显微片状变晶结构
	原岩名称+碎裂岩	30~50		碎裂结构为主,也有原岩结构		糜棱片岩		片状构造(矿物粒径>0.1mm)粒状片状(或片状粒状)变晶结构
	碎裂角砾岩	50±		碎裂角砾结构				
	碎斑岩	50~70	0.3~2	碎斑结构				
	碎粒岩	70~90	0.1~0.3	碎粒结构		糜棱片麻岩		片麻状构造、片状粒状变晶结构、粒状变晶结构
	碎粉岩	>90	0.1~0.3	碎粉结构				
假玄武玻璃:具碎斑玻璃质结构和玻璃质结构								

第三节 接触变质岩

按成因分为热接触变质岩和接触交代变质岩。

一、接触变质岩的岩石类型

区内主要的热接触变质岩岩石类型分为极轻度的热接触变质岩、斑点板岩、角岩、接触片岩、(接触)大理岩、(接触)石英岩。

二、接触交代变质岩

接触交代作用主要产生在围岩是碳酸盐类岩石中,接触交代变质岩主要为矽卡岩。主要分布于幕阜山岩体北东角及其邻近岩体内部大的残留体或捕虏体中,蚀变后的岩石主要为大理岩、白云质大理岩、透辉石大理岩、大理岩化灰岩等。岩石多为粒状变晶、不等粒变晶、花岗变晶、细粒镶嵌粒状结构、斑杂状、块状、定向构造。

三、接触变质岩分布特征及控制因素

主要分布于各侵入体周围,呈环状、半环状或不规则状产出,其发育程度明显受侵入体的规模、产状、形态及围岩性质等因素的控制。因此,不同期次、不同岩体所引起的接触变质岩发育程度具有一定的差异性。接触变质晕的发育程度与侵入体的温度、规模及岩浆中所能析出的挥发分多少成正比,跟侵入体与围岩接触面倾角成反比,与围岩组分及组构亦密切相关,一般岩石的粒度小、孔隙度大及导热性好的围岩,容易产生较强烈的变质现象,具较宽的变质晕。

1. 加里东期接触变质岩

岩浆活动规模不大,接触变质作用主要发生在酸性花岗岩体内外带,影响宽度一般为几十米至上千米。岩石的变质程度一般随着远离接触面而逐渐减弱,按变质相从内至外可划分为辉石角岩相、角闪角岩相及钠长石-绿帘石角岩相(据1:25万怀化幅)。

从岩体接触界线向外,热接触变质程度由强到弱,具有明显的分带性,形成一套含绢云母、白云母、黑云母、绿泥石、堇青石、石榴子石、十字石、红柱石、蓝晶石、矽线石、透辉石、钙铝榴石、硅灰石的接触变质岩。按变质矿物组合和岩石结构构造可以划分为角岩化带(接触晕外带)和角岩带(接触晕中带),其中角岩带又可进一步划分为黑云母带:主要为二云母石英角岩、石英二云母角岩,具斑状变晶结构、鳞片粒状变晶结构及变余砂状结构,粒径 0.05~0.25mm,变晶石英呈等轴粒状,个别石英明显次生加大,变晶云母呈鳞片状,有的呈鳞片状聚集体。黑云母-红柱石带主要为二云母长石石英堇青石角岩、长石化红柱石堇青石黑云母石英角岩,具鳞片粒状变晶结构,粒径大小 0.5~1mm,矿物组合为黑云母、红柱石、堇青石、石英、长石、白云母。透闪石带为透闪石硅质角岩,具束状变晶结构,基质具泥质-隐晶结构,矿物成分为透闪石(40%)、石英(50%),其中透闪石呈变斑晶出现,大小 0.75~1mm,石英呈基质存在。

2. 印支期接触变质岩

印支期侵入岩主要见于白马山一带,侵入震旦系、寒武系、志留系,在接触带上普遍叠加热接触变质现象,形成黑云堇青片岩、矽线黑云二长角岩、黑云角岩等,沿岩体接触带呈半环状分布,变质分带不是十分明显。

3. 燕山期接触变质岩

该期变质岩主要分布于同期侵入的各类花岗岩体周围。变质地层包括蓟县系、青白口系、震旦系、寒武系、奥陶系、泥盆系和石炭系等,其变质分带由于受原岩性质及侵入体性质、规模、产状等因素控制,表现差别较大,燕山期接触变质岩多呈环状、半环状分布的变质带,虽然各地不尽相同,但大致上从内到外可分为红柱石-堇青石带和白云母-黑云母带。

第四节 气-液变质作用及其岩石

气-液变质作用是指热的气体及溶液(气水热液)作用于已形成的岩石,使其矿物成分、化学成分和结构构造发生变化,它所形成的一类岩石称为气-液变质岩,气-液变质岩亦称蚀变岩。

湘西—鄂西地区气-液变质岩在武当(岩)群双台组和耀岭河组火山岩、古生代岩浆岩内外接触带、断裂带及热液矿脉两测均有分布。产出部位受裂隙控制,形态往往呈脉状、透镜体状、不规则状。尽管区域上零星分布,但露头上广泛见及。常见块状、条带状、角砾状、斑杂状构造。交代假象结构、变余斑状结构、变余火山碎屑结构、碎裂结构发育。与许多金属矿产密切,是良好的找矿标志。

根据交代矿物的含量(体积百分比),结合原岩特征,按蚀变产物(蚀变岩)可划分为绢英岩和黄铁绢英岩、蛇纹石化岩和滑石菱镁矿化岩、次生石英岩、钾长石化岩、钠长石化岩、黏土化岩、碳酸盐化岩、绢云母化岩、纤闪石化(阳起石化、透闪石化)岩、绿帘石化岩、绿泥石化岩、钠黝帘石化等。

第五节 混合岩

主要发育于湖北黄陵地区,出露于野马洞岩组、小以村岩组变质岩系中,湖南南岳地区白马山有少量出露。采用国际地科联变质岩分类命名分委会(SCMR)推荐使用的混合岩定义:在中等—肉眼观察程度上,是一类渗透性混合的硅酸盐变质岩石,由暗色或较浅色部分组成,暗色部分通常显示变质岩的特征,浅色部分具有火成岩特征。成因方面选用局部熔融或部分熔融的观点。

研究区混合岩岩石类型有角砾状混合岩、脉状混合岩、层状(条带状)混合岩、眼球状混合岩及混合片麻岩等。

第四章 构 造

第一节 大地构造背景、地质过程及构造单元划分

湘西-鄂西成矿带位于中国大陆中部,北跨秦岭-大别造山带,南部则包括华南地块的江南基底逆冲褶皱隆升带,西部邻接四川盆地,具有典型扬子陆块的组成与结构特征。

本书以板块构造和板内造山带变形理论为指导,从研究区物质组成、地壳结构、构造变形等方面的研究入手,在充分考虑不同时期构造运动特点的基础上,采用动态的观点按构造发展阶段分别进行构造单元划分,在野外工作与室内研究的基础上,分析总结湘西—鄂西地区的地质构造特点及其演化史,探讨湘西-鄂西成矿带的地质、构造及成矿过程。

一、地质过程与构造阶段划分

湘西-鄂西成矿带作为扬子陆块的一部分,其地质构造演化总体必然与整个扬子陆块的形成演化具一致性,其地质过程既有共同性,也有其独特性。根据这一思路,湘西—鄂西地区地质构造演化阶段作如下划分(表4-1)。

(一)太古代—元古代扬子古陆块形成演化阶段

1. 太古代—早元古代:结晶基底形成与汇聚拼合阶段

现有资料表明,扬子陆块内包含有众多早前寒武纪($Ar-Pt_1$)块体。它们呈分散的、孤零的变形变质的岩块出露,历经了太古代—早元古代早期(?)不同阶段离散、拼合演化,最终成为扬子陆块结晶基底,而早元古代总体表现为太古代—早元古代早期结晶基底之上的稳定沉积,记录了早期地壳的形成与演化信息。至于呈分散的、孤零的变形变质岩块间关系、归属尚难定论:①早前寒武纪物质的出露有限,多呈独立块体,之间的关系及其地质过程存在着较大的争议;②多数人认为它们是介于全球地质历史演化中南北方古大陆间的破碎陆块,更多地亲近于南方古大陆,但并不排除来自于北方古大陆分离出来的碎块。

2. 中元古—新元古代[晋宁期:(10~8)亿年]:扬子陆块形成演化阶段

已如前述,"扬子陆块区"在早期结晶基底演化的基础上,经历中—新元古代早期的以扩张开裂为主要特征的构造演化,形成以裂谷型为特点的火山-沉积岩系,部分区段出现初始洋盆。最终于新元古代[(10~8)亿年的晋宁期:相当于全球Rodinia超大陆的拼合时期]拼合而形成了统一的扬子陆块,开始接受稳定盖层沉积,标志着晋宁运动的结束。

表 4-1 湘西-鄂西成矿带构造阶段划分简表

代	纪	代号	不整合面	构造运动(事件)	构造期		构造阶段	岩浆活动
新生代	第四纪	Q		喜马拉雅运动	喜马拉雅期			
	新近纪	N						
	古近纪	E						
中生代	白垩纪	K_2		燕山运动Ⅲ	燕山期	晚期	陆内复合造山阶段	
		K_1		燕山运动Ⅱ				
	侏罗纪	J_3		燕山运动Ⅰ		早期		中酸性侵入岩
		J_2						
		J_1		印支运动Ⅱ				
	三叠纪	T_3		印支运动Ⅰ	印支期			酸性侵入岩
		T_2						
		T_1						中酸性侵入岩
古生代	二叠纪	P_3		东吴运动	海西期			
		P_2						
		P_1						
	石炭纪	C_2		云南运动				
		C_1		淮南运动				
				柳江运动				
	泥盆纪	D_3						基性侵入岩及火山岩
		D_2						(秦岭地区)
		D_1					扬子陆块	中酸性侵入岩
	志留纪	S_3		广西运动			发展演化阶段	(雪峰地区)
		S_2						
		S_1						基性火山岩
	奥陶纪	O_3		都匀运动	加里东期			(秦岭地区)
		O_2						
		O_1		郁南运动				
	寒武纪	$\in_3$						
		$\in_2$						
		$\in_1$						
新元古代	震旦纪	Z						
	南华纪	Nh						
	青白口纪	Qb		晋宁运动	晋宁期		结晶基底拼合和	青白口纪中酸性侵入岩、
中元古代	蓟县纪	Jx					统一扬子古陆块	火山岩及基性岩脉
	长城纪	Ch					形成演化阶段	中元古代中基性火山岩
古元古代	滹沱纪	Ht		吕梁运动	??			
				大别运动				
太古代		Ar		阜平运动			早期陆	绿岩、TTG及钙碱性侵入岩
				迁西运动			核形成演化阶段	

(二)古生代至中生代初期:扬子陆块发展演化阶段

从震旦纪至三叠纪早期,包括加里东、海西等多期构造演化阶段,其最主要的特点是:扬子陆块作为一个独立的块体,在全球构造演化的格局中,长期成为特提斯构造域东部陆块群的一个组成部分。先后经历了早古生代与华夏陆块的板内拼合、中生代初印支构造期及大致同时或稍有先后的与华北等地块碰撞拼合,才终成为中国大陆和现今欧亚大陆的组成部分,奠定了扬子陆块现今的基本组成与构造框架。

(三)中—新生代:陆内演化阶段

中—新生代,扬子陆块陆内复合造山过程较为复杂,主要包括以下3组方向的构造形迹。

其一,近南北向的挤压作用,总体表现为由北向南的逆冲推覆作用(特别是研究区的北部神农架地区),局部显示对冲构造特征,形成一系列北西—北西西向构造。

其二,南东-北西向挤压作用,总体表现为由南东向北西的逆冲推覆作用(特别是研究区的南部雪峰山—齐岳山地区),形成一系列北东—北北东向构造。

其三,近南北向的挤压作用,总体表现为由南南西向北北东的逆冲推覆作用(特别是研究区的北部神农架地区、中部的长阳地区,古生代逆冲推覆到白垩纪地层之上),形成一系列北西—北西西向构造。但是,作为扬子陆块本身而言,不直接滨临俯冲与碰撞带,但受到板块相互作用的制约,总体表现出在板块俯冲-碰撞背景下陆内构造的叠加复合与演化。

二、构造单元划分

1. 构造单元划分原则

(1)依据地质、地球化学、地球物理等研究的最新综合成果,充分结合地质历史的发展演化,以大陆板块构造和大陆动力学思想为指导,并以探索区内地质构造发展演化过程、动力学背景及与成矿作用的关系等研究为目的,以尽可能客观地反映其时空的基本构成为原则进行构造单元的划分。

(2)扬子陆块(包括湘西—鄂西地区),经历了特提斯、环太平洋、喜马拉雅三大构造域先后作用,并相互叠加改造,是扬子陆块现今构造状态的基本控制因素,也是划分扬子陆块构造单元的基础。

(3)一级构造单元划分依据是区域地质演化的共性与差异,包括克拉通和造山带,目的是反映不同地区的组成特征、形成时代和构造活动性,突出了华南大陆的镶嵌与叠覆的结构特征。在晋宁期前已经拼合的古地体或古老陆块,仅在划分次级构造单元时适当予以考虑。

(4)构造单元的边界是分隔重大岩相带或成岩相带突变的深大断裂。克拉通或板块为早前寒武固结形成的稳定区,实际上是由更古老的陆壳、陆缘杂岩和洋壳残余,以及其上的盖层组成的,所以克拉通区的二级单元是基底和盖层。基底内根据时代和组成,进一步划分更古老的造山带和古陆的残片,作为三级单元;盖层根据时代和构造背景进一步划分为裂谷、被动陆缘、弧后盆地和前陆盆地等,作为三级单元。

(5)陆块区基底构造单元的划分应以各时期陆壳物质的组成、物质来源和形成环境为基础。盖层主要按地层形成的构造背景划分不同的盆地类型和构造单元,并以各运动期的最终定型构造作为断点进行次级构造单元的划分。

(6)采用动态的理念进行构造单元的划分,充分考虑不同时期构造运动的特点,按阶段进行构造单元的划分,各阶段分区尽可能地体现该阶段造山运动结束之后的大地构造格局。

2. 构造单元划分准则

在前人研究的基础上,本书综合本区的区域地质与地球物理场背景和扬子陆块的演化历史与特点,以此作为各构造阶段的大地构造单元划分依据,可概括如下。

(1)扬子陆块,包括湘西—鄂西地区,现为中国大陆的中部主要组成部分,处于现代全球三大构造体系域,即特提斯、环太平洋和喜马拉雅三大构造体系域和动力学体系的复合部位。这是扬子陆块现今构造状态的基本控制因素,也是我们研究扬子陆块的现实基础。

(2)研究区经历长期的地质构造演化,现今的基本构造格局是晋宁期[(10~8)亿年]由多块体拼合形成的统一扬子基底上发展演化的结果。其早期地壳物质组成,从地质和地球化学特征与属性上明显区别于我国华北同期基底,而多具有南、北古大陆过渡性的地球化学省的特征,并更多地近于南方大陆的特征。早期基底形成演化虽经历了复杂多期次构造过程,但由于受后期构造变动与改造,现多呈残存状态保存,故其原形成演化历史尚不能准确恢复,有待进一步研究。

(3)扬子陆块现今的组成与结构,主要经历了前震旦纪基底多陆块拼合演化阶段、震旦纪至中三叠世陆块盖层演化阶段和中新生代陆内构造演化阶段。

(4)扬子陆块作为相对独立的板块至少从震旦纪中晚期以来,虽然其位置、状态几经变动,但它长期主要与华北板块、华夏地块和印支板块相互作用。因此扬子陆块印支期的基本构造格局受上述板块间的相互作用是其主要控制因素。

(5)扬子陆块在震旦纪至中三叠世时期的板块构造,主要是东南缘(现今方位)与华夏地块的分离拼合作用和北缘与华北板块的相互作用及拼合,以及西侧松潘的分离和与印支、羌塘等板块的关系。

扬子与华夏地块在新元古代碰撞拼接的过程是陆-陆碰撞还是弧-陆碰撞,前南华洋在北西向俯冲过程中,扬子陆块东南缘是仅由被动大陆边缘转化为活动大陆边缘,还是有岛弧的形成关系,虽迄今仍有争议,但扬子和华夏板块在新元古代(830~820Ma)碰撞拼合,已广为学者们接受。

华北与扬子之间的秦岭-大别造山带,经历从早古生代的扩张到俯冲消减,至最后于印支期全面碰撞造山,是一个复杂的造山过程。到中晚三叠世之间勉略洋封闭,秦岭-大别全面造山,结束了扬子北缘的陆缘环境,形成造山带及其南侧的前陆冲断褶带和前陆盆地,从而使扬子陆块结束了作为独立板块的发展演化而拼合到欧亚大陆之上,进入新的陆内演化过程。此时的主导构造线是近东西的北西西向,总体构造格架是扬子向北俯冲,而秦岭-大别向南仰冲推覆。

(6)中新生代陆内构造演化。在近南北向挤压作用下,秦岭-大别向南发生强烈逆冲推覆作用,形成扬子北缘平行秦岭-大别的北西西构造,进一步发展形成一系列不均一向南运动的各个巨型弧形推覆构造,改造掩覆先期构造。另一方面,太平洋—华夏向西北运移,总体构成从江南造山带到华蓥山之间广阔连续的从强到弱的一系列北东向构造,致使川东形成隔槽式褶皱带,卷入了侏罗系乃至白垩系。

中新生代时期,扬子陆块在中国东部区域构造背景下,晚白垩世以来发育了一系列斜列的北东东向展布的断陷盆地。

第二节 前寒武纪地质构造特征

湘西—鄂西地区前寒武纪基底出露较为分散,且多被后期构造叠加改造而呈现复杂的样式。本书根据现有资料及地质大调查的最新成果对各基底构造区内的基底构造变形特征、构造属性及演化等作初步探讨。

一、构造单元划分及特征

研究区基底系指古元古代末期形成的陆壳及其上覆的褶皱基底,具双层或三层结构。即由太古代—古元古代中、深无序变质岩系组成结晶基底;中元古界浅变质岩系组成褶皱基底;其上部被新元古界板溪群角度不整合所覆时构成三层基底,中、新元古界之间为整合或平行不整合接触时则为双层结构。

新元古代时期,扬子古陆块与华北板块南缘发生俯冲碰撞(1:25万麻城市幅,2003)及其与华夏板块在新元古代约820Ma碰撞拼合结束已得到最新研究的证实,因此以820Ma为界,将前南华纪作为第一阶段。在湘西—鄂西地区,此阶段一级大地构造单位仅划分为"扬子古陆块",并进一步划分出7个次级构造单元,详细分区见表4-2和图4-1。由于研究基础薄弱,暂未对各单元的构造属性进行界定,其基本特征如下。

表4-2 晋宁期大地构造分区(Qb)

一级构造单元	二级构造单元
Ⅰ"扬子古陆块"	Ⅰ-1 武当基底区
	Ⅰ-2 安康-平利基底区
	Ⅰ-3 神农架基底区
	Ⅰ-4 黄陵基底区
	Ⅰ-5 川中隐伏基底区
	Ⅰ-6 梵净山基底区
	Ⅰ-7 江南基底区

"扬子古陆块":此阶段,扬子古陆块的南界为江山-绍兴-萍乡-衡阳-双牌-贵港-凭祥断裂带(中南地区基础地质综合研究项目成果,2012),北界为商县-丹凤(商丹)-龟山-梅山或八里畈-磨子潭-晓天断裂构造带。

近年来的研究进展证明扬子古陆块内包含众多的前寒武纪地块,是历经早期结晶基底形成演化和(10~8)亿年晋宁期超大陆拼合而最终形成的古陆块。扬子古陆块内部具有双重基底、双重盖层的地壳组成特征。基底的主要特点是：普遍有岩体侵入，结晶基底形成的陆核小，褶皱基底分布广，厚度大，具明显的非均质性，主要包括江南基底区、梵净山基底区、黄陵基底区、神农架基底区、川中式基底、南秦岭基底区等。"川中式"结晶基底在湖北宜昌地区的

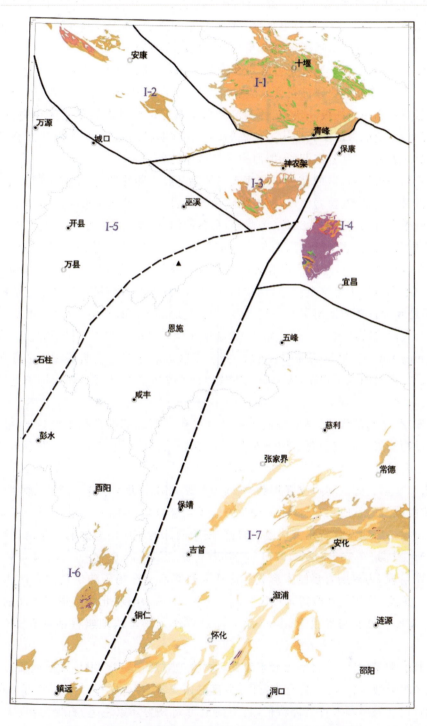

图 4-1　湘西—鄂西地区晋宁期（Qb）大地构造分区示意图

黄陵变质杂岩中有孔兹岩系，同位素年龄为2900～2000Ma。"昆阳式"结晶基底由轻微变质（绢云-绿泥石级）的神农架群、花山群及其相应的地层组成。南秦岭地区的早前寒武纪结晶基底包括鱼洞子群(Ar)、陡岭杂岩(Pt_1)和佛坪杂岩，中新元古代变形变质基底呈独立块体广泛出露，主要包括武当群(郧西群)、耀岭河群、毛堂群、随县群和碧口群等，均是以火山岩为主的沉积-火山岩系，并遭受绿片岩相变质。经晋宁运动之后，各次级基底拼合而形成统一的扬子基底，其上不整合青白口系板溪群及相当层位的浅变质岩。

主流观点认为，在晋宁期扬子古陆块处于Rodinia超大陆内部，北西侧可能与澳大利亚陆块拼合，南东侧与华夏陆块碰撞拼合，北侧可能与华北陆块拼合。本书认为，现今上扬子盆地内部在晋宁期可能并非铁板一块，东西两侧的黄陵基底区和神农架基底区在物质组成、形成时代、变质程度、变形特征及大地构造位置等方面存在明显的差异，现今新华断裂系沿线可能存在晋宁期的古结合带（暂定湘西-鄂西构造带），详见后文。

Ⅰ-1 武当基底区：该区北侧的早前寒武纪结晶基底为陡岭杂岩，出露于商丹带南侧，主要由片麻岩、斜长角闪岩变粒岩组成，原岩以陆缘碎屑岩为主，其同位素年龄为2096～1840Ma。后期广泛出露中新元古代的武当群(郧西群)和耀岭河群，凌文黎等(2007)通过对该区武当山群、耀岭河群及基性侵入岩群锆石原位LA-ICP-MS方法U-Pb同位素定年，得出武当山群的形成时代为(755±3)Ma，而耀岭河群火山岩和基性侵入岩群为(685±5)Ma，分别对应于峡东剖面的莲沱组和略早于南沱组。武当群的同位素年龄(808～746Ma)和地球化学特征研究表明，该岩系是新元古代时期南秦岭一套岛弧-弧后盆地沉积，而新元古代耀岭河群火山岩具有扩张裂谷型火山岩特征(1∶25万十堰市幅、襄阳市幅，2008)。武当与扬子克拉通内部和陆缘区时代相同的830～780Ma岩浆事件记录，指示了区域内存在晋宁期基底岩系或来自扬子克拉通北缘晋宁期物源区沉积物，表明新元古代时期南秦岭武当地区是现今扬子克拉通北缘的组成部分。

Ⅰ-2 安康-平利基底区：早前寒武纪结晶基底包括西北部的鱼洞子群(Ar)和佛坪杂岩。鱼洞子群以构造岩块出露于勉略构造带内，由下部深成杂岩系和上部表壳岩系组成。下部深成杂岩系主要是TTG质片麻岩，并有多期岩脉和剪切带交切。上部表壳杂岩系由斜长角闪岩、片麻岩和片岩组成。其同位素年龄为2700～2500Ma。佛坪杂岩出露于佛坪穹隆构造的核部，主要由英云闪长质片麻岩类、斜长角闪岩类和麻粒岩类组成，并有大量海西期—印支期花岗岩的侵入。后期发育新元古代侵入岩群，安康西部的凤凰山岩体的岩浆活动可分为早期(797±6)Ma、中期[(770±6)Ma、(774±5)Ma]、晚期[(755±6)Ma、(750±13)Ma和(743±6)Ma]3个阶段，为多期岩浆侵入形成。这几期岩浆活动在扬子陆块具同步性和普遍性，广泛被记录在黄陵、汉南等其他新元古代杂岩中，记录了扬子陆块北缘南华纪初期的区域拉张-裂陷事件，其形成可能与导致Rodinia超大陆裂解作用的幕式地幔柱活动有关(李建华等，2012)。

Ⅰ-3 神农架基底区：神农架褶皱基底又称神农架穹隆，是一个很特殊的地质体，发育有巨厚的台地相的碳酸盐岩建造，含有丰富的、典型的藻类化石（叠层石）。1∶25万神农架幅报告根据中元古代神农架群岩石组合特征，自下而上可划分为郑家垭组、石槽河组、大窝坑组、矿石山组新元古代青白口纪凉风垭组，与区域上广泛出露的磨拉石建造（马槽园群、花山群）相当,其上被南华纪南沱组(Nh_2n)地层角度不整合所覆盖,说明新元古代扬子陆块北缘存在规模巨大的造山作用。

I-4 黄陵基底区:相当于常印佛、董树文等(1996)所定义的崆岭-董岭地体中水月寺杂岩、崆岭杂岩、杨坡群分布区,断续出露于长江中游地区轴部带,大体呈近东西向的长板状横亘于扬子陆块的北缘。该区包括了不同时代、不同性质和不同来源的构造岩块,出露有最老的崆岭高级变质岩系(3290Ma,马大铨等,1997),为古太古代的陆壳物质,包括大于32亿年的早期表壳岩和29亿年的奥长花岗岩侵入体,形成了较为稳定的陆壳。凌文黎等(2000)在对崆岭高级变质岩研究中,分别从奥长花岗岩和变沉积岩中获得年龄为(1992±16)Ma和(1928±18)Ma的谐和年龄,表明在古元古代晚期崆岭地区发生了一次强烈的构造热事件,该热事件导致了新生锆石的形成。这次热事件在崆岭太古宙陆核区为强烈的角闪岩相区域变质和地壳深熔作用,在扬子其他地区表现为一次重要的成壳事件,扬子陆块统一基底形成。该基底在晋宁晚期被黄陵新元古代花岗岩基侵入。

I-5 川中隐伏基底区:四川盆地的基底在研究区内主要为隐伏基底,宋鸿彪等(1995)认为四川盆地的基底呈北东向隆起,可划分为结晶基底和沉积岩变质基底。结晶基底主体是康定群,是一套中、深程度变质且普遍混合岩化的地层。下部为一套中、基性火山岩建造,上部为中、酸性火山碎屑岩及复理石建造,时代为晚太古—古元古代。越过四川盆地可与康滇地区的康滇杂岩(2900~2500Ma,U-Pb)、龙门山地区兴宝杂岩等"川中式"基底对比。沉积岩变质基底包括覆盖于康定群结晶基底之上、不整合于震旦系之下并经历了强烈的晋宁造山运动的恰斯群、盐边群、黄水河群、通木梁群、火地娅群、会理群、峨边群、登相营群、盐井群、板溪群10个群。按构造环境、沉积组合特征,上述10个群划分为两大类:前5群是以盐边群为代表的活动陆缘沉积,主要为中、基性火山岩组成;后5群是以会理群为代表的相对稳定陆缘沉积,由陆源碎屑岩、碳酸盐岩及少量火山岩组成。其中除板溪群时限为1000~850Ma(新元古代)外,其余9群时限都为1700~1000Ma(中元古代)。

至于该基底区是否与黄陵基底具有一致的物质组成与变质变形特征还需进一步研究。从区内南华系—下震旦统在各地的岩性组合、厚度、沉积相差异悬殊,推论基底起伏和地壳活动是极不均一的,可能反映两个基底区在晋宁期所处大地构造环境的差异。

I-6 梵净山基底区:该区主体位于江南造山带西南段东北缘。核心地区为一长轴南北走向的椭圆形梵净山群地层出露区,四周被板溪群地层围限,内部常见小片板溪群地层残留,两者之间为角度不整合接触。由于前南华系出露不完整,研究程度不均衡,该区的大地构造格架并没有建立起来,在新元古代期间的大地构造位置目前还并不清晰。根据1:5万梵净山幅区域地质调查资料,可将梵净山群分为7个组级地层单位,从下到上依次为淘金河组、余家沟组、肖家河组、回香坪组、铜厂组、洼溪组及独岩塘组,锆石 U-Pb 年龄限定梵净山群的沉积时限为 855~815Ma(王敏等,2012)。

该区新元古代的镁铁质—超镁铁质岩浆岩广泛发育,岩性包括枕状熔岩、超镁铁质—镁铁质岩床群以及浅成侵入的辉长岩,成分属拉斑玄武岩系列。其中枕状熔岩以富集轻稀土元素和强不相容元素,亏损高场强元素,低的 $\varepsilon Nd(t)$ 值为特征,明显不同于洋脊玄武岩,推测其成因可能与富集型地幔的部分熔融有关,形成于与俯冲有关的弧后小洋盆环境。超镁铁质—

镁铁质岩床群主要由辉绿岩和碳酸辉橄岩组成,其中超镁铁质岩床群中出现大量的原生碳酸盐矿物,指示它们形成于拉张(甚至裂谷)的构造环境。辉长岩可能是区内最晚形成的岩浆岩,其 SHRIMP 年龄为(821±4)Ma,由枕状熔岩经超镁铁质—镁铁质岩床群到辉长岩,指示随时间由早到晚,来自亏损地幔的物质不断增加。由此,薛怀民等(2012)推测梵净山地区新元古代岩浆作用的顺序大致为:枕状熔岩(~840Ma)→白云母花岗岩(~838Ma)→碳酸超镁铁质岩床群→镁铁质岩床群→辉长岩(~821Ma),构造环境由俯冲-碰撞到拉张-裂谷。

Ⅰ-7 江南基底区:在扬子陆块东南缘出露有一套中元古代—新元古代早期的低绿片岩相为主的火山—沉积岩系,包括广西的四堡群、湖南的冷家溪群、江西的双桥山群和九岭群、安徽的上溪群和浙北的双溪坞群等,一起被认为代表了"江南古岛弧"的产物(郭令智等,1980;水涛等,1988;沈渭洲等,1993)。因此,扬子陆块东南缘又称"江南古岛弧""江南古陆""江南造山带""四堡造山带"等(郭令智等,1980;谢家荣等,1961;刘英俊等,1993;Li et al.,2002)。不少学者认为,扬子与华夏两板块在 970Ma 左右,沿皖南—赣东北—新余—郴州—云开大山西缘一带发生洋-陆俯冲碰撞,其洋壳俯冲消失之后的碰撞作用以陆-弧-陆碰撞形式继续向北西推进至江南-雪峰构造带东缘一线为 850~830Ma。扬子与华夏的碰撞拼合最终结束的时间为晋宁期。湘桂等中间地块与扬子陆块间的洋盆向扬子陆块俯冲-碰撞时,形成江南岛弧造山带。但扬子陆块与华夏板块的分界线沿江-绍断裂带向西南的延伸方向,在中部和西南部还不太清楚,而且对两板块之间是否存在前寒武纪湘桂中间地块也存在不同的认识。中南地区基础地质研究成果(2012)认为该基底区属扬子陆块东南的活动大陆边缘,扬子陆块与华夏板块的边界位于冷家溪群分布区南侧、云开地区深成变质岩系的北侧,大致以绍兴-江山-绍兴-萍乡-衡阳-双牌-贵港-凭祥断裂带作为边界线。

二、构造变形特征

(一)扬子中北缘晋宁期的构造特征

扬子中北缘现今出露的基底构造包括黄陵基底构造区、神农架基底构造区等,不同构造区在晋宁期的构造特征有所差异,下面简述之。

1. 黄陵基底构造区

黄陵背斜区存在双层基底,即结晶基底与褶皱基底。

(1)结晶基底构造样式。

中太古代野马洞岩组和新太古代东冲河片麻杂岩(TTG 岩系)构成结晶基底。残存于结晶基底中的构造形迹以韧性变形为主,并因后期构造和岩浆岩的改造而支离破碎,主要表现为顺层剪切面理和无根褶皱。1:25 万荆门市幅认为残存于古元古代以前物质中的变形属大别期(其中可能包含有更早期变形)。

宏观上野马洞岩组以大小不等、形态各异的包体产出于东冲河片麻杂岩(TTG 岩系)中。露头上野马洞岩组表现为高热塑性状态下的变质分异、物质混杂及构造变形与置换等(据1:25万神农架报告)。该期构造的总体特点是强变形带与弱变形域相间出现,脆、韧性域呈交替之势,变形极不均一。

从露头普遍残存的共轴叠加褶皱信息表明,结晶基底中两次构造变形是客观存在的,根据小构造推测其区域性构造方向应为北西西-南东东向(290°～310°),大致反映了北北东-南南西方向的两次收缩。

根据具"TTG岩套"特征的基底片麻岩与上覆具孔兹岩系特征的变质表壳岩,二者在原岩建造、变质变形特征和同位素年龄值等方面均有明显不同,推测为角度不整合接触。虽黄凉河岩组[(2427±42)Ma]与侵入于野马洞岩组[(3290±170)Ma]中的东冲河片麻杂岩(2700～2600Ma)之间现为韧性剪切带构造接触关系,这很可能是古元古代与太古代之间的原始古不整合面经强烈韧性再造和取代,而呈现出"平行化不整合"接触关系。据此推测以上残存于结晶基底中的构造形迹属大别运动(或五台运动)的结果。

(2)褶皱基底构造样式。

褶皱基底可分出3期构造:早期近东西向褶皱与近东西向韧性剪切带;中期北东向褶皱与北东向韧性剪切带;晚期北西向褶皱与北西向韧性剪切带。褶皱基底具中深层次、多期次韧性剪切、褶皱叠加、变形变质等特征,目前最为醒目的构造形迹为晋宁运动的产物。

2. 神农架褶皱基底构造区

位于中扬子西北部神农架一带,在中元古代为扬子北缘的神农架-随南大洪山陆缘台地。它是一个很特殊的地质体,主要沉积了中元古代的神农架群,发育有巨厚的台地相的碳酸盐岩建造,含有丰富的、典型的藻类化石(叠层石)。该套基底常被南沱组、陡山沱组不整合覆盖,仅在神农架群出露区的南西侧,其上被青白口纪凉风垭组碎屑岩不整合覆盖,表明在神农架群沉积之后,经历了一次较强烈的隆升运动(晋宁造山)。

该区岩浆活动以新元古代代浅成—超浅成基性岩为主,基性岩床(墙)走向北西向,多呈条带状,具扩张岩墙的特征。本区构造较简单,以晋宁期构造形迹最为醒目。晋宁期变形奠定了该区现今构造面貌,以浅表层次脆韧性断层、褶皱构造为主,造成神农架群不整合于青白口纪凉风垭组、南华纪沉积盖层之下。该期构造在区内差异性明显,以野马河-九冲断层为界可分为两个小区:西南部褶冲构造区和东北部弱变形褶皱区。

(1)西南部褶冲构造区:该区总体构造线呈北西向,主要构造形迹为北西向由北向南脆韧性逆冲断层及不对称褶皱,逆冲断层多沿背斜转折部发育,使褶皱形态不完整,褶皱及断层均被南华系或震旦系不整合覆盖,形成于晋宁期。

(2)东北部弱变形褶皱区:该区总体变形较弱,以宽缓褶皱为主,由南西向北东变形逐渐减弱,地层总体向北东缓倾,倾角5°～20°。该区由于地层变形弱,产状平缓,常造成神农架群与盖层呈平行不整合的假象。南部九冲—大岩坪一带,以碎屑岩为主的地层变形较强,常见露头尺度小褶皱为主,有斜歪褶皱、不对称褶皱、紧闭褶皱等,形态复杂,轴面劈理发育,小褶皱枢纽多呈北东向,褶皱之包络面产状平缓,常造成地层产状陡、走向变位的假象。岩层发生轻微变质,形成板岩。

(二)扬子南缘晋宁期的构造特征

江南古陆基底构造区分布于扬子陆块东南缘,在区域构造上处于扬子陆块与华夏地块之间,为中新元古代增生-碰撞型的造山带(邢凤鸣等,1992;郭令智等,1996)。它是具有双层基底(结晶基底、褶皱基底)的构造单元,结晶基底形成于 1800Ma 之前,褶皱基底形成于 1000~850Ma 之间,二者共同组成了江南隆起带的古老基底。

1. 结晶基底构造变形

太古代(?)—早元古代结晶基底主要分布在湖南益阳、浏阳一带,分别称为变基性火山岩、涧溪冲群、连云山岩群,总体上为一套片状—片麻状无序片麻岩组成的角闪岩相变质岩系。益阳石咀塘科马提岩,大渡口变玄武岩分别为新太古代和古元古代的绿岩建造,发生区域绿片岩-角闪岩相(部分达麻粒岩相)变质和混合岩化,构造组合以片麻岩穹隆、短轴顺层掩卧褶皱、片内无根褶皱、韧性剪切糜棱岩化、黏滞石香肠等韧流变形为主,从而形成中高温、中高压环境变质变形的结晶基底。

2. 褶皱基底构造变形

江南隆起带自东向西至西南依次出露双桥山群(赣、皖)、冷家溪群(湘)、梵净山群、九龙群(黔)及四堡群(桂),总体上为一套经浅变质的复理石建造,属较为稳定的被动大陆边缘与弧间海沉积环境。

晋宁运动造就了区内褶皱基底的形成,导致了新元古代板溪群与中元古代冷家溪群的高角度不整合接触。最新的地质调查结果表明,江南基底构造区长城纪和蓟县纪地层至少存在三期褶皱叠加,早期近南北向褶皱被晚期近东西向褶皱横跨叠加,在前两期褶皱基础上再次遭受北北东向的斜跨叠加,其叠加褶皱型式由共轴叠加、横跨叠加变为斜跨叠加,由不规则穹盆相间型向新月型等过渡。褶皱基底中的南北向、东西向、北北东向褶皱均被新元古代板溪群或南华系不整合于其上,表明它们均形成于前震旦纪,并与区域上赣北双桥山群的褶皱叠加作用近于一致(秦松贤,2002),共同奠定了晋宁期的构造格架(1:25 万益阳幅、吉首幅)。

三、湘西-鄂西构造带(古结合带?)的特征

通过资料综合整理与野外工作,初步认为:在湘西—鄂西地区,存在一个北北东向展布的隐伏构造带(暂定湘西-鄂西构造带),其可能形成于晋宁期。

前寒武纪时期东西两侧的黄陵基底与神农架基底在物质组成、形成时代、变质程度、变形特征及大地构造位置等方面存在明显的差异,建议以新华断裂系(现地表断裂),向南经保靖一线,将晋宁期构造单元划分为西扬子陆块与东扬子陆块(或称扬子陆核区)两个部分。该结合带于新元古代发生裂解并在显生宙继承性发展。

1. 基底构造属性

黄陵结晶基底和神农架褶皱基底是扬子陆块两类不同类型的基底,两基底均保留了晋宁造山运动的痕迹。其中黄陵结晶基底形成于古元古代,晋宁运动表现出造山带核部特征;神农架褶皱基底形成于中元古代末,晋宁运动表现前陆褶冲带变形特征。中元古代晚期至新元古代初期,两者间发生了碰撞拼合事件。

统一华南克拉通的形成,不仅包括了扬子陆块与华夏陆块间的拼合,而且包括自中元古代晚期开始的扬子西部陆块内部及其与东部陆块之间的连续碰撞-联合-增生。在这些碰撞-拼合的演化过程中,沿神农架地块与扬子陆核区之间形成了古构造结合带。

2. 地球物理特征

湘西-鄂西构造带(古结合带)作为构造薄弱带于新元古代发生裂解并在显生宙继承性发展,在深部地球物理资料中有显示。

袁学诚等(2011)通过6条P波地震层析剖面对华南岩石圈三维结构进行了探讨。其中,在云南金顶—浙江丽水、四川成都—浙江泰顺,以及四川成都—广东广州3条地震层析剖面上均可见到在扬子地壳内有一个明显的对称局部低速异常。从地表一直延伸整个地壳,向下宽度递减。其认为它是一个裂陷带,裂陷槽中心的平面位置约位于湖南的凤凰,往北经花垣、黔江到四川万州。南部进入江南古陆南部,到达贵州凯里被阻于钦杭结合带,拐向右江裂陷槽。万县往北缺少数据,走向不明,极可能延伸到勉略地区。袁学诚等(2011)称之为"川湘黔裂陷槽",并指出该裂陷槽可能是元古宙便已形成,沉积了元古宙以来的巨厚沉积物。

穿越四川盆地的反射地震剖面(袁学诚等,2011),显示四川盆地东西部沉积环境存在差异。西部三叠系沉积巨厚,缺失志留系、泥盆系和石炭系,褶皱平缓。盆地东部是川湘黔裂陷槽所处位置,有巨厚的古生代—新生代地层沉积,可能有比东部更巨厚的元古宙沉积,褶皱强烈。

饶家荣等(2012)对麻阳地区陆壳反射地震线划图进行推断,认为麻阳以东雪峰地块存在一个太古代古陆块,是一个太古代古隆起结晶块体,年代早于2500Ma,属该区隐伏A型克拉通"陆核",至少在中元古代以前未接受沉积;麻阳以西则发育太古宙结晶基底和古元古界火山变质岩系,间接反映了凤凰—吉首基性—超基性岩浆作用和海底古火山活动的存在,并认为该区古火山活动大致始于1800Ma前。深地震反射剖面显示,麻阳-澧县断裂带两侧共同发育了冷家溪群和板溪群,可能意味着在新元古代冷家溪群(<860Ma)沉积之前可能存在陆块俯冲作用。该期构造运动是否为中元古代晚期至新元古代初期(1000~900Ma)两者间发生的碰撞拼合事件,还需进一步研究探讨。

本书认为"川湘黔裂陷槽"在鄂西地区可能沿神农架基底与黄陵基底之间向北延伸(现今新华断裂系),将扬子陆块分割成上扬子与中下扬子两个性质和特征均不相同的块体,与马力等(2004)对扬子陆块的划分方案一致。该裂陷槽可能是湘西-鄂西构造带(古结合带)作为构造薄弱带在显生宙继承性发展的产物。

3. 显生宙构造带继承性发展特征

显生宙时期,该古构造带继承性发展并于后期活动控制了其两侧的沉积古地理。

南华纪与震旦纪岩相古地理图显示湘西—鄂西地区存在北北东向线状海槽。1:5万花垣县等6幅区域地质调查项目也认为南华纪早期北北东向的古丈-吉首大断裂北西存在线状断陷海槽。该项目以剖面测制和地质填图相结合,查明该海槽内南华纪富禄组超覆于板溪群地层之上,其上发育大塘坡组、南沱组。海槽两侧缺失富禄组、大塘坡组,南沱组直接超覆于板溪群地层之上。且海槽北西侧南沱组中常见花岗岩砾石,显示其物源区为扬子陆块,南东侧基本不含花岗岩砾石,其物源区应为雪峰古隆起。

在早古生代时期,沿该构造带形成区域性伸展裂解作用,早期基底断裂的伸展活化控制了区域沉积格局,广泛发育一套被称为"多元素富集层"的与缺氧事件有关的黑色岩系,可能为矿床形成提供了大量的成矿物质。

对鄂西地区晚古生代的地层对比研究表明,鄂西地区晚二叠世发育的北北东或北北西向的深水盆地相沉积,其间夹有的基性、酸性火山岩研究,反映陆内裂陷盆地的存在。控制该裂陷盆地的边界断裂主要为北北东向的建始-彭水断裂、齐岳山断裂和新华断裂系等,其东界沿现今黄陵背斜西缘分布。

中一新生代以来,一方面,由于环太平洋构造域的兴起,在太平洋板块向西俯冲的远程效应作用下,雪峰山构造带发生逆冲推覆作用,形成区域尺度的逆冲推覆构造,从而掩盖"湘西-鄂西构造带",因此,湘西—鄂西地区地表构造与深部构造存在很大的差异性,具薄皮构造特点;另一方面,湘西-鄂西构造带中一新生代以来发生构造反转,以地表发育空间上不连续的北北东向断裂束为特征(以新华断裂系为代表),野外调查显示其具多期活动特征,早期以张性断裂为主,中期具左行走滑特征,晚期则以自东往西的逆冲为主,它控制了区域陆内构造变形的基本格局。

该构造带的活动,含矿热液沿断裂运移,就位于孔隙度、裂隙度发育的层位而形成(层状)矿床,这可能是该成矿带成矿的重要机制。

第三节 加里东期地质构造特征

对华南加里东运动的研究较多,争议很大,多认为加里东期包括一系列构造运动,主要有:①郁南运动(莫柱孙等,1980),主要发生在寒武纪末—奥陶纪初,根据粤西—桂东地区奥陶系底砾岩与寒武系间的不整合所创名;②都匀运动(余开富等,1995),主要发生在中奥陶世末期,在贵州省中南部地区表现最为明显;③北流运动(莫柱孙等,1980),发生于晚奥陶世末—早志留世初,指奥陶系与志留系之间的不整合接触,该运动在桂东南地区表现较强;④崇余运动(卢华复,1962),根据赣南崇义、大余山区晚奥陶世沙村群底砾岩之下的不整合提出,发生于晚奥陶世卡拉道克期,该运动可能引起了湘赣地区早古生代地层的强烈褶皱;⑤广西运动(Ting,1929),主要发生在志留纪末,是一次普遍的褶皱造山运动,主要涉及广西境内和相邻地区。总体来说,"加里东造山运动"不是一般所认为或强调的志留纪末的"广西运动",而是加里东期华南多块体之间多期次陆内碰撞的运动,具有强烈的时空分布差异(中南地区基础地质综合研究成果,2012)。

一、构造单元分区及特征

按照加里东晚期定型构造时期的大地构造特征将研究区划分出1个一级构造单元、3个二级构造单元和7个三级构造单元(表4-3,图4-2)。各构造单元的基本特征如下。

I扬子陆块:早古生代时期,扬子陆块北以商丹古结合带与华北板块隔洋相邻,南以茶陵-郴州断裂带与华夏地块隔海相连,其沉积构造特征经历了早期伸展裂谷-被动大陆边缘的演化特征后,在晚期出现分异:南侧出现前陆性质盆地充填,北侧持续被动陆缘沉积,扬子主体则发生相对隆升和陆表海盆地与沉积。在湘西—鄂西地区,扬子陆块被进一步划分为扬子北侧陆缘盆地、中上扬子稳定沉积盆地和扬子南缘陆内造山带。

表 4-3　加里东期末大地构造分区(420Ma)

一级构造单元	二级构造单元(大相)	三级构造单元(相)
Ⅰ 扬子陆块	Ⅰ-1 扬子北侧陆缘盆地	Ⅰ-1-1 武当碳酸盐岩台地
		Ⅰ-1-2 北大巴-两竹裂谷带
		Ⅰ-1-3 兵房街陆缘斜坡带
	Ⅰ-2 中上扬子陆表海盆地	Ⅰ-2-1 上扬子前陆隆起
		Ⅰ-2-2 中扬子前陆盆地
	Ⅰ-3 扬子南缘陆内造山带	Ⅰ-3-1 雪峰山前缘逆推带
		Ⅰ-3-2 湘中断褶带

Ⅰ-1 扬子北侧陆缘盆地：早古生代时期扬子北侧的大地构造属性主要涉及南秦岭-大别地块的归属，以及东秦岭多岛小洋盆问题。研究表明，大别山南、北麓总体可能分别属于扬子陆块北缘陆棚-斜坡和活动大陆边缘。

南秦岭震旦系—下古生界具有明显的被动大陆边缘沉积特征。陡山沱组和灯影组主要为一套台地相与浅海陆棚相碎屑岩沉积和晚期统一陆表海碳酸盐岩沉积组合；寒武系—下奥陶统继承了震旦纪的扩张裂陷，形成陆缘裂谷盆地，沉积了外陆棚-半深海盆地相的硅质岩、碳硅质岩、碳质泥岩，即洞河群，其南北两侧则形成了斜坡相沉积。中奥陶世—志留纪，南秦岭的中北部地垒台地继承性发展，而南部的安康—平利一线的裂谷盆地加剧，接受了深水复理石、碳硅质岩、碱性火山岩和次火山岩沉积，而其南北两侧仍是外陆棚至半深海的斜坡沉积。晚志留世时期，该盆地已经转为收缩阶段。

Ⅰ-1-1 武当碳酸盐岩台地：寒武纪早期硅质岩、碳质板岩平行不整合于震旦系灯影组白云岩之上。从寒武纪沧浪铺期前后开始到晚奥陶世早期一直为稳定浅水台地相沉积(李晋僧等，1994)。奥陶纪主要为板岩、粉砂质板岩及碳质板岩，志留纪主要为一套复理石建造，志留纪末期该区可能上升为陆，与上覆泥盆系为平行不整合接触。

Ⅰ-1-2 北大巴-两竹裂谷带：该区早古生代表现出半稳定-活动型的沉积特征，具典型的大陆裂谷系特点，并在不同阶段表现为不同的沉积演化特征。寒武纪初始裂解，形成一套(深水)岩相稳定、厚度较小的沉积组合，并夹部分火山喷发沉积；奥陶纪时期，发育沉积厚度大、活动性的碎屑流沉积，反映同沉积断裂的强烈活动；志留纪时期，相继接受盆相碳硅质沉积—基性、碱性火山碎屑岩沉积—台地碳酸盐与碎屑岩混积，并且形成了一条北西西向的由铁镁质岩脉和火山杂岩组成的岩浆杂岩带，表明裂解程度增大，岩石地球化学分析表明其形成于板内伸展裂解环境，可能与深部地幔动力背景有关(张成立等，2007)。

该裂谷带向东可延伸至随南地区，裂解程度由西向东变深，呈现基性—碱性向基性—超基性组合变化的特点，在随州洛阳店一带出现初始洋壳的物质(科马提质超基性熔岩)，并与大别地区的二郎坪-宣化店-吕王-高桥-永佳河-浠水古生代主洋裂共同组成区域上的三叉裂谷系(1∶25万麻城幅)。

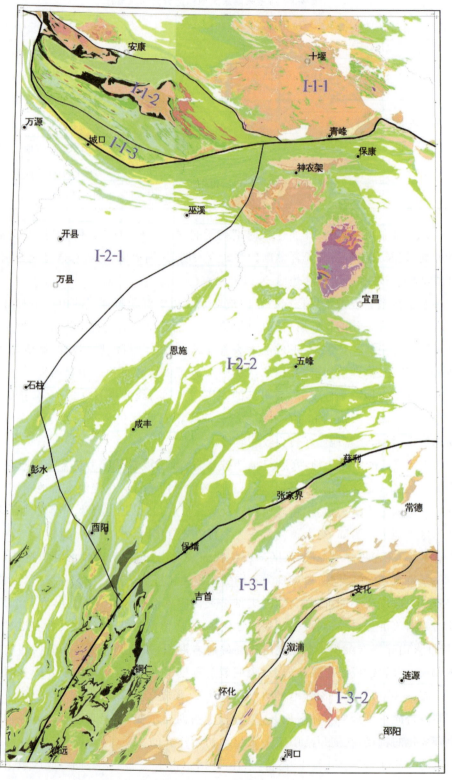

图 4-2 加里东期末大地构造分区示意图(420Ma)

Ⅰ-1-3 兵房街陆缘斜坡带：主要发育寒武纪—奥陶纪地层。南秦岭区，在完成震旦纪深水盆地(外陆棚)相碳、硅质碎屑岩沉积后，开始出现岩相古地理分化。该区在寒武纪由盆(外陆棚)相碳泥质沉积向陆棚相碳酸盐岩沉积转化(鲁家坪组)，奥陶纪时期沉积陆棚斜坡相碳酸盐重力流沉积(黑水河组)、陆棚碳酸盐岩与碳泥质岩沉积(高桥组)、斜坡相碎屑重力流沉积(权河口组)，见滑塌褶皱和细粒重力流沉积。该区与北部两竹裂谷带的沉积组合和沉积厚度差异较大，但断裂两侧并不存在完全截然不同的沉积及构造演化，而是一个连续渐变的整体。

Ⅰ-2 中上扬子陆表海盆地：北界为青峰-襄阳-广济断裂，南界为慈利-保靖断裂。于莲沱期、南沱期在具有稳定基底的川鄂地块的基础上发育而成，主体为潮坪发育的局限台地，台缘为较窄的发育有浅滩和生物礁的开阔台地。外侧为陡的上斜坡和缓的下斜坡，北侧斜坡较窄，而南侧广阔。陡山沱期，川鄂台地分割为东部的鄂中台地、西部的川黔地块，两者之间被鄂西盆地相隔，到灯影期川黔盆地发育为碳酸盐岩台地，与鄂中台地相连，两者之间的鄂西盆地北部亦发展成台地。到晚震旦世则以被动大陆边缘沉积为显著，演变为碳酸盐岩台地广布的陆表海环境，沉积物以碳酸盐沉积为主，其次为泥质和硅质沉积。晚奥陶世开始，除扬子陆块北缘仍处在被动大陆边缘外，扬子陆块其他地区均表现出挤压收缩的构造背景。到早志留世，伴随着挤压作用的增强，该区出现了明显的构造差异：西缘川中隆起的范围不断扩大；南缘的黔中隆起与康滇古陆相连，形成了滇黔桂古陆；东南缘前陆隆起带不断向扬子克拉通盆地方向推进，形成雪峰、武陵和黔中前陆隆起带。晚志留世，全区均抬升为陆地，并与中晚泥盆世或二叠纪才开始接受沉积。

Ⅰ-2-1 上扬子前陆隆起：该区北部以城口-房县断裂为界、东部以齐岳山断裂为界、南以黔中隆起北界与中扬子相隔。主要特征为二叠系与下伏志留系呈平行不整合接触，可能代表了加里东晚期的雪峰造山带的前缘隆起。若去除燕山期构造变形的改造作用，该隆起带与前陆盆地以北北东向的恩施断裂带为界，可能该断裂在加里东晚期控制了扬子沉积盆地的区域构造格局。

Ⅰ-2-2 中扬子前陆盆地：该区主要特征为泥盆系与下伏志留系呈平行不整合接触，是扬子地区晚古生代以来最先接受沉积的区域。在早古生代早期，该区为稳定的碳酸盐岩沉积，奥陶纪晚期沉积了五峰组深水相硅质岩，早中侏罗世则沉积了一套碎屑岩建造，为典型的造山带前缘前陆盆地沉积特征。

Ⅰ-3 扬子南缘陆内造山带：本次研究认为加里东运动为陆内碰撞造山。该区在早古生代早期发育了一套以大陆斜坡相-盆地相为主体的被动陆缘沉积，北东向至北北东向的阶梯式，其物源来自扬子区。寒武纪末期，由于受泛非运动影响，研究区南部受云开地块、桂滇-北越地块的陆内推覆挤压，可能出现一些近东西向的宽缓褶皱形态，该期变形强度由南向北逐渐减弱。加里东运动晚期，华夏地块向北、北西发生陆内收缩挤压，扬子东南缘遭受南东向北西的挤压应力，使雪峰山地区发生构造反转形成了以雪峰隆起为主体的陆内造山带，其逆冲变形带的前锋断层为慈利-保靖断裂。

Ⅰ-3-1 雪峰山前缘逆推带：该区早古生代地层发育，沉积连续，其中寒武系整合于震旦系留茶坡组之上，岩性稳定，纵向变化规律相似，其下寒武统下部以碳质板岩、硅质板岩为主，往上地层中碳酸盐含量逐步增加,至中寒武统上部和上寒武统主要为碳酸盐沉积。从奥陶纪开始,区内碎屑含量增加,逐步发生沉积相分异,西侧表现为台地边缘斜坡相碳酸盐沉积,而东侧则为深水陆棚-盆地相泥质碎屑沉积。早奥陶世晚期—晚奥陶世早期西侧转化为深水陆棚-盆地相含笔石碎屑岩、薄层泥灰岩,而东侧则发育黑色碳质硅质岩。晚奥陶世中期开始,雪峰山地区开始接受大量源细碎屑沉积,在桃江附近五峰组上部夹细砂岩,推测区内在晚奥陶世中期前后可能发生区域性抬升事件,以致晚奥陶世区内水体普遍变浅,甚至露出水面。该区泥盆系或二叠系与下覆早古生代地层均为角度不整合接触,是雪峰地区陆内造山作用的结果。目前普遍认为雪峰构造带是上扬子大陆东南边缘的加里东期隆起。加里东运动期间,至少存在3个连续的构造热事件影响该区,形成开阔-紧闭褶皱带、逆冲断层和晚期伸展滑覆构造,多期构造叠加共同奠定了向北凸的弧形雪峰隆起构造格架。

Ⅰ-3-2 湘中断褶带:该区从寒武纪至中奥陶世以海相盆地沉积为主要特征,岩相变化方向大致是从北西至南东由浅变深;中奥陶世末期因都匀运动使南侧上升成陆,成为"滇黔桂古陆"。早志留世时,发育为一套周家溪群含笔石的海槽型复理石浊积岩与黏土岩沉积,最大出露厚度约2500m,与下伏奥陶系呈整合接触,上覆为泥盆纪跳马涧组高角度不整合覆盖,反映该区在中晚志留世的广西运动时期发生强烈的构造变形。

二、构造变形特征

1. 构造不整合的时空分布规律

本次研究对扬子陆块内部加里东期时期地层不整合接触关系进行了室内综合整理和部分点的野外考察,取得了如下初步的认识(表4-4)。

表4-4 构造不整合的分布规律反映的加里东运动特征

地质年代(Ma)		川东鄂西	湘西	雪峰隆起	湘中	湘南桂北	桂中	黔东	黔东北	盆地类型	构造运动
上覆地层	416	P / D_2	云台观组D_2	D(或P)	跳马涧组D_2	源口组D_1	莲花山组D_1	D(或P)	P		广西运动
志留纪	S_{3+4} 422.9 S_2 428.2 S_1 443.8	纱帽组 罗惹坪组 龙马溪组	小溪峪组 回星哨组 吴家院组 溶溪组 小河坝组 龙马溪组	周家溪群	珠溪江组 两江河组			翁项组	韩家店组 石牛栏组 龙马溪组	同造山盆地	北流运动 崇余运动
奥陶纪	O_3 458.4 O_2 470 O_1 485.4	五峰组 临湘组 宝塔组 牯牛潭组 大湾组 红花园组 分乡组 桐梓组	五峰组 临湘组 宝塔组 牯牛潭组 大湾组 红花园组 分乡组 桐梓组	天马山组 烟溪组 桥亭子组 白水溪组	天马山组 烟溪组 桥亭子组 白水溪组	黄隘组	?	十字铺组 湄潭组 赖壳山组 烂木滩组 同高组 锅塘组	五峰组 临湘组 宝塔组 红花园组 桐梓组		都匀运动 郁南运动
寒武纪	ϵ_4 497 ϵ_3 507 ϵ_2 521 ϵ_1 541	娄山关组 覃家庙组 石龙洞组 天河板组 石牌组 牛蹄塘组	娄山关组 高台组 清虚洞组 石牌组 牛蹄塘组	比条组 车夫组 敖溪组 污泥塘组 牛蹄塘组	探溪组 小紫荆组 茶园头组 香楠组	爵山沟组 黄洞口组 渣拉沟组 小内冲组	三都组 都柳江组	娄山关组 高台组 清虚洞组 金顶山组 明心寺组 牛蹄塘组		大陆边缘盆地	

（1）加里东期的变形主要集中在慈利—保靖一线以东地区，表现为中下泥盆统与下伏元古界、寒武系—奥陶系或志留系呈角度不整合接触；该线以西的中上扬子盆地在加里东期则没有发生造山运动，只在早志留世末期—早泥盆世期间发生了垂直抬升运动，未接受沉积而是遭受剥蚀至准平原化，没有强烈褶皱造山运动，表现为泥盆系、石炭系或二叠系与下伏地层呈平行不整合接触。

（2）黔东地区泥盆系（或二叠系）与下志留统翁项组、翁项组与中晚奥陶世赖壳山组均呈平行不整合接触，反映了都匀运动造成的黔中隆起。

（3）以慈利-保靖断裂和安化-溆浦断裂所围限的雪峰山地区，表现为石炭系（或二叠系）与震旦系—奥陶系、前寒武系呈角度不整合接触，反映出该区在加里东晚期经历了强烈陆内造山或伸展滑覆作用使相对较老的地层暴露于地表，并且该区在晚古生代早期为一个相对隆起，大部分地区缺失泥盆系和石炭系沉积。

（4）湘中地区总体表现为泥盆系与奥陶系呈角度不整合，仅在北西侧益阳—洞口一线存在北东向的泥盆系与志留系呈角度不整合，在中部大乘山、龙山一线存在泥盆系与寒武系呈角度不整合，反映该区可能在早期形成近东西向的褶皱构造带，并被晚期北东向构造叠加。

（5）在工作区南侧的桂中地区奥陶系黄隘组与寒武系黄洞口组呈角度不整合接触，反映了郁南运动的存在。总体来说，加里东运动构造不整合不仅在空间上具迁移性，在时间上也具有多阶段性，是加里东运动多期次作用的结果。

2. 雪峰山周缘加里东期构造变形特征

目前普遍认为雪峰构造带是上扬子大陆东南边缘的加里东期隆起，至少存在 3 个连续的构造热事件。

早期形成直立的、开阔-紧闭褶皱，褶皱轴迹走向为北东东-南西西向，并伴有逆冲断层。局部发育板劈理，随后，北西-南东方向的主压应力强烈作用，导致了紧闭褶皱、倒转褶皱的形成，并伴有北东走向的逆冲断裂，形成穿切劈理，这种劈理切穿早期褶皱并具有区域性。在南东-北西向挤压应力下形成的褶皱和逆冲断裂，走向北东，彼此平行斜列，可能还有一些走向北西的正断层。

中期汇聚走滑。因雪峰山隆起刚性地块横亘北部，随着北西-南东方向挤压汇聚作用的持续发展，其阻挡作用诱导基底断裂常德-安仁大断裂右行走滑，北东向桃江岩体侵入定位；桃江-城步大断裂左行走滑。在北东向和北西向构造联合控制下早期近东西向褶皱斜跨叠加，呈穹-盆构造格架；雪峰古陆隆起呈向北凸的弧形基本定型。

晚期，由挤压变形体制转变为伸展变形体制。伴随着一些同构造侵入的辉绿岩席（床）和闪长岩-花岗岩，加里东运动后期的伸展变形导致了伸展滑覆劈理、低缓角度拆离带以及高角度正断层的形成，中元古基底揭顶形成变质核杂岩。深部岩浆的侵入及地壳隆升导致了热状态失稳和地壳重力的不稳定性，它们共同充当了加里东运动期间构造演化和变形体制发生转变的重要因素。雪峰弧区域主体构造框架是由加里东运动奠定的。

此外，需要指出的是，黔东南褶断带从凯里经雷山、榕江、从江至桂北四堡乃至融安一线的剖面研究来看，广西罗城四堡、融安、融水一带，中泥盆统不整合面普遍存在，在泥盆系不整合面以下发育加里东期强烈褶皱，其构造走向北东东向，在融安以西，轴面倒向北西，融水以东轴面倒向南东,形成扇形反冲构造。在四堡、宝坛、黄金一带的板溪群及震旦系中发育强烈的变形层,强烈变形层内广泛发育平卧褶皱、轴面劈理、褶叠层、肠状石英脉等,实际上为巨型滑脱层,它被泥盆系所不整合覆盖。在泥盆系中则无这套变形,显示了加里东期推覆构造和滑覆构造的存在。

三、加里东期挤压造山动力学机制

加里东运动具陆内碰撞造山特征,具有明显的时空分布规律,形成了不同方向的褶皱断裂体系。

加里东运动的早期,云开地块向北与桂滇-北越地块、扬子陆块发生推覆挤压,使得广西大明山、大瑶山地区发育近东西向寒武系紧闭褶皱,扬子陆块内部也出现一些近东西向的宽缓褶皱形态,该期变形强度由南向北逐渐减弱。

加里东运动的晚期,扬子陆块与华夏地块收缩挤压,扬子陆块遭受南东向北西的挤压应力,使粤北地区、桂北越城岭、元宝山地区、湘赣边境地区以及雪峰山东缘地区出现了一些北东—北北东向的下古生界褶皱,对早期东西向构造进行了叠加改造,该期变形强度由东向西逐渐减弱。同时,受这一运动的影响在华南形成了大量面状分布的加里东期"S"型花岗岩体,并在云开地区产生了构造-岩浆热事件。

第四节 印支期地质构造特征

印支期是中国南北大陆板块碰撞拼贴的重要时期,受古特提斯洋闭合的影响,在北面南秦岭弧后盆地关闭,导致华北和扬子陆块拼合。从晚三叠世开始,中国大陆基本结束了海相沉积,进入板内演化阶段。

一、古特提斯构造域演化特征

扬子陆块北缘古特提斯的裂解:一些学者认为发生在泥盆纪,扬子与华北板块之间的勉略洋在中、晚泥盆世出现具有初始裂陷特征的沉积及火山岩组合,古地磁资料也显示扬子陆块从冈瓦纳大陆裂解的时间是在泥盆纪;在武当—大巴山地区,中寒武世出现裂解环境的物质建造,至志留纪出现基性—碱性火山沉积组合,局部出现超基性岩(红安—麻城地区,1:25万麻城市幅,2003;随南地区,1:25万随州市幅,2003;竹山地区,刘成新,2013),都与东古特提斯北缘分支洋盆的打开和洋壳的出现相关。晚石炭世至早三叠世时期,勉略洋开始了消减汇聚和洋壳俯冲过程。勉略洋盆的俯冲东早西晚,在北侧活动大陆边缘产生了复杂的岛弧岩浆作用,形成了一系列与俯冲消减有关的岛弧型火山岩系。扬子陆块与华北板块的碰撞主要发生在中三叠世拉丁期,但东段的碰撞时间较早。扬子北缘在晚三叠世时期沿勉略缝合带发育的前陆盆地代表了扬子与华北板块的碰撞已经开始,而且沿该构造带大量的碰撞和后碰撞花岗岩年龄为220~205Ma,反映了南北陆块碰撞汇聚后向东西伸展的转折。

扬子陆块南缘在晋宁期与华夏地块碰撞造山而形成统一的华南板块,早古生代时期一直处于"裂而不解"的状态,经历了加里东期陆内造山之后,晚古生代时期经钦防海槽向北东沿郴州-临武等北东向构造带发生海侵形成陆内海相沉积。

一般认为华南无古特提斯洋,晚古生代的华南地区是一个准地台,其内部发育一些微型断陷海槽。有的学者则认为是古特提斯带的一个侧向分支,许靖华等(1987)曾经指出华南古特提斯由板溪洋和南盘江洋组成。冯庆来等(1996)从深水相地层学研究成果认为华南明显受相邻古特提斯洋盆构造演化的影响,在晚古生代至三叠纪期间发生过显著的拉张开裂,一些地区已形成小型洋盆,可视为全球古特提斯多岛洋体系的一个组成部分。

二、构造单元分区及特征

中三叠世(约220Ma)古特提斯洋关闭,使得华南从大陆边缘-陆表海海相沉积为主转入类前陆盆地的陆相沉积,华南板块与南面的印支板块和北面的华北板块发生俯冲-碰撞拼接,在研究区北侧形成南秦岭碰撞造山带和相应的周缘前陆盆地,而南侧则形成陆内造山带。

一级大地构造单位划分为秦岭-大别造山带和扬子陆块,二者之间以勉略-城口-房县-襄阳-广济断裂带为界,详细分区见表4-5和图4-3。一级构造单元内的二级、三级构造单元介绍如下。

表4-5 印支期末大地构造分区(220Ma)

一级构造单元	二级构造单元	三级构造单元
Ⅰ秦岭-大别造山带	Ⅰ-1南秦岭碰撞造山带	Ⅰ-1-1武当推覆体
		Ⅰ-1-2北大巴推覆体
		Ⅰ-1-3兵房街前缘推覆体
Ⅱ扬子陆块	Ⅱ-1扬子陆表海盆地	Ⅱ-1-1扬子北缘前陆褶冲带
		Ⅱ-1-2中上扬子周缘前陆盆地
	Ⅱ-2扬子南缘陆内造山带	Ⅱ-2-1雪峰山西缘褶皱带
		Ⅱ-2-2雪峰山基底隆升带
		Ⅱ-2-3湘中盖层滑脱褶冲带

Ⅰ秦岭-大别造山带:随着古特提斯洋的逐步扩张,秦岭作为其组成部分而受其控制,形成秦岭新的板块构造格局。勉略有限洋盆打开成为古特提斯洋新的北侧分支洋,秦岭微板块游离出来,商丹俯冲速率减慢,构成秦岭造山带成为华北、扬子和秦岭3个板块沿商丹和勉略两个俯冲带相互作用的新的板块构造格局(张国伟等,1997)。晚古生代,该区泥盆系—中三叠统主体部分为扩张裂陷的裂谷地堑与相对隆升的地垒陆表海沉积,形成了南秦岭造山带内独特的镇安盆地、旬阳盆地和高川盆地、略阳盆地等。

南秦岭造山带即位于商丹缝合带和勉略-巴山弧形断裂带之间,并包含有武当、随县、平利、安康等地块。勉略缝合带以勉县、略阳地区发育最为完整,向东经石泉、高川地区,沿巴山弧直至湖北花山一带(张国伟,2003),向西经文县、玛曲、花石峡与南昆仑构造带相连。最近高川地体构造变形特征研究显示,勉略缝合带在勉县以东的构造位置很可能并不沿大巴山弧形构造带延伸,具体情况尚需进一步研究。

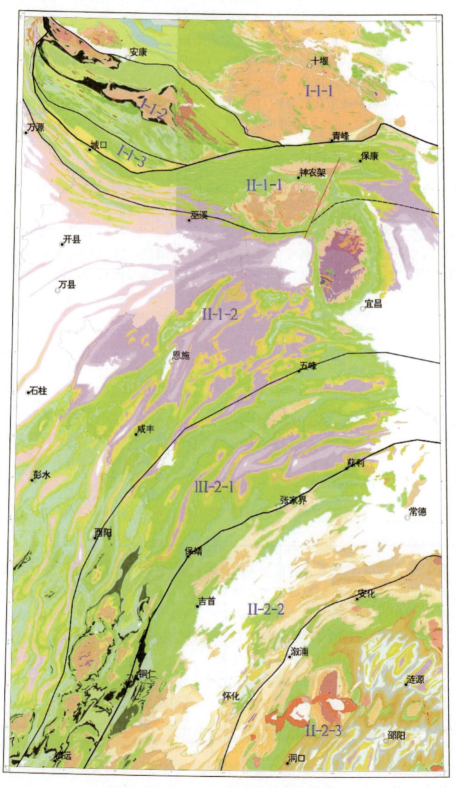

图 4-3 印支期末大地构造分区示意图(220Ma)

Ⅰ-1-1 武当推覆体：武当地块位于南秦岭构造带的南部，其主体由中元古代武当群浅变质沉积-火山岩系组成，在武当群隆起的边部分布着新元古代的耀岭河组、震旦系陡山沱组和灯影组、古生界寒武系、奥陶系及石炭系和二叠系。中三叠世碰撞造山阶段，形成了以武当群为主体的推覆构造带。

Ⅰ-1-2 北大巴推覆体：分布于安康-竹山断裂之南、红椿坝-曾家坝断裂以北地区，其主体物质为早古生代形成的代表裂谷环境的火山碎屑岩建造和基性岩带。近年来，在区内"耀岭河群"和"郧西群"中发现了石炭纪化石及相应的同位素年龄，在原来划分的寒武纪—奥陶纪洞河群发现晚古生代化石（向忠金等，2010），表明该区可能为二叠纪末—三叠纪初形成的"南秦岭增生杂岩带"（王宗起，2009）。

Ⅰ-1-3 兵房街前陆推覆体：该区位于城口-房县断裂以北、红椿坝-曾家坝断裂以南地区，主体为早古生代形成的一套斜坡相物质，现今地表未出露晚古生代沉积。其大地构造位置相当于三叠纪末秦岭与扬子陆块碰撞而形成的造山带前陆推覆体，处于厚皮构造向薄皮构造转换的部位。

Ⅱ 扬子陆表海盆地：本区晚古生代主体为陆内陆表海相沉积，缺失早泥盆世，中晚泥盆世为海相碎屑岩、海陆交互相沉积。石炭纪—二叠纪以碳酸盐岩建造为主，夹含煤建造和泥质、硅质岩建造。下三叠统主要为稳定的碳酸盐沉积，中统下部为蒸发碳酸盐岩。中三叠世晚期，印支运动结束了中上扬子陆块自伊迪卡拉纪以来至中三叠世末期漫长的陆表海相沉积历史，转变为晚三叠世以陆相沉积为主的"类周缘前陆盆地"沉积体系，形成了复杂有序的晚三叠世地层记录。南北两侧则形成造山带前缘的前陆褶冲带构造。

Ⅱ-1-1 扬子北缘前陆褶冲带：该区位于南秦岭碰撞造山带的最前缘，主体为扬子克拉通内部的稳定沉积物质，在印支期时受由北向南挤压作用而形成前陆褶冲带。其南侧的上三叠统—侏罗系与下伏地层呈平行不整合接触，显示并未发生构造变形。

Ⅱ-1-2 中上扬子周缘前陆盆地：该区西部缺失泥盆纪—石炭纪沉积，东部泥盆纪—石炭纪为一套碎屑-碳酸盐岩建造，相当于滨海-浅海相。至二叠纪，鄂西地区存在区域性伸展-裂解作用，发育一套深水相沉积组合，至早中三叠世，沉积物质显示环境从开阔台地为主向局限台地为主的转变。晚三叠世时，为一套同造山期的以陆相沉积为主的类周缘前陆盆地沉积。

Ⅱ-2-1 雪峰山西缘褶皱带：该区西以来凤—五峰一线为界，此界以西上三叠统—侏罗系与下伏地层呈平行不整合接触，以东则为角度不整合接触，为雪峰山陆内造山带的西缘扩展带，可能为薄皮式弧形褶皱构造带。

Ⅱ-2-2 雪峰山基底隆升带：该区由慈利-保靖断裂和安化-溆浦断裂所围限。广泛出露的元古界古老地层为雪峰山隆起的核心部分。晚古生代早期表现为一隆起，大部地区缺失泥盆纪—石炭纪沉积，仅沉积了二叠纪—早三叠世的一套陆表海相碳酸盐岩建造。印支期末，为华南陆内造山带的前缘基底隆升带。构造带以中上元古界变质基底的扇形背冲隆升构造带为核心，形成系列不同的构造样式组合，东侧为厚皮式构造带并存在岩浆活动，向西逐渐过渡为薄皮式构造带。本区逆冲断层和褶皱走向主体为北东或北北东向，在北段部分存有北西向滑断裂切割这些逆冲断层和褶皱。

Ⅱ-2-3 湘桂盖层滑脱褶冲带：区内晚古生代沉积与中上扬子地区存在一定的差异，中泥盆世海相碎屑岩系普遍角度不整合覆于前泥盆纪地层之上，石炭纪—早三叠世地层以碳酸盐岩建造占优势，夹碎屑岩、硅质岩建造。印支期的陆内造山表现为以祁阳弧形带为主体的滑脱褶冲带，并存在多期构造运动复合叠加。

三、南秦岭印支期碰撞造山构造变形

秦岭-大别造山带是一条分隔中国南北大陆的复合型造山带。印支期，随着勉略缝合带及其古特提斯洋的消亡，扬子陆块与华北地块发生斜向俯冲、碰撞，在三叠纪进入陆陆碰撞的主碰撞阶段，虽然碰撞过程具有明显东早西晚的特点，但是不同部位在主碰撞阶段的构造变形仍具有统一的特点。

该期构造主要是地壳上部的汇聚挤压叠置，导致地壳强烈压缩，形成一系列北倾南倒的同斜褶皱、逆掩断层和推覆体，整个秦岭-大别造山带出现一个强大的叠瓦状向南逆冲的构造系统，该系统影响范围在襄阳-广济断裂和大巴山弧形断裂以南50km左右（李三忠等，2011）。由于燕山期秦岭-大别造山带发生强烈的陆内造山作用，形成向南逆冲的逆冲推覆构造系统、侧向走滑与构造挤出、构造体制转换形成变质核杂岩构造和断陷盆地，以及一系列岩浆岩侵入，均叠加、改造了印支期构造变形，使得对印支期构造变形的识别变得困难。

1. 勉略-花山残留缝合带

秦岭造山带现今南部边界是城口-房县弧形断裂和勉县-阳平关-平武断裂，东接襄广断裂，西为松潘岷山南北向构造所挡，构成秦岭-大别造山带南缘边界断裂带。

勉略-花山残留缝合带是秦岭造山带中仅次于商丹主缝合带的又一板块碰撞拼合主缝合带。在研究区西侧的南秦岭勉县—略阳地段以蛇绿构造混杂岩带为标志，是在先期俯冲碰撞推覆构造的基础上，叠加复合中新生代推覆构造而形成的复合构造带，现今呈现为残存状态，并为秦岭造山带南缘边界巨大逆冲推覆构造所复合改造。现今的内部结构包括北缘的状元碑剪切走滑带、北部推覆构造、中部推覆构造和南部推覆构造。在研究区东侧随南花山一带的构造解剖研究证明至少有明显的三期构造，其中以印支期的碰撞造山逆冲推覆构造和蛇绿构造混杂岩块为突出特征（董云鹏等，1999）。因此，勉略-花山残留缝合带内保存有代表印支期扬子陆块向北俯冲消减至陆-陆碰撞造山的以蛇绿混杂岩为代表的洋壳消亡的记录，是这一时期拼合缝合带之一。

位于研究区北侧的城口-房县断裂带曾被认为是在先期勉略缝合带基础上叠加复合中新生代以逆冲推覆构造为主的现今复合断裂构造带，主要是两期推覆构造的复合产物，即印支期秦岭沿勉略缝合带的碰撞逆冲推覆构造及其前陆逆冲推覆构造和燕山期大规模的逆冲推覆构造。近年来大量学者通过重磁场特征及深部地震资料特征对南秦岭构造带深部进行了探测，大巴山冲断带地区和四川盆地内部地区布格重力异常特征显示出很好的渐进关系，大巴山构造带内各大断裂并没有表现出深断裂所具有的重力连续梯度带特征，而且航磁异常也没有明显梯度带或串珠状异常的磁场特征。因此，地球物理资料显示城口-房县断裂不具备扬子与秦岭地块的古特提斯洋缝合带特征。城口-房县断裂东段的深部结构显示（袁学诚等，2002），秦岭地块大规模向扬子陆块推覆；而且最新的探测资料也揭示了大巴山前陆构造带是一个发育在10~12km滑脱面上的厚皮构造带，进一步证实了大巴山前陆构造带是一个推覆

构造体,同时也指出城口-房县断裂带并非本区深大断裂,而是推覆构造的前缘,扬子陆块与南秦岭的深部界线应位于北侧的安康—镇坪一线(张国伟等,2001)。

2. 南秦岭逆冲推覆构造带

商丹带以南至巴山弧形边界断裂之间的南秦岭,呈向南突出的弧形山系,它主要以巴山弧形城口主滑脱推覆断层为主界面,形成向南为主导运动方向、以不同级别逆冲推覆断层为界的不同级别的推覆体。据地表地质和地球物理探测判断,它主要以中上元古界和古生界的凝灰质、泥质等软弱岩层为构造滑脱界面,先后在秦岭主造山期板块依次向北俯冲碰撞和晚期陆内南北边界相向巨型俯冲的动力学背景与演化过程中,发生中上地壳自北向南的大规模挤压收缩推覆,形成多期多层次复合型逆冲推覆构造系。

(1)安康-武当逆冲推覆构造带:该逆冲推覆构造带位于安康-竹山断裂带以北至商丹带区间,总体主要由震旦系、古生界盖层浅变质岩系的变形所组成,其中包括有以武当群和耀岭河群等前寒武系为核心的穹隆构造。构造带内发育一系列逆冲断裂,断裂总体倾向北,由各次级断层与块体组成逆冲推覆构造。

武当地区主要表现为以大中型逆冲推覆脆韧性剪切带分割的构造岩片叠瓦状叠置,岩片内部由次级逆冲断层与同斜褶皱、斜歪褶皱组成褶冲构造样式。竹山断裂是一多期复合的区域性断层带,总体呈北西西走向,断层具有韧性-脆韧性,发育糜棱岩和糜棱岩化构造岩,指示向南逆冲推覆,主体使北部武当群火山岩系下部更老层位岩层向南逆推在南侧上部层位岩系之上。北部以十堰断裂为主推覆界面的两郧推覆构造,除整体沿十堰断裂向南推移叠置外,由于先期构造与具体地质背景的差异,形成了两个不同的次级构造单元,即白河-石花街推覆构造和两郧剪切"花"状构造。印支期白河-石花街推覆构造以十堰断层为主推覆面,形成一系列次级推覆体中高角度依次向南逆冲叠置的构造组合。两郧断层是一多期复合断裂带,其中最主要表现为左行走滑断层,产状陡立,多有分支复合,最宽近千米,发育脆韧性糜棱岩化和脆性碎裂岩化构造岩。两侧岩层反向逆冲叠置,如北侧至赵川穹隆以北,呈现依次向北叠置的褶皱断裂构造,而南侧则依次向南逆冲叠置,直到十堰断裂以南区域,总体构成剪切"花"状构造,明显区别于白河-石花街推覆构造。印支晚期两郧断层又复合向南的逆冲推覆活动,使断层以北的原向北逆冲构造,特别是赵川穹隆以北的地带,由于晚期自北向南的逆冲挤压作用,发生反转而成轴面向北陡倾的倒转褶皱,叠加改造原"花"状构造,形成复合变形样式。

(2)北大巴山逆冲推覆带:南秦岭南部逆冲推覆构造带,简称巴山弧形逆冲推覆构造带,北以安康-竹山断裂为界,南以城口-房县断裂为界,总体显示为一向南突出的弓形岩片,出露震旦系—志留系,发育一系列紧闭线状褶皱和逆冲断层,以区域性脆韧性剪切带为逆冲界面,以夹持于脆韧性剪切带之间的复式褶皱构造岩片变形块体,共同组成叠瓦状逆冲推覆构造,呈北西-南东向展布。褶皱组合形态研究表明,由北东向南西,变形强度由弱变强,褶皱由相对稀疏变得密而紧闭,以城口地区最为紧密。次级褶皱多为线状褶皱,呈北西向延伸,并多向北西倾伏,倾伏角为10°～30°。构造向深部发展,变形强度趋于变弱,具有拆离和滑脱构造特征。主要由平利-两竹推覆构造和兵房街推覆构造两个次级单元构成。

平利-两竹推覆构造南以红椿坝-曾家坝断裂为主要推覆断层,其间包括了多个次级逆冲推覆构造,主要卷入了元古界和下古生界裂谷系物质。其突出特点是在先期平利、凤凰山等以元古界火山岩系为核心的抬升穹隆构造基础上，形成一系列逆冲叠瓦状推覆构造，并将早古生代形成的一套裂谷系物质夹持其中，而与北侧武当推覆体相区别。印支期碰撞造山作用可能沿此薄弱带发生构造挤出，从而使武当群、耀岭河群等前寒武系隆升至地表。该构造带在西北端被晚期城口-房县弧形推覆断层所截切，而东南端或为截切，或者两者复合归并。显然，它主要是由两期逆冲推覆构造叠加复合而成。

兵房街逆冲推覆构造南以城口-房县弧形断层为主推覆界面，北以红椿坝-曾家坝断裂为界，东西两端均与城口-房县弧形断层相交，使之总体呈弓弦状向西南突出的推覆构造。显然，是两期推覆构造的复合产物。城口断裂以北的一系列次级逆冲推覆断层及相关褶皱与断层变形，构成诸如高桥、高滩、鲁家坪等次级推覆体或推覆岩片，主体均属印支期碰撞逆冲推覆构造前缘产物。而叠加截切印支期构造的以城口断裂为主推覆面的晚期推覆构造，主要是复合叠加先期断层使其再次发生向西南的逆冲推覆运动，尤其以整体沿城口断裂的大幅度推覆运动为特点。沿城口断层北侧平行线状连续出露震旦系，它们因沿城口断层向西南推覆在南侧前锋带新岩层之上而得以出露，另一方面它们的展布延伸又与其以北的印支期构造不协调。北侧的原先期构造岩层与构造线走向明显与城口断层斜交，但到近城口断层附近出露的震旦系岩层时，多数又复合归并到震旦系构造内，平行城口断裂方向分布，呈现出总体斜交分布，但具体部位又多数复合联合归并的特点。

四、扬子陆块印支期陆内构造变形

1. 扬子陆块内部构造特征

相对于南北两侧的造山带而言，扬子陆块内部印支运动的变形特征及波及范围，仍不明确。通过对大调查以来1∶25万区调、1∶5万区调成果资料以及最新文献资料的梳理，结合室内资料的整理，对印支期构造层角度不整合的分析，认为印支运动在雪峰山隆起南北的表现形式是不同的。在雪峰山东南的湖南地区，中、上三叠统之间普遍为角度不整合接触；在湘西，中三叠统巴东组与上统大江口组或下侏罗统接龙桥组呈微角度不整合。在鄂西，扬子陆块内部的秭归郭家坝、贾家店、沙镇溪、兴山昭君、巴东溪丘湾、恩施七里坪等剖面（胡召齐等，2009），远安九里岗、南漳东巩、荆门海慧沟等剖面（赵小明等，2010）均显示中、上三叠统之间所代表的印支面皆为平行不整合接触关系。进一步研究认为扬子陆块南缘的印支运动表现出非穿时的由东向西强度递减特征，前锋波及至鹤峰—来凤—三都一线，此线以东上三叠统与下伏地层呈角度不整合接触，此线以西二者间呈平行不整合或整合接触，表明该线以西的扬子陆块内部受到印支期的影响较弱，区内的褶皱变形发生在印支期之后。

扬子陆块北侧，中晚三叠世时扬子陆块与华北陆块及其间的秦岭微陆块发生持续俯冲并全面陆陆碰撞造山，形成近东西向的造山带和大型前陆盆地，但形成的同碰撞前陆褶皱逆冲带大部分被逆冲掩盖或被改造，现今残存的变形宽度约50km（金宠等，2009）。

扬子陆块内部印支运动的最显著地层学响应是结束了中上扬子陆块自伊迪卡拉纪以来至中三叠世末期漫长的陆表海相沉积历史，转变为晚三叠世以陆相沉积为主的"类周缘前陆盆地"沉积体系（梅冥相等，2010），形成了复杂有序的晚三叠世地层记录，以及残留不全的中三叠统。中三叠统巴东组在秭归盆地东部以海陆交互相紫红色碎屑岩为主，而西部碳酸盐岩明显增多,反映了陆源碎屑来自东部、沉积中心更靠近西部的东高西低的古地貌格局。在秭归盆地东南缘中三叠统巴东组存在不同程度的缺失(李旭兵等,2008;赵小明等,2010),而在秭归盆地西缘和荆当盆地内巴东组发育基本齐全,很少或未曾遭受剥蚀,反映了印支运动造成黄陵地区相对隆升而出现差异剥蚀。晚三叠世时期,黄陵背斜东西两侧的荆当盆地和秭归盆地不论是在接触关系、岩性组合、沉积环境、层序单元组成、地层厚度、古生物组合等方面,均存在明显的差异。晚三叠世荆当盆地首先接受沉积,沉积了九里岗组砂泥岩夹煤层与王龙滩组砂岩地层,地层序列较为完整,厚度超过千米,是受秦岭-大别造山带控制的中扬子前陆盆地的沉积和沉降中心。而秭归盆地在晚三叠世是上扬子残留海相盆地的东延部分,受盆地持续性向东超覆作用的影响在晚三叠世晚期(大致在诺利晚期之后)才接受沉积,主要发育一套以长石石英砂岩夹泥页岩为主的九里岗组(亦称沙镇溪组),厚度仅数十米至数百米,并且具西厚东薄的特点,说明秭归盆地为一隆后沉积带。两个盆地以黄陵背斜相隔开,沉降和沉积中心分别位于荆当地区、川西龙门山山前,表明中三叠世末期黄陵地区相对隆升而成为扬子陆块周缘前陆盆地的重要地质分界线。

2. 雪峰山周缘印支期构造变形特征

雪峰山基底隆升构造带西部以江南-慈利-保靖-三都断裂为界,东边以城步-新化断裂为界,南边以三都断裂的北西向延伸段为界。此构造带整体为走向为北北东—北东且向北西凸的弧形构造带,该带曾被认为是早中生代阿尔卑斯型远程推覆体的发育部位(许靖华等,1987),被认为是扬子与华夏俯冲碰撞的边界。但越来越多的资料显示,雪峰山基底扇形隆升构造带并不处于扬子与华夏地块早中生代碰撞作用发生的核部位置,该带长期处于晋宁期碰撞带和显生宙陆内造山带的边缘地带。

在雪峰山基底隆升构造带发育有4条主要断裂,自西而东包括辰溪-怀化-竹田断裂、靖县-溆铺断裂、通道-安化断裂、城步-新化断裂,各断裂带是加里东期或其以前形成的逆冲推覆断裂,并在印支期再活动的产物。靖县-溆浦断裂带的北段由数条断裂组成,单条破碎带的宽度在10～30m之间,最宽可达100m,大致从安化大约往南西经马路口、溆浦、洪江经靖县进入贵州,走向20°～60°,倾向北西,倾角相对陡立。该断裂宏观上呈向西凸的弧形,严格控制了中生代溆浦、黔阳和靖县等中生代盆地的展布。在溆浦、洪江一带见板溪群或震旦系斜冲于石炭系壶天群地层之上,普遍见有角砾岩、糜棱岩化、挤压片理带、构造透镜体等。通道-安化断裂带走向25°～60°,野外地质表明其为一条"左"形压扭动断裂。

区内剪切带、断裂、劈理、褶皱轴面相互平行或近平行,显示出为同一构造变形事件产物的特征、剪切带和断裂在深部归并复合,并表现出叠瓦状推覆特征,剖面上以倾向南东的剪切带/断裂为主体,很可能代表了区域上主要的推覆构造,而东侧倾向北西—北西西的剪切带/断裂代表的是反向推覆构造。剖面上大致以安化-溆浦深断裂为界,西侧断裂和劈理系显示倾向南东且倾角向西变缓,而雪峰山主峰东侧断裂和劈理系倾向北西,同样倾角向东变缓,其断裂/劈理系构成倾向相反的不对称正花状构造。雪峰山隆起带剖面上以向北西推覆为主,并伴随向南东的背向推覆和沿北东—北北东向剪切带左旋走滑为特征,为一以汇聚作用为主兼具走滑的构造带,自北西至东南侧之间构成一个具左旋压扭性属性的大型扇形复式背斜冲断构造带和反冲构造带,而不是一个简单的对称汇聚带。该扇形构造发育于元古代基底推滑面之上盘,主要的应力状态为南东-北西向,而且向西的逆冲不穿透新远古界的底,而向东的逆冲在中元古界内发育。

在雪峰山隆起带地区发育有下古生代—侏罗系,普遍见上三叠统—下侏罗统角度不整合于下伏地层之上。下古生代震旦系—志留系与上古生代上泥盆统—二叠系的不整合关系则表明在雪峰山核部带以东表现为角度不整合接触,如在洞口、安化、新化一带见中泥盆统角度不整合于前泥盆系之上,而雪峰山核部带以西地区,如怀化—沅陵一带,石炭系—二叠系与前泥盆纪地层微角度或平行不整合接触,这表明隆起带地区至少自加里东期开始即在隆起带东侧开始有明显影响。结合野外资料认为隆起带内主要变形构造包括早期的以无根褶皱、钩状褶皱和倾角宽缓到陡立的倾向北、北北东或倾向南或南南东之面理组成,但这些构造行迹多由于后期构造的强烈叠加改造而破坏。第二幕变形是雪峰山隆起构造带内最主要的定型构造,表现为以左旋压扭性构造为其主要特征,相应的构造要素包括褶皱、区域性剪切变形带、糜棱面理、线理以及区域性劈理等。对该区脆韧性-韧性断裂带中糜棱质岩石中云母矿物开展的 Ar-Ar 年代学测试结果都集中在 220~195Ma(王岳军等,2005),对应晚三叠世,大致相当于上述断裂带最后构造定型的年龄。上述构造被 182~172Ma 的花岗质岩石所穿插,也表明其形成时代在印支期,故雪峰山基底隆升带整体上为一指向北西逆冲的扇状背冲构造带,其初始形成为加里东期,主体构造为印支期晚三叠世变形作用的直接产物。

3. 湘桂地区印支期陆内复合造山特征

加里东运动结束后的泥盆纪—中三叠世,湘桂地区进入了相对稳定的准地台发展阶段,以陆源碎屑岩及海盆内碎屑碳酸盐沉积为主,这一时期的构造活动主要表现为地壳升降运动。中三叠世末发生强烈的印支造山运动,形成了隆起区与坳陷区相间的主体构造格架。不同区内的褶皱特征及其形成机制存在差别,隆起区主要发育由少量晚古生代盖层与下伏加里东期褶皱基底同步变形所形成的厚皮式隔槽状褶皱,局部隆起地带则主要发育穹状叠加褶皱;坳陷区则主要发育由晚古生代盖层上部软弱层滑脱所形成的侏罗山式褶皱,以及受早期基底断裂和边界走滑断裂影响而形成弧形构造。

泥盆纪—中三叠世沉积盖层内褶皱断层十分发育,构造线总体方向为近北东—北北东向。褶皱的主要特点是背斜向斜和变形强度不同,较紧闭的和较开阔的褶皱相间排列,空间上组合成以隔挡式和隔槽式褶皱为典型代表的侏罗山式构造。盖层中断裂的主要特征是广泛发育纵向逆冲滑脱构造。滑脱构造的主要特点是,在平面上,逆冲断层系多沿岩性界面展布,其走向与褶轴方向基本一致,并造成规模相差悬殊的紧闭背斜、紧闭向斜等,两翼地层及厚度呈现明显的不对称分布;在剖面上,存在多个区域性的滑脱层和上、下构造层极为不协调的构造变形系统。因此,多个不同层位、不同特征的滑脱层存在,在坳陷区印支期的构造发育和演化过程中起着重要的作用。成为滑脱层的主要条件,是能干性差的软弱层或不整合界面,而软弱层主要产于潮坪、陆架、浅海的局限台地,具备滑脱层发育所需的岩性条件主要岩性为碳质页岩、碳质泥岩、薄层灰岩、泥灰岩、砂质泥岩、粉砂质泥岩以及二叠系或石炭系的煤层等。由于不同坳陷中沉积相的变化导致各时期沉积物的岩性、岩层厚度等因素存在差异,从而使滑脱层不尽相同,但总的来说,各坳陷内印支期的滑脱构造主要集中在 3 个层位:泥盆系与基底之间的不整合面、石炭系或二叠系煤层,以及中下三叠统之间界面。多层滑脱系统的存在,使得不同滑脱层依次向前递进扩展,使得上下滑脱层之间的变形极不协调,从而在地表上造就了极为复杂的构造图案。

弧形构造是坳陷区印支期构造变形的另一大特征。沉积厚度巨大的泥盆纪—中三叠世沉积物在印支期滑脱构造变形时常受到基底隐伏断裂复活走滑的影响,从而形成弧形构造带。在雪峰山核部基底隆升带的东侧涟源—邵阳—永州一带,印支期地层在宽缓的北东东向褶皱基础上叠加了较紧闭的北北东—南北—北北西向的祁阳弧形褶皱。在祁阳弧形断裂两侧的褶皱轴迹和断裂形态基本平行(也呈"S"型),而逐渐远离祁阳弧形断裂的褶皱,其形态也愈加平缓,到了新化-城步断裂的西侧,褶皱呈平直的北北东向展布。该期弧形褶皱还控制了上三叠统和下侏罗统的沉积,结合涟源坳陷内的 T_3—J_1 连续沉积,推测变形时期为晚三叠世之前,即印支晚期褶皱。推测弧形构造是强烈受北东向边界断裂,郴州-临武断裂的边界条件约束所致。

五、印支运动的性质和大地构造背景

中国南方大陆在晚古生代—三叠纪期间的增生和演化在很大程度上与古特提斯构造演化相关。由于受印支运动的影响,古特提斯洋消亡,导致华北陆块和扬子陆块最终在三叠世末完成碰撞对接,形成秦岭-大别碰撞造山带(张国伟,2003)。而在华南地区,印支运动的大地构造性质、构造变形强度和动力学过程等问题,则存在不同的诠释,提出了不同的构造动力学模式。由于受到燕山运动强烈叠加改造,对印支运动产生的构造线方向和构造变形强度存在不同的认识。许多学者强调,华南主要构造线方向(北东—北北东—南北)形成于印支运动。Hsu 等(1987,1988,1990)认为其动力作用与华夏和扬子陆块的碰撞造山作用有关,该模式曾影响很大。新近的野外调查和高精度同位素年代学资料表明,华南地区早中生代时期以陆内变形为特征。然而,关于陆内变形的板块构造动力学背景则存在不同解释,许多学者认为,华南大陆广泛发育的褶皱构造和岩浆作用是古太平洋板块向华南大陆之下俯冲作用的结果。Wang et al.(2005,2008)对雪峰山褶皱构造带的调查和研究,提出一个陆内斜向俯冲模式来解释基底左旋走滑逆冲和盖层褶皱变形,认为这个过程主要形成于中晚三叠世的印支运动时期。Li et al.(2007)则提出一个大洋板块平俯冲模型,将华南大陆 1300km 宽的逆冲-褶皱构造带的形成和岩浆演化过程归结为古大洋板块向华南大之下平俯冲的结果,认为这个俯冲始于晚二叠世,并持续到早侏罗世。但是,这种古太平洋板块的俯冲模型,正在受到来自构造质学研究结果的挑战。

构造地质学研究结果表明,华南印支运动产的褶皱构造线方向主要为近东西向(万天丰,2004;张岳桥,2009),指示印支期变形的挤压应力方向为近南北向。华南东部区北东—北北东向韧性走滑剪切带的研究结果显其运动学以左旋走滑为主(刘德良,1993;Wang,2005;陈新跃,2006),云开大山地区主要断裂构造的逆冲方向也指示由北向南,这些运动学指向一致地表明华南地区印支构造运动受到近南北向构造挤压,而并非古太平洋俯冲模型认为的北西-南东或近东西向挤压。这个事实说明,华南大陆印支运动的动力来自华南地块南北边缘的板块边界,而不是来自华南大陆东部陆缘边界。众所周知,华南与华北地块沿秦岭-大别-苏鲁构造带于三叠纪发生碰撞造山,形成著名的超高压变质带(Li,1993,2000;Bradley,1998),在其

南缘扬子陆块上形成前陆褶皱构造带。

印支期是中国大陆碰撞拼贴的重要时期,最新的古地磁研究表明,扬子陆块在早三叠世之后在北移过程中,移动速度有两次明显的下降(王二七等,2008;李三忠等,2011)。第一次是在中三叠世后,表明扬子陆块东部与华北地块发生了初始碰撞。但是碰撞之后,扬子陆块北缘的西部和扬子陆块西缘都没有进入碰撞阶段,这也直接造成了扬子陆块以东部碰撞区为支点,做大幅度的顺时针旋转。第二次是在中侏罗世后,表明扬子陆块与华北地块已经完全拼合,并进入了陆内变形阶段。因此,扬子陆块周缘在印支期的构造变形可能分为几个阶段:①早印支期,华南南部在印支陆块和华南陆块之间存在一支古特提斯洋盆,其封闭碰撞最早时间大约在260Ma,高峰期可能为230~250Ma,此时产出的花岗岩主要分布在粤、桂两省交界的华南西南部,大多为"S"型花岗岩,总体呈东西向展布。随后,扬子陆块北缘由东往西陆续进入陆块碰撞阶段,并在扬子北缘形成了一系列近东西向逆冲推覆构造系统及相应的同碰撞岩浆活动。②晚印支期,勉略带南侧从被动陆缘沉积环境开始自东而西穿时地转换为海相前陆盆地,指示了勉略洋盆斜向碰撞封闭具有自东而西的穿时过程(刘少峰等,2010),表明扬子陆块向秦岭-大别造山带碰撞俯冲具有自东向西的穿时特征。在由南向北的漂移过程中,华北陆块逆时针转动,华南陆块顺时针转动,这决定了华南陆块和秦岭-大别造山带构造线在形成以后,因陆内俯冲和陆内地块间的相对旋转调节,最终拼接为一体形成了现今不同块体间的印支期构造线近于垂直的格局。

第五节 中—新生代陆内叠加造山

印支运动后,近东西向的古特提斯洋关闭,湘西—鄂西地区进入陆内构造变形阶段,主要经历了燕山运动和喜马拉雅运动两期构造。对燕山运动的性质目前大多数学者认为,燕山运动的本质是中国东部近东西向的特提斯构造域向北北东向的环太平洋构造域的转换,即从大陆碰撞构造体制转为以西太平洋陆缘俯冲构造体制为主导的陆内变形和陆内造山(董树文等,2007,2008)。以往研究多认为华南地区的喜马拉雅构造变形较弱,本次研究认为研究区内在古近纪末(约23Ma)发生了较为强烈的喜马拉雅期构造变形。

一、多向汇聚构造体系的形成演化

1. 中国东部多向汇聚构造体系的形成

晚侏罗世—早白垩世是地球演化的重要历史时期。地质学家一致认为,晚侏罗世开始在东亚地区发生了构造体制的重大变革,表现为:太平洋板块向亚洲大陆的俯冲,形成濒西太平洋典型的沟-弧-盆体系和北北东方向隆起、坳陷间列的盆山系统;西伯利亚板块的向南运动,导致蒙古-鄂霍茨克洋的关闭,形成一系列向南的巨型推覆构造系;西南地区印度-澳大利亚板块的向北推挤,导致青藏高原北部块体向东亚方向汇聚。也就是说,大致起始于晚侏罗世(约165Ma)的多个板块从3个方向向东亚的极性运动产生了东亚构造变形图像,这一事件被称为"东亚汇聚"(董树文等,2007,2008)。

东亚汇聚有着深刻的地球动力学背景与动力来源。东亚地区是挟持在西太平洋、古亚洲和特提斯构造域之间的三角地带(图 4-4)。东亚从中—晚三叠世进入新的全球构造发展阶段,联合大陆(Pangea)解体,大洋板块形成。东亚的核心是中朝地块和华南地块,最终拼贴于 240~200Ma。而东亚北部西伯利亚板块与中朝的最后拼贴发生在 170~160Ma,东亚东部太平洋板块与中朝和华南地块的拼贴开始于 170Ma,东亚西南部拉萨与羌塘地块的碰撞发生于 160Ma,均指示了近乎同时的向东亚的多向板块汇聚和造山体系。东亚汇聚的驱动力可能来自超级冷地幔下降流。三叠纪东亚大陆深碰撞导致岩石圈增厚,随之发生岩石圈断离或拆沉,软流圈从周边侧向补偿,牵动了太平洋板块向西俯冲,印度洋板块向北东、西伯利亚向南运动,产生了东亚侏罗纪—白垩纪之交的多向汇聚构造体系。太平洋中脊、大西洋中脊拉开和北冰洋美亚盆地开启,可能是东亚汇聚事件的远程效应。

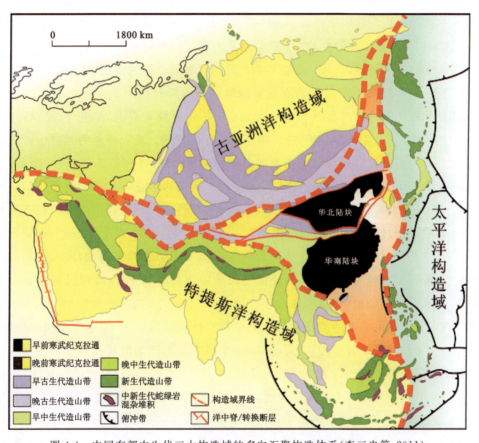

图 4-4　中国东部中生代三大构造域的多向汇聚构造体系(李三忠等,2011)

大量的地质剖面调查证实,中晚侏罗世陆内汇聚构造体系的形成,导致了古老纬向构造带(阴山-燕山构造带、秦岭构造带)强烈的逆冲复活、克拉通型盆地的东西分异和新的盆-山耦合系统的发育、中西部南北挤压逆冲构造带形成和发展、中国东部北北东向新华夏构造体系和郯庐断裂系的形成,在鄂尔多斯周缘出现中晚侏罗世多向挤压的逆冲推覆构造带,在华南形成了宽达 1300km 的北东—北北东向褶皱逆冲构造系统。因此,中国东部中晚侏罗世陆内变形和造山作用具有多向性、同时性、变形弥散性的显著特征。

2. 多向汇聚构造体系在区内的构造-沉积响应

中上扬子地区在中新生代以来主要经历陆内构造演化阶段,这里的沉积建造和构造变形特点较好地残存并记录着中上扬子盆地及其相邻造山带中新生代多向汇聚体系作用下构造事件的相关信息。

(1)晚三叠世至中侏罗世(220~160Ma):在早中三叠世期间,古特提斯洋的关闭导致华南地区发生强烈的构造-岩浆作用。扬子陆块内部印支运动的最显著地层学响应是结束了中上扬子陆块自伊迪卡拉纪以来至中三叠世末期漫长的陆表海相沉积历史(梅冥相等,2010),转变为晚三叠世以陆相沉积为主的"类周缘前陆盆地"沉积体系,形成了复杂有序的晚三叠世地层记录,以及残留不全的中三叠统。中三叠统巴东组在秭归盆地东部以海陆交互相紫红色碎屑岩为主,而西部碳酸盐岩明显增多,反映了陆源碎屑来自东部、沉积中心更靠近西部的东高西低的古地貌格局(图4-5A)。在秭归盆地东南缘中三叠统巴东组存在不同程度的缺失(李旭兵等,2008;赵小明等,2010),而在秭归盆地西缘和荆当盆地内巴东组发育基本齐全,很少或未曾遭受剥蚀,反映了印支运动造成黄陵地区相对隆升而出现差异剥蚀。晚三叠世时期,黄陵背斜东西两侧的荆当盆地和秭归盆地不论是在接触关系、岩性组合、沉积环境、层序单元组成、地层厚度、古生物组合等方面,均存在明显的差异。晚三叠世荆当盆地首先接受沉积,沉积了九里岗组砂泥岩夹煤层与王龙滩组砂岩地层,地层序列较为完整,厚度超过千米,是受秦岭-大别造山带控制的中扬子前陆盆地的沉积和沉降中心(图4-5B)。而秭归盆地在晚三叠世是上扬子残留海相盆地的东延部分,受盆地持续性向东超覆作用的影响在晚三叠世晚期(大致在诺利晚期之后)才接受沉积(图4-5C),主要发育一套以长石石英砂岩夹泥页岩为主的九里岗组(亦称沙镇溪组),厚度仅数十米至数百米,并且具西厚东薄的特点,说明秭归盆地为一隆后沉积带(刘少峰等,2010)。两个盆地以黄陵背斜相隔开,沉降和沉积中心分别位于荆当地区、川西龙门山山前(严金泉等,2006),表明中三叠世末期黄陵地区相对隆升而成为扬子陆块周缘前陆盆地的重要地质分界线。早中侏罗世时期,是一个构造活动相对宁静期,扬子北缘前陆盆地格局开始发生变化(图4-5D)。早侏罗世前陆盆地是在三叠纪末期造山带逆冲作用不断减弱而趋稳定的背景下发展起来的,盆地的范围比晚三叠世明显扩大,下中侏罗统在荆当盆地和秭归盆地具有相似的岩性组合和沉积学特征,表明两个盆地在早中侏罗世已连通成一个内陆湖盆,形成统一的扬子北缘前陆盆地带。

(2)晚侏罗世至晚白垩世早期(160~95Ma):早中生代构造事件之后,中国东部发生了从近东西向的特提斯构造域向北北东向的环太平洋构造域的转换,形成了以陆内俯冲和陆内造山为特征的东亚多向汇聚构造体系(董树文等,2007,2008)。燕山早期,中扬子南部雪峰山地区主要受古太平洋板块向西俯冲形成的南东向的主应力,形成向北西扩展的北东—近东西向弧形构造变形带,且构造变形强度具东南部及东部强、西部及西北部弱的特点;而在扬子北缘的秦岭—大别山地区,扬子陆块持续向秦岭造山带挤入形成北东-南西向的主应力场(Xu et al.,2010),形成了向南西扩展的北西—近东西向的大洪山、大巴山弧形陆内构造变形带(图4-5E)。二者在中扬子地区形成南北对冲构造带(梅廉夫等,2008),构成一个向西撒开的弧形复合联合构造带,其主体形成于晚侏罗世至早白垩世,并具从东向西穿时特征,联合变形点在晚侏罗世位于荆州附近,至早白垩世已迁移至开县东北侧(图4-5F),且中扬子区变形强度明显高于上扬子区,反映了中上扬子地区燕山期陆内构造变形经历了自东向西的汇聚变形过程。

晚侏罗世至早白垩世时期,在多向汇聚的大地构造格局下,中上扬子地区的沉积盆地亦经历了自东向西的迁移过程。晚侏罗世时期,东部中扬子地区已经结束前陆盆地的充填开始抬升并接受剥蚀,而西部秭归盆地则发育充填曲流河和冲积平原沉积,包括上侏罗统遂宁组和蓬莱镇组。秭归盆地侏罗纪沉积物源分析表明(渠洪杰等,2009),早中侏罗世的物源区主要为盆地北部的神农架地区,而晚侏罗世则转变为盆地东部的黄陵背斜地区,且上侏罗统沉积物明显较下部变粗,底部多见盆外岩砾石,表明此时黄陵背斜开始隆升。

早白垩世时期,沉积古地理格局发生明显分化,一方面是复合前陆盆地继续向西迁移,沉降中心迁移到达县以西地区;另一方面是包括雪峰构造带和大别山在内的中国东部开始伸展,形成伸展断陷盆地(图4-5G)。中扬子地区西部首先开始接受沉积,在黄陵背斜的东南部发育一套以冲积扇砾岩-河流相砂、泥岩为主的红层沉积,包括石门组和五龙组。石门组与下伏地层呈角度不整合接触,为一套厚度达200m的冲积扇扇根部位沉积,底部砾石呈角砾状,分选磨圆差,反映了近源型快速沉积的特点。

(3)晚白垩世至始新世中期(95～45Ma):晚白垩世,是中国东部重大构造体制转换的重要时期,中上扬子地区的东、西构造差异更加明显。黄陵背斜西部的上扬子地区受大巴山陆内造山、江南逆冲推覆作用的复合影响持续隆升成陆,普遍缺失这一时期的沉积地层记录;而东部的中扬子地区全面伸展,表现为在前期前陆冲断褶皱带的基础上发生伸展断陷形成断陷盆地(图4-5G)。在齐岳山断裂带东侧的中上扬子地区和北部南秦岭地区,发育受北北东、北北西和近东西向断裂带控制的断陷盆地,沉积了一套冲积扇至河湖相碎屑红层沉积,包括罗镜滩组、红花套组和跑马岗组。晚白垩世罗镜滩组普遍角度不整合在前白垩系老地层之上,且与早白垩世五龙组的接触界面凸凹不平,有明显的冲刷面,局部可能呈微角度不整合接触(1∶25万宜昌幅),表明晚白垩世时期研究区构造体制发生了重大转换,可能代表了中上扬子地区多向汇聚构造体系的结束。

二、构造单元分区及特征

此阶段为印支运动结束之后直到现今,经历了燕山运动和喜马拉雅运动,其中燕山运动奠定了区内现今的大地构造格局,因此本书以燕山期定型构造特征为主体进行此阶段的构造单元划分。在前述区内燕山期处于多向汇聚构造体系的整体认识基础上,将成矿带定型构造的大地构造单元划分为2个一级构造单元、6个二级构造单元,以及相应的16个三级构造单元(表4-6,图4-6)。

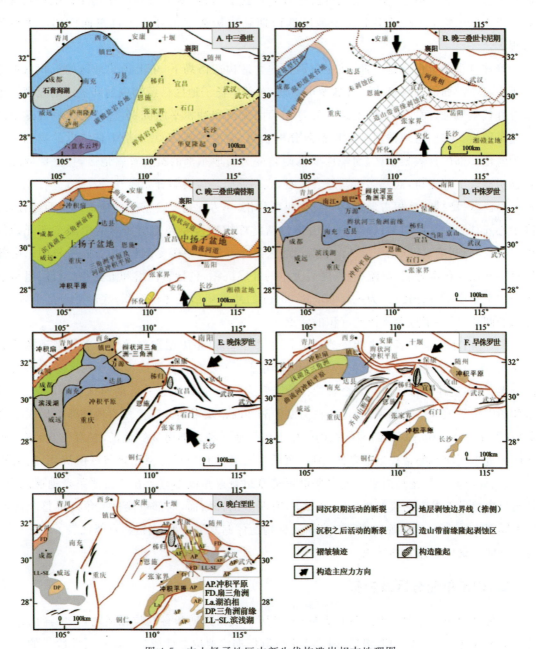

图 4-5 中上扬子地区中新生代构造岩相古地理图

A 据冯增召等,1997 修改,B~G 据文献(刘少峰等,2010;梅冥相等,2010;何治亮等,2011)修改

表 4-6 燕山期大地构造分区

Ⅰ级构造单元	Ⅱ级构造单元	Ⅲ级构造单元
Ⅰ秦岭陆内造山系	Ⅰ-1 南秦岭造山带	Ⅰ-1-1 郧均断褶带
		Ⅰ-1-2 两郧剪切走滑构造带
		Ⅰ-1-3 武当基底断褶带
		Ⅰ-1-4 平利-竹山逆推带
		Ⅰ-1-5 兵房街前缘逆推带
	Ⅰ-2 襄枣盆地	Ⅰ-2-1 襄枣断陷(K-R)
Ⅱ扬子陆块	Ⅱ-1 秦岭南缘前陆褶冲带	Ⅱ-1-1 南大巴-阳日褶皱冲断带
		Ⅱ-1-2 南大巴盖层滑脱褶皱带
		Ⅱ-1-3 神农架基底隆起带
		Ⅱ-1-4 远安盖层滑脱褶皱带
		Ⅱ-1-5 黄陵基底隆起带
	Ⅱ-2 江汉盆地	Ⅱ-2-1 江汉断陷(K-R)
	Ⅱ-3 上扬子陆内构造变形区	Ⅱ-3-1 川东隔挡式褶皱带
		Ⅱ-3-2 八面山隔槽式复合断褶带
	Ⅱ-4 江南复合陆内造山区	Ⅱ-4-1 雪峰山基底逆推带
		Ⅱ-4-2 湘中复合褶冲带

Ⅰ秦岭陆内造山系：秦岭造山带是典型的复合型大陆造山带，是东西向横亘中国大陆的中央造山系中部的主要组成部分。已有的研究揭示它于印支期(245~210Ma)已完成了板块的俯冲碰撞造山演化。以发育晚造山的 T_3—J_{1-2} 伸展垮塌的陆相上叠断陷盆地和东秦岭广泛发育的陆壳重熔、壳幔混合的碰撞后花岗岩(225~200Ma)及与之相关的多金属成矿作用为标志，而后转入板内构造演化阶段(张国伟等，2011)。

秦岭造山带强烈的陆内造山作用主要表现为：①中生代晚期以 J_3—K_1 为峰期，秦岭沿南北缘发生向外的大规模逆冲推覆运动，形成南北缘诸如大巴山、义马-宜阳-洛阳等分别指向南、北的巨大推覆构造，使秦岭呈扇形花状整体抬升，成为秦岭山脉；②秦岭板块主造山晚期 T_3—J_{1-2} 的塌陷陆相盆地沉积发生区域性变形变质构造变动；③与上述造山变形变质同时，东秦岭区发生广泛强烈同熔型花岗岩岩浆活动(150~110Ma)和相伴的铜、金等为主的多金属成矿作用；④地震探测与层析成像研究揭示，中、新生代同期秦岭造山带从地表到深层地幔发生区域性强烈构造调整变动，呈现秦岭造山带岩石圈流变学分层的"立交桥"式壳幔三维结构的脱耦模型，显示了中生代晚期秦岭陆内造山的深部背景。

Ⅰ-1 南秦岭陆内造山带：南界为青峰-襄阳-广济断裂，北界为商-丹断裂带。燕山期发生自北东向南西逆冲的强烈陆内造山作用，形成以大巴山弧形构造带为主体的前陆褶冲构造带，随后沿主要断裂带形成晚白垩世伸展断陷盆地。

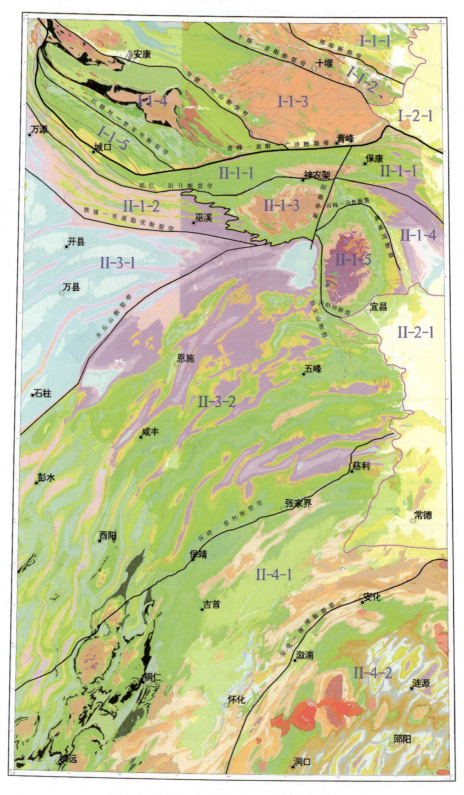

图 4-6 燕山期大地构造分区示意图(定型构造)

Ⅰ-1-1 郧均断褶带:南界为两郧断裂带,主体为由武当群和古生代组成的穹盆褶皱构造区。

Ⅰ-1-2 两郧剪切走滑构造带:南界为十堰-襄阳断裂带,北界为两郧断裂带,主要表现为燕山期剪切走滑构造特征。

Ⅰ-1-3 武当基底逆推带:位于安康-竹山断裂带以北,叠加在印支期武当韧性推覆体之上。燕山期以发育脆韧性逆冲推覆构造为特征,错断了印支期韧性构造。

Ⅰ-1-4 平利-两竹逆推带:南界为红椿坝-曾家坝断裂带,其主体物质为早古生代形成的代表裂谷环境的火山碎屑岩建造和基性岩带。燕山期主要发生脆韧性逆推构造,但并未改变印支期碰撞造山阶段形成的主体构造格局。

Ⅰ-1-5 兵房街前缘逆推带:位于城口-房县断裂以北、红椿坝-曾家坝断裂以南地区,东西两侧均被城口-房县断裂带所围限,亦为叠加在印支期韧性变形之上的脆韧性前缘逆推构造带。

Ⅰ-2 襄枣盆地:襄枣盆地是东秦岭造山带上一个以古近纪沉积为主的中、新生代断坳型盆地,基底为前白垩纪变质岩系,是燕山晚期伸展构造作用下的产物。由于受多期构造运动的影响,盆地自下而上沉积了3套构造层序:中生界上白垩统裂陷沉积层序、新生界古近系裂陷沉积层序及新近系坳陷沉积层序。

Ⅱ 扬子陆块:虽然先后经历了复杂的西太平洋俯冲作用和喜马拉雅碰撞造山作用,但是作为扬子陆块本身而言,其主体则是位于大陆边缘的后部,而不直接滨临俯冲与碰撞带的前缘,所以它虽然受到燕山期各大板块相互作用的显著控制作用,然而更突出的是在上述板块俯冲碰撞的区域构造框架下的陆内构造的叠加复合与演化。燕山早期,扬子南部雪峰山地区主要受古太平洋板块向西俯冲形成的南东向的主应力,形成向北西扩展的北东—近东西向弧形构造变形带;而在北缘的秦岭—大别山地区,扬子陆块持续向秦岭造山带挤入,形成了向南西扩展的北西—近东西向的大洪山、大巴山弧形陆内构造变形带。二者在扬子地区形成南北对冲构造带,构成一个向西撒开的弧形复合联合构造带,反映了中上扬子地区燕山期陆内构造变形经历了自东向西的汇聚变形过程。

Ⅱ-1 南秦岭南缘前陆褶冲带:位于扬子陆块北缘,叠加在印支期前陆褶冲带和$T_3—J_2$前陆盆地之上。主要包括南大巴-阳日褶冲带、南大巴盖层滑脱带、远安盖层滑脱带、神农架基底隆起和黄陵基底隆起等几个次级单元。

Ⅱ-1-1 南大巴-阳日褶皱冲断带:位于镇巴-阳日断裂带以北、城口-房县断裂带以南,呈北西—东西向延伸、向南西突出,经宜城北、京山,向东隐伏于江汉盆地之下的弧形构造带。主要由古生界地层组成,垂直构造带方向由造山带向前缘地层由老变新。不同区段由于岩层组合和构造应力的差异形成了不同的具体构造样式。总体具有逆冲推覆构造带构造形态,以弧形线状紧闭的复式褶皱为主。

Ⅱ-1-2 南大巴盖层滑脱褶皱带:分布于前陆褶皱逆冲带的前缘,盆地充填地层主要为上三叠统至中晚侏罗统。晚三叠世时期前陆盆地主要发育于中扬子当阳地区和上扬子四川盆地西北部。早、中侏罗世时期,前陆盆地呈近东西向沿中、上扬子北缘发育(刘少峰等,2010)。燕山期,受北大巴逆冲推覆带的影响而形成薄皮式盖层滑脱带。

Ⅱ-1-3 神农架基底隆起带：位于前陆褶冲带南侧、秭归前陆盆地的北缘，东侧被新华断裂带截切，主体表现为以神农架群为主体的基底隆起。可能在印支期形成初始隆起，燕山期受由北向南、由东（南东）往西（北西）等多方向挤压而形成基底隆起。

Ⅱ-1-4 远安盖层滑脱褶皱带：主体为印支期前陆盆地，盆地充填地层主要为上三叠统至中侏罗统。燕山期形成的构造变形主要以宽缓-紧闭褶皱带为主，走向呈北西—北北西向弧形，可能是受到黄陵基底隆起阻挡的结果。

Ⅱ-1-5 黄陵基底隆起带：该区被天阳坪断裂、新华断裂、百峰-马良断裂、通城河断裂等所围限，主体为以崆岭群中深变质岩系和新元古代黄陵花岗岩基为核，南华系—三叠系沉积盖层海相沉积及少量侏罗纪以来的陆相沉积围绕基底由老至新呈环状分布。隆起南北长 73km，东西宽 36km，主体上为一轴向呈北北东向，西陡东缓，轴面东倾的完整短轴背斜。南部为北西西—东西向的长阳复背斜，北侧为南倒北倾的北东—东西向弧形逆冲褶皱带，显示其处于多个不同构造线的交会部位。

Ⅱ-2 江汉盆地：主要位于扬子陆块中部，北邻秦岭-大别造山带，南近江南-雪峰隆起，西至黄陵背斜，是在中古生界的海相碳酸盐岩、碎屑岩和陆相含煤碎屑岩的基础上，经燕山运动、喜马拉雅运动发展起来的白垩纪—新近纪的内陆断陷盆地，盆地形状受隐伏断裂控制。

Ⅱ-3 上扬子陆内构造变形区：大致位于华蓥山断裂和慈利-保靖断裂之间，总体构造线为北东向。其中，建始-彭水断裂和鹤峰-龙山断裂围限区，地层出露较为完整，褶皱形迹复杂呈网状，复合叠加作用明显，其中南北向褶皱总体样式为隔槽式；华蓥山断裂和齐岳山断裂围限区，残留的地层比较新，大都在 T_3—J_3 之间。褶皱断裂和褶皱十分发育，断裂主体为向北西逆冲的弧形冲断系。褶皱跟随断裂线形分布，呈隔挡式排列，其北东向线性隔挡在重庆附近以扫帚状向南发散；建始-彭水断裂和齐岳山断裂之间组成一对冲构造，褶皱样式基本和其东侧隔槽式构造带相近。

Ⅱ-3-1 川中隔挡式褶皱带：位于华蓥山断裂和齐岳山断裂之间，主体构造线为北东向，向北至万州一线转为北东东向，北侧黄金口—奉节一线与南大巴盖层褶皱带相接而形成复合联合构造。主体为背斜紧闭、向斜宽缓的隔挡式，是燕山期由南东向北西挤压作用下的产物。

Ⅱ-3-2 八面山隔槽式复合断褶带：分布于齐岳山断裂带以东、慈利-保靖断裂带以西地区，地层出露较为完整，褶皱形迹复杂呈网状，主体样式为隔槽式。复合叠加作用明显，多数地区表现为晚期北北东向构造叠加在早期北东—近东西向构造之上。

Ⅱ-4 江南复合陆内造山区：该区位于慈利-保靖断裂以南地区。燕山期以来，受太平洋构造域的影响，形成了北东—北北东向宽广的陆缘构造带。东侧主要发育叠加在褶皱基底之上的中、新生代火山-侵入杂岩和陆相盆地带，西侧则以叠加在加里东、印支期构造变形带之上的北北东向逆冲断裂和褶皱为主导，局部地区被后期伸展断陷盆地覆盖。

Ⅱ-4-1 雪峰山基底逆推带：该区由慈利-保靖断裂和安化-溆浦断裂所围限。广泛出露的元古界古老地层，为雪峰山隆起的核心部分，北部沉积很多的白垩系山间盆地，沅麻盆地最为突出。逆冲断层和褶皱走向主体为北东或北北东向，在北段部分存有北西向滑断裂切割这些逆冲断层和褶皱。

Ⅱ-4-2 湘中复合褶冲带：该区以包含上三叠统—侏罗系中发育叠加在加里东、印支期构造变形带之上的北北东向逆冲断裂和褶皱构造,其上与白垩系呈角度不整合接触,显示形成于燕山期。

三、主要边界断裂(带)特征

湘西—鄂西地区断裂构造十分发育,受板块运动制约,具有较明显的展布规律,它们大多形成于晚元古代以来,其空间分布具有带状(宽带状)特点。由于区内定型构造主要形成于燕山期,故本书将在本节介绍区内发育的具控盆(沉积相)、控岩、控矿作用且有长期活动发育历史的区域性大断裂的基本特征(图4-7)。

(一)秦岭-大别造山带与扬子陆块的分界线

此分界线为青峰-襄阳-广济断裂带(F_1)。

长期以来,该断裂一直被大多数地质学者视为区域性深大断裂,东与襄阳-广济断裂相连,区域上习惯称城口-(房县)青峰-襄阳-广济断裂或扬子陆块北缘弧断裂,总体呈波状起伏向北倾斜,倾角25°~75°,大致以青峰为界,可分东、西两段,东段主要呈东西向分布,西段向南西突出的弧形分布。该断裂两侧,自元古代以来的沉积作用、岩浆活动及构造变形等差别极大。

南华纪时期(或以前),断裂北侧发育武当山(岩)群、耀岭河组变火山-沉积岩系,已有资料表明其形成于大陆板内裂谷环境,为陆缘裂陷(或弧后扩张盆地?),可能与区域上 Rodinia 大陆的裂解相关联。在邻近的神农架地区则发育一套河流相-滨岸相碎屑沉积和大陆冰川沉积(莲沱组和南沱组),由此表明当时沿断裂已具初始活动并控制了两侧的沉积分异及发展。震旦纪—寒武纪初,断裂南侧为浅水碳酸盐台地沉积,向北依次为台间(半深海槽)盆相碳泥硅质沉积、碳酸盐台地。寒武纪—志留纪,南侧以碳酸盐台地浅海陆棚相碎屑沉积为特征;北侧为陆缘裂谷槽盆沉积,其中志留纪梅子垭组等层位发育有玄武岩、次火山岩、粗面岩等基性、碱性火山岩或侵入岩,反映早古生代断裂北侧存在深部地质背景下的伸展裂陷作用,具同沉积正断裂的部分特征。泥盆纪—中三叠世,断裂两侧相对平静,北侧未见同期物质出露,而区域上更北则见浅海陆屑-碳酸盐岩建造;南侧基本上为一套连续的浅海陆屑-碳酸盐岩建造。中三叠世以来,随着扬子陆块与华北板块发生碰撞,扬子北缘发生构造反转,由早期构造伸展向晚期挤压逆冲转化。形成现今代表印支期—燕山期以来大规模由北往南的逆冲的巨型推覆剪切带(青峰大断裂)。构造变形改造及多期变质作用的影响,使早期伸展构造变形在露头上往往难以识别,所以现今出露的地表界线是经变形改造变位的沉积边界。综上所述,可以推断现今青峰-襄阳-广济断裂沿线的扬子北缘地区,在南华纪发生了古地理分化,构成扬子陆块北缘碳酸盐岩台地与大陆边缘裂谷带的沉积边界。

该断裂是一组不同时期、不同性质、不同特点的多条断层复合构成的区域性断裂构造带,根据沿该断裂构造带不同时期、不同地段地质调查研究资料揭示,其发生、发展与演化可识别出四期构造变形形迹:①第一期构造变形主要见于造山带外带,以韧性剪切带为主,出露于门古寺镇、桃花沟、梅花山、六里峡和青峰一线,产状倾向北或北西,倾角25°~65°,一般宽数十米至几百米,最宽可达2km。带内硅质糜棱岩、钙质糜棱岩、糜棱岩化岩石及绢白云钠长石英

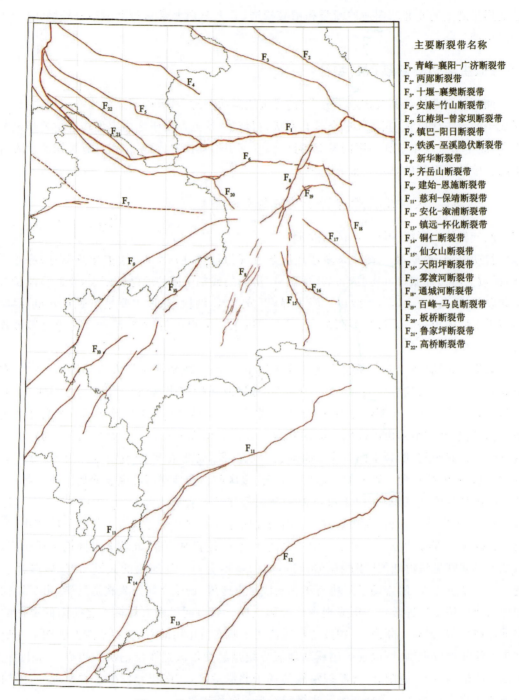

图 4-7　湘西-鄂西成矿带主要断裂带分布示意图

构造片岩发育,同构造分异石英脉、不对称褶皱、石香肠构造、S—C 组构及折劈理常见,并指示由北到南的逆冲推覆运动特征。其构造样式表现出由北向南逆冲推覆型脆韧性剪切变形带与岩片叠置为特征,应为印支期陆-陆碰撞造山作用的产物。②第二期构造形成于燕山期,以脆韧性逆冲推覆变形为主,表现为一组相互平行的逆冲推覆断裂构造带为特征,造山带物质由北东向南西的推覆,并破坏早期韧性变形。在石花街以南地区的观音坪、黄瓜河、芹菜沟等地见不同规模的构造窗和飞来峰,竹溪丰溪地区武当变质岩系直接逆冲于前陆褶皱带物质沉积盖层物质之上。③第三期构造主要表现为造山后期的伸展作用,沿该带形成一系列断陷盆地,控制了白垩纪—古近纪一套红色磨拉石沉积建造。以脆性变形为特征,在盆地边缘常形成北西向正断层,受后期构造影响及盆地沉积超覆掩盖,破坏了前期构造的连续性。④第四期构造变形为现今襄阳-广济断裂定型构造,形成于喜马拉雅期,以浅层次脆性变形为特点。区域上形成由南向北脆性逆断层,断面南倾,倾角低缓,造成前陆褶皱带逆冲于造山带外带之上,从而掩盖了前期控盆断裂或部分与造山期造山带外带分划型断层复合。在房县梅花山—金鸡沟一带表现为前陆沉积盖层的震旦纪—二叠纪地层逆冲于白垩纪—古近纪红盆沉积和造山带变质地体之上,构成典型"飞来峰"构造。

综上所述,青峰-襄阳-广济断裂并非单一断层,而是由数条逆冲断层、破碎带及脆韧性剪切带及其间的(变形)块体共同组成的由北到南的脆-韧性推覆剪切带,局部被由南到北的浅表层次逆冲断层叠加改造,总体具长期发育历史及多期活动特征。本次研究初步认为,该断裂大致经历如下 3 个发展阶段:早期(南华纪—早古生代)为区域性同沉积正断层活动阶段,并控制同期南秦岭区与扬子区差异沉积与发展,而后续泥盆纪—中三叠世为相对稳定演化期;中期(晚三叠世—侏罗纪)伴随扬子陆块和华北板块全面碰撞对接及陆内俯冲而发生构造反转,大规模由北到南的脆-韧性推覆剪切是其显著特征,并造成秦岭区新元古代—早古生代浅变质地层直接覆于南侧扬子区震旦纪—早古生代未变质地层之上;晚期(白垩纪—新近纪)脆性伸展与挤压逆冲变形阶段,一方面它构成沿线断陷盆地的活动边界并控制其沉积,另一方面又使北侧老地层直接覆于新地层寺沟组(K_2s)之上,同时局部并见由南到北的浅表层次逆冲断层叠加改造,从而在剖面上呈现南北对冲的构造格局,但仍以由北到南的逆冲为主。

(二)秦岭-大别造山带内部分划性界面(带)

1. 两郧断裂带(F_2)

习惯称的汉江断裂,是十堰-丹江走滑剪切褶皱构造区与两郧穹盆褶皱构造区的分界断裂,呈北西向展布,西延至陕西漫川关,区内东起郧西县城关,经青曲、郧县城关,南东端至丹江口市,然后没入南襄盆地并被第四系掩盖。区内长近 100km,宽数十米到几百米不等。

早古生代时期,大致以该断裂为界,北侧主要发育一套浅水碳酸盐岩台地相沉积,南侧为相对较深水槽盆相的碳泥质沉积,且两侧沉积厚度有明显差异,这似乎反映了同沉积活动断裂的特征。此外,新元古代侵位的基性岩墙(脉)群展布方向与断裂走向基本一致,主要分布于南侧,北侧零星,暗示同沉积活动断裂可能是在早期伸展扩张活动背景上的继承与发展,进而控制了两侧的沉积分异。

断裂由一系列北西向平行断层组成,平面上具分支复合现象,主要发育于武当山(岩)群和耀岭河组分布区。破碎带主断面倾向北东,局部向南倾斜,走向 290°~320°,倾角 40°~75°不等。带内碎裂岩、挤压构造透镜体、挤压片理及糜棱岩化岩石发育,并伴有强烈硅化,局部尚见牵引褶皱,综合显示由南西到北东或北东到南西逆冲兼左行走滑剪切特征。此外,剖面上叠瓦状冲断或背向逆冲花状构造样式特征也很明显,平面上两侧地层发生牵引,综合反映了压剪性脆韧性断裂特征。

燕山晚期,该断裂对其旁侧的郧西盆地和郧县-李官桥盆地的形成与发展具明显的控制作用,是白垩纪—古近纪北东-南西向引张应力的结果,并显示正断层活动特征。局部尚见武当山(岩)群变质岩系斜冲于白垩纪—古近纪红层之上,反映盆地沉积之后又有一次压剪性断裂活动,即喜马拉雅期逆冲构造变形叠加。

总之,两郧断裂经历了多次拉张、挤压逆冲活动,震旦纪—早古生代可能具初始同沉积正断裂活动,从而大致控制了两侧台地相与槽盆相的沉积分异;印支期—燕山期为脆韧性挤压逆冲兼走滑剪切;燕山晚期表现为近南北向拉张扩展并控制旁侧盆地的形成与发展;喜马拉雅期再次挤压逆冲,至今仍在活动。

2. 十堰-襄阳断裂带(F_3)

习惯称的公路断裂,是区内武当山逆冲推覆-褶皱穹隆构造区与白河-丹江走滑剪切构造区的分界,北西向展布,经白河、十堰,南东端至谷城盛康-茨河段与青峰-襄阳-广济断裂会聚,尔后没入南襄盆地,区内长近200km,宽数十米到几百米不等。

1∶25万十堰幅研究表明,其两侧新元古代地层连续性较好,不具控盆控相特征。不过,断裂北侧及两郧断裂之间广泛分布大致顺层的新元古代变基性侵入岩,总体呈北西向线状展布,宏观上显示区域性扩张伸展环境岩墙就位特点,而断裂之外仅零星露布,扩张活动特点表现不明显。已有资料表明这些岩体形成于南华纪晚期的裂谷扩张环境,这可能暗示了断裂当时具初始伸展活动。此外,断裂北侧于银洞山等地见一较大型的早古生代碱性超基性含钛磁铁矿杂岩体,似乎也反映了其伸展活动控岩特征。不难看出,尽管该断裂对新元古代(区外包括早古生代)沉积相不具控制作用,但对岩浆活动却有一定的控制。因此,本断裂在新元古代—古生代时期可能具初始伸展活动。

断裂带之主断面倾向北东,倾角40°~60°。鲍峡以西,断裂明显切割古生代地层,尚见寒武纪地层覆于志留纪地层之上,显示由北东到南西的逆冲特征。鲍峡—六里坪段,主要发育于武当山(岩)群变质岩系中,平行密集的断层成带分布,宽广的破碎带内发育碎裂岩、构造磨砾岩(挤压透镜体)、挤压片理、糜棱岩化岩石和构造片岩,局部见牵引褶皱和不对称褶皱,断面上尚见擦痕及阶步,二者共同指示北东→南西的逆冲和南东→北西左行剪切双重特征。上述事实表明其为一压剪性的脆韧性断裂。本断裂对白垩纪—古近纪谷城盆地的形成与发展具明显控制作用(据1∶25万襄阳幅),反映白垩纪—古近纪时期断裂具北降南升的同沉积断裂性质,燕山晚期—喜马拉雅早期它仍具强烈的伸展裂陷活动。

综上所述,十堰-襄阳断裂在新元古代—古生代时期可能具初始伸展活动,但主体是印支期—燕山期以来形成的脆-韧性变形断裂,早期为由南东→北西左行走滑兼北东→南西逆冲脆-韧性剪切,晚期为近南北向拉张伸展,至今仍在活动的断裂带。

3. 安康-竹山断裂带(F_4)

区域上称石泉-安康-竹山断裂,呈北西向展布,北西端延至陕西安康、石泉,南东经秦古、宝丰,至房县与青峰断裂会聚。区内长300km,宽1~3km。

断裂旁侧见早古生代碱性超基性岩及碳酸岩的分布,如庙垭岩体、刹熊洞岩体,而且同时期的其他基性岩、碱性岩则集中分布在断裂的南侧。

断裂在宝丰以西由多条平行排列的断层组成宽数千米的断裂带,常造成地层的缺失并破坏两侧褶皱的完整性,宝丰—黄柏寨一线见武当山(岩)群明显覆于南侧寒武纪—志留纪地层之上,显示由北东→南西的逆冲性质。

宝丰以东,断裂明显分离为南北两支,北支经竹山插入武当山逆冲推覆-褶皱穹隆构造亚区内,南支沿竹山褶皱-逆冲推覆构造区北缘延伸至门古与青峰断裂会聚。断裂面形态不规则,呈舒缓波状,断裂构造岩带总体具时分时合的特点,一般宽 10m 到 1km,断面主体倾向北东,走向 290°～310°,倾角 30°～70°。根据构造岩的特征,断裂带大体可划分为角砾岩及碎裂岩带、糜棱岩及构造透镜体带和构造片岩带 3 个构造岩带。断裂带中发育糜棱岩和构造片岩为主,糜棱岩中常见剪切不对称褶皱、石香肠构造及拉伸线理(La:10°～20°∠10°～30°)等韧性变形现象,并指示北北东→南南西的推覆剪切运动特征。片理面上拉伸线理发育,产状(10°～20°)∠(20°～25°),常与片理一起形成 S—L 组构,总体反映了早期较深层次韧性剪切变形特征。白垩纪—古近纪时期,沿断裂带北侧形成安康盆地、宝丰-溢水盆地,具南断北超特征,后期又受到明显的破坏和改造。

综上所述,安康-竹山断裂是自早古生代以来,早期为伸展扩张,主期为由北东往南西的脆韧性逆冲,晚期为伸展扩张,至今仍在活动的多期活动性断裂带。

4. 红椿坝-曾家坝断裂带(F_5)

该断裂呈北西-南东向展布,分布于陕西红椿坝至竹山关帝庙—将军沟一线,两侧均被青峰-襄阳-广济断裂带所限,宽数十米,主断面产状(340°～45°∠30°～60°)。沿断裂发育糜棱岩化岩石、碎裂岩及构造角砾岩,局部并见牵引褶皱,指示由北东→南西的逆冲推覆特征。部分地段受后期北东向断层改造而发生南北向错移。

综合研究表明,断裂两侧沉积相及岩浆活动具一定差异。寒武纪时期,南侧为陆棚-斜坡相碳酸盐岩及碳泥质沉积,北侧发育深水海盆还原环境碳硅质沉积;早—中志留世,断裂两侧尚见志留纪辉长辉绿岩及碱性岩侵位。据此表明寒武纪—志留纪时期断裂存在深部地质背景的扩张伸展活动,同时暗示寒武纪时期已具初始同沉积正断层活动特征。

该断裂两侧具有不同的岩石构造组合,北侧主要为以元古宇火山岩为核心的穹隆构造、洞河群(寒武纪—奥陶纪)碳质、硅质岩和志留系类复理石建造,南侧主要为下古生界石灰岩、泥灰岩。显示该断裂两侧下古生界沉积建造具明显差异,反映沿该带存在大规模的逆冲推覆运动,使得南北相距较远的不同建造叠置在一起。断层两盘派生构造、拖曳褶皱等,指示主导为由北向南的逆冲推覆作用。筛除后期燕山晚期的脆韧性逆冲推覆断层活动,先期为韧性推覆剪切带。另外,该断裂西段于下高川东南切割高桥断裂,并被汉水-五里坝断裂切割,东南部于竹溪县葛洞的边江河被巴山弧形断裂截切,显示红椿坝-曾家坝断裂晚期活动应滞后于高桥断裂而早于巴山弧形断裂。

总之,红椿坝-曾家坝断裂主要经历了两个发展阶段:早期寒武纪—志留纪形成发展阶段,表现为初始同沉积正断层活动、差异沉积及深部地质背景扩张伸展环境下的基性或碱性岩侵入或喷发;晚期(印支-燕山期)构造反转逆冲推覆变形阶段,主要表现由北东→南西的脆韧性逆冲变形特征,同时伴随糜棱岩化岩石、碎裂岩及构造角砾岩生成,局部见牵引褶皱。至于区域上燕山期后的多次正、逆断层活动在本断裂中则无明显表现。

(三)扬子陆块内部分划性界面(带)

1. 镇巴-阳日断裂带(F_6)

该断裂是前陆褶冲构造带与扬子前陆褶皱带的分界线,可分为两段,西段为镇巴断裂,东段为阳日断裂。

镇巴断裂分布于南大巴山西段,走向北西西至南北向,与城口断裂平行延伸且向南西凸出,断面向北东倾,倾角较陡。北东盘震旦系逆冲于南西盘中下三叠统之上,南西盘中发育很多平行主断面的小逆冲断层及具水平擦痕的滑动面,显示该断层以由北东向南西的逆冲运动为主,同时兼有走滑运动。T_3—J 与 T_2 间的角度不整合仅限于坪坝、木瓜口等地区,在南大巴山及其前缘的大片区域二者间均呈平行不整合接触关系,并且在各背斜核部须家河组沉积厚度明显减薄甚至缺失,共同表明印支期镇巴断裂已形成并活动,而其南西侧最新卷入侏罗系的强烈褶皱变形并波及下白垩统的变形特征,表明其更强烈的构造活动主要在燕山期。

阳日断裂呈近东西向展布,西起巫溪徐家坝,经房县九道,神农架松柏、阳日,至保康马桥,区内全长约 120km,东端被北东向新华断裂截切,九道一带被北西向板桥断裂错断。断裂在巫溪徐家坝以西向北西偏转,马桥以东向东南偏转,总体向北凸出的正"S"型。该断裂倾向北,倾角一般 30°~70°,运动性质主要以逆冲为主。断裂上盘在马桥—红花朵一带为中元古代神农架群石槽河组,中部九道至徐家坝一带为早寒武世地层,西部徐家坝以西为南华纪南陀组及震旦纪地层,下盘主要为寒武纪—志留纪地层。在剖面上与次级逆冲断层一起呈叠瓦状排列,断层面常呈"犁"状,向下变缓。断距东西两端较大,中部九道一带断距较小,最大断距超过 3km。上盘中元古界乱石沟组白云岩破碎明显,其中发育多组脆性滑动面,断层滑动擦痕指示最大主挤压应力方向为近南西向。在马桥一带,断裂带北侧发育白垩纪伸展断陷盆地,后期又受到明显的破坏和改造,显示出多期活动特征。

综上所述,镇巴-阳日断裂带形成于印支-燕山主造山期,为一由北向南逆冲断裂,是区内前陆褶冲带与前陆褶皱带的分界断裂。该断裂性质较为复杂,受多期构造影响而表现出多期次性,以由北向南的压扭性逆断层表现最为明显,反映了主应力方向为由北向南。

2. 铁溪-巫溪隐伏断裂带(F_7)

为现今四川盆地和大巴山的分区边界断裂,向南西越过此断裂,南大巴的变形强度明显减弱,可认为是南大巴山褶皱带的隐伏前锋断裂。中、下三叠统于大巴山前连续出露,近平行于构造线展布。地表未见明显错断,但在地震剖面上,该断裂向上消失于中、下三叠统富膏盐岩层、向下变缓并入志留系、寒武系或更老地层的滑脱层内,断裂倾向北东。刘树根等(2006)认为该断裂在印支期就已形成并活动,但其强烈活动应在燕山期。

3. 新华断裂带(F_8)

该断裂属环太平洋构造武陵断裂系的一部分,分隔神农架褶皱基底和黄陵结晶基底。向北切割阳日断裂,向南过秭归盆地与来凤断裂相接,全长 360km。为一条较宽的、时断时续的、呈雁行排列的断裂。

物探资料反映该断裂为一基底断裂,可能形成于晋宁期,并在显生宙继承性发展并控制了两侧的沉积古地理。南华纪—震旦纪时期,沿该线存在一北北东向线状海槽沉积;晚二叠世时期,沿该线西侧发育北北东或北北西向的深水盆地相沉积,其间夹有的基性、酸性火山岩研究,表明新华断裂可能为控制该陆内裂陷盆地的边界断裂。

该断裂由一系列大致平行的断裂组成,呈北北东—南南西方向延伸,规模较大的有新华断裂、大磨坪断裂、盐池河断裂、杨柳池断裂、刘家包断裂等,形成一条较宽、断续相连、呈雁行排列的断裂带。断裂带北段连续性好,断裂切割神农架群、震旦系—侏罗系,表明形成于燕山期。断裂显示压剪性,两侧岩层挤压破碎,经过白云岩时形成几十米宽的压碎岩带;经过柔性岩层时,形成的挤压片理、劈理、柔性褶皱成带状分布。具有倾向变化大,倾角陡,破碎带发育,除张性角砾岩外,也见强烈挤压形成的构造角砾岩、碎裂岩,挤压透镜体和密集劈理带等。两侧岩层产生牵引褶皱,断层错位明显,平面上表现为一系列左行剪切。断层在走向上分支复合现象普遍,两侧发育一系列的分支断层,分支断层与之特征相近。在马桥镇南东见该断裂被糜棱岩化的阳日断裂所切割,且阳日断裂糜棱岩中含有新华断裂的断层角砾,阳日断裂糜棱岩面理产状为 Sm(355°∠77°),新华断裂断面产状为 F(130°∠34°),可见阳日断裂向南逆冲,最初其晚于新华断裂形成。在马桥镇南新华断裂处,观察到新华断裂及其分支穿切临湘组泥灰岩和宝塔组厚层灰岩,断面产状总体表现为高角度向北东倾,根据主断面及其分支断面 3 组产状和擦线产状,可判断其曾先后经历了左行逆冲、右行逆冲及右行斜落运动学特征。总之,带内各断层一般表现为早期张性、晚期压性并复合平移等复杂的断裂活动性质,对早期近东西向褶皱具明显的改造与限制作用。

4. 齐岳山断裂带(F_9)

该断裂为川东隔挡式褶皱带和八面山隔槽式复合褶断带的分界,区域上总体走向为北北东,北延巫山,南抵娄山。孙焕章等(1983)认为该断裂对两侧的沉积古地理及沉积相的变异有一定的控制作用:早古生代,西侧是一东倾的斜坡,东侧为古凹陷;二叠纪时,两侧的岩石组合机生物组合亦有一定的差异;三叠纪时,齐岳山则可能为水下隆起,对嘉陵江期的沉积起到了分割作用,东部为以灰岩为主的正常开阔海环境的碳酸盐沉积,西部为蒸发环境的膏盐沉积。由此分析,齐岳山断裂可能是在基底断裂的基础上,由于在滨太平洋构造域的强大应力场影响下,中、新生代强烈活动的断裂构造(湖北省地质志,1990)。齐岳山断裂平面展布上具分段性为多条断层组成的断裂系。断层带剖面上横向具有分带性,纵向上断层产状浅层呈"花"状,并逐渐向下收敛在倾向北西的断面上,到深层断裂呈辫状倾向南东,且倾角向下逐渐变缓,断裂显示燕山早期(J)和燕山晚期(K_2)两期活动。野外判断,早期应力为北西-南东向挤压性质,晚期应力为近东西向伸展性质。沿齐岳山背斜轴部发育 3~4 条近于平行的断层组成一个断裂带,断裂两盘地层产状突变,见宽 60~80m 的断裂破碎带。在马落池以北,断裂高角度倾向南东(120°∠85°),以南,断裂高角度倾向北西(308°∠88°)。断裂带中见片状断裂泥及部分灰岩的透镜体,内见后期方解石细脉的穿插。由于断裂逆冲作用,上盘地层倾角达 56°~63°,形成褶皱强裂的高陡背斜。下盘中、下三叠统地层被逆冲牵引而呈倒转向斜,近断面地层倾角为 78°~82°。

齐岳山断裂地表出露表现出"不连续性",该断裂带在空间上的延伸目前还存在争议。本次研究表明,该断裂在一些地段表现为顺层产出,不易识别。

6. 慈利-保靖断裂带(F_{11})

慈利-保靖断裂带西起花垣,呈北东东向向东经保靖、慈利、石门,向东延伸到临湘、通山至瑞昌以东地区,东段习惯称为江南断裂。

从震旦纪开始,沿该断裂带,两侧岩性差异明显。陡山沱期扬子地层分区为碳酸盐岩台地相的泥质白云岩及白云岩,江南地层分区靠近分区边界地带下部为白云岩,上部为灰岩,而东部的湘中一带则为盆地相的页岩。灯影期两地层分区岩石组合差异更加明显,扬子地层分区为属碳酸盐岩台地相的灯影组白云岩,江南地层分区则全为属盆地相的留茶坡组硅质岩。早寒武世早期具有大致相同的沉积环境,两地层分区岩性及岩性组合差异不太明显,明显的差异始于早寒武世晚期。在黑色页岩为代表的沉积环境的基础上逐渐演化或沉积相区的变异。最大分异期出现在晚寒武世与奥陶纪,可以分为3个古地理单元:扬子地层区的碳酸盐岩台地相区主要为白云岩,江南地层分区分两个相区,靠近边界的为碳酸盐岩台地边缘斜坡相区,主要为碎屑流灰岩、颗粒流灰岩及浊流灰岩,远离边界的则主要为水平层理发育的纹层状泥质灰岩及条带状灰岩。晚古生代早期,该断裂带东侧为一相对隆起,缺失泥盆纪—石炭纪沉积,而西侧则发育一套碎屑-碳酸盐岩相陆表海沉积,至二叠纪时期控相特征不明显。

该断裂带实质上是由不同级别与不同规模、大致平行的断裂系与褶皱系所组成,断褶系大体沿建造过程中的突变带以强变形带与弱变形域交替呈非均匀分布为其总体形变特征。在花垣—张家界一带,主断面倾向北西,倾角一般70°左右,北西盘下降,南东盘上升,垂直地层断距大于1000m,破碎带宽100~200m,具张扭性质,并具多期活动特点。吉首—古丈一带,从古丈复背斜核部通过,在北东端后坪一带与花垣-张家界断裂交会,南西延至凤凰县城以南,长约150km。走向北东35°~40°,主断面倾向北西,倾角35°~70°,受后期构造改造利用痕迹明显。断面呈舒缓波状,破碎带最大宽度70余米,最大地层断距达600m,属压扭性逆断层,故断裂带糜棱岩化、片理化、挤压带、地层倒转和白云岩化蚀变强烈。在断裂经过的古丈万岩、盘草、龙鼻咀等地,分别出露有喷发玄武岩质熔岩或钠质基性岩等深源浅成相小侵入体,表明该断裂可能已切穿下部地壳。保靖—铜仁一带,南起贵州玉屏,向北经铜仁至保靖县城附近与花垣-张家界断裂交会,全长150km,区域上又称为保靖-铜仁-玉屏断裂,在湘西称为麻栗场断裂,总体走向北北东,主断面倾向南东,倾角一般40°左右,破碎带宽20~150m,垂直地层断距800~1500m。具多期活动特点。形迹清晰的至少可见两期,前期为张扭性质,后期则为压扭性逆冲性质,往往将寒武系逆冲于奥陶系之上。由于其对前期构造的改造和利用,因而常常掩盖了前期的张扭性特征。

总之,该断层在古生代以来具多期活动特征,第一次活动可能为加里东早期,主要表现为同沉积断裂,对岩相控制作用十分明显,其表现在该断层北盘为上升的碳酸盐岩台地相,在南盘为下降接受大量沉积的斜坡、陆棚相,而且对岩相控制从中寒武世一直持续到中奥陶世。第二次活动为印支期,为华南陆内造山带的西缘前锋断裂。第三次活动为燕山早期,为主要构造变形期,形成了一系列倾向东侧的大致平行的断裂系。随后在燕山晚期显张性或张扭性,在下降盘拉张形成山间拗陷,并沉积了白垩纪红层。第五次活动为压扭性,使白垩纪盆地关闭并使得寒武系碳酸盐岩逆冲推覆到白垩系之上,其形成时代可能为喜马拉雅期。

7. 安化-溆浦断裂带（F_{12}）

该断裂带北起安化，经溆浦穿过雪峰山，再向南进入广西三江侗族自治县，全长约500km。实际上，它是由靖州-黔阳-安化断裂、通道-溆浦-洞市断裂、城步-新化断裂等一系列断裂构成，断裂带大致沿雪峰山背斜核部呈北北东转北东向延伸，由若干平行的韧性逆冲断层组成，总体向东倾，东部的较老岩系依次向西逆冲推覆，常见板溪群叠覆于震旦系之上，形成多组叠瓦式逆冲断层组合。断裂带深部构造的研究（秦葆瑚，1991；饶家荣等，1994；范小林等，1994）表明，该断裂至少在新元古代—古生代就已经存在。城步-新化断裂则是雪峰山东缘与湘中凹陷的自然分界线，其东侧板溪群和震旦系呈穹隆状沿剪切带排布，中心部位为花岗岩占据。志留纪后，西侧推覆抬升，东侧相对下降，成为凹陷盆地，被中泥盆统广泛覆盖。该断裂带总体呈北东方向延伸，平面上呈北西突出的弧形。断面倾向南东或近直立，切割元古界、下古生界，并构成溆浦、黔阳等一系列白垩纪红盆的控盆断层（湖南省地质矿产局，1988）。断裂带以脆性破碎为主，单条破碎带宽在10～30m，最宽达100m，由断层岩及构造透镜体组成，主要发育由板岩组成的磨砾岩、角砾岩。由于安化-溆浦断裂带经历了多次挤压、拉张及剪切的复合运动（梁新权等，1999），断裂带变形特征极为复杂，加之浅部岩层强烈缩短，使得在局部地段数条逆冲断层叠置成花状，宏观上逆冲断层（强变形域）与断夹块（弱变形域）构成数千米宽的大型断裂带。断裂在南段黔阳一带活动最为强烈，区域性片理、构造劈理发育，劈理产状及构造透镜体指示断裂以向北西逆冲为特点。断裂带内岩层褶皱强烈，多呈紧闭线形，轴面与断裂走向一致。主断裂明显显示应变局部化的特点，强弱应变带交替出现，但强应变带仍以脆韧性变形为主，仅在怀化石宝镇西见到宽约0.5m的糜棱岩化绢云母千枚岩带。邓孺孺等（1997）用遥感方法从宏观角度分析了雪峰山构造带时空分布的特征表明，雪峰山构造带为准原地型逆冲-推覆构造带，其大规模形成和隆起始于早三叠世末，结束于早白垩世末，构造带中段以逆掩-推覆为主，南、北两端则以逆冲-平移运动为主，主要构造的形成明显经历了由韧性变形到脆性变形的发展过程。

安化-溆浦断裂带中的千枚岩常见有S—C组构，其C面理为剪切面理，由细小绢云母或细粒石英集合体组成的条带，而S面理为早期的矿物定向与成分分带，由透镜状石英集合体或粗大的云母片依长轴的定向排列构成。断层岩中还可见不对称眼球构造，核部主要由椭圆形石英构成，石英具波状消光，光轴与剪切面呈小角度相交，"眼球体"由细小的石英及云母颗粒定向排列形成。长石含量较少，以发育脆性破裂为特点。各类显微组构一致显示，断裂以北西向浅层挤压逆冲为特点。杨坤光等（2004）对断层岩中石英脉ESR（电子自旋共振）定年显示，断裂在燕山期（156.9～136.2Ma，119.8～90.6Ma）热流体活动强烈，而上述两个时间段内的石英脉，不论在野外产状、显微构造及流体包裹体均一温度上都存在明显的差异，由此推断这两个时间段之间应是雪峰山中生代挤压与伸展运动的反转时期。

综上所述，安化-溆浦断裂带形成历史至少可以追溯到新元古代，而且在加里东期经历了扬子陆块内部在陆内造山作用，并形成构造岩浆岩带，因此逆冲推覆断裂带始于加里东期，但大规模的逆冲推覆可能主要发生于印支期—早燕山期，晚燕山期则以伸展滑覆为主。

四、构造变形特征

(一)燕山早期陆内造山构造变形特征

燕山早期是地史时期一次极为重要的构造活动时期,全区均进入陆内构造变形阶段。在雪峰山隆起及以南地区,在晋宁期、加里东期及印支期构造变形的基础上叠置新生构造形迹,加之先存构造格局或边界条件的制约,形成了一套极为复杂的变形系统;在雪峰山隆起西、北缘,燕山早期构造形变向北西推进至扬子台内,导致中南区内的中上扬子陆块全面变形,改变了台区至盖层沉积以来长期没有构造变形的历史;在中央造山带南缘的大别山—大巴山地区,由北东向南西的推覆形成了大洪山、大巴山弧形构造带以及与之伴生并具成生联系的北西向、近东西向的褶皱、断裂和滑脱构造。现分述各构造分区内构造变形的基本特征,并在此基础上进行组合分析,探讨其构造演化。

1. 扬子北缘陆内造山构造变形特征

秦岭-大别造山带,继印支期碰撞造山作用后,又发生了强烈的陆内造山作用(董树文,2007;张国伟,2011)。晚侏罗世陆内造山使得扬子北缘前陆侏罗纪大规模褶皱与缩短,变质造山带超覆于前陆褶皱带之上;构造变形与运动学分析指示北东-南西向的挤压,在区内扬子北缘形成了大巴山前陆弧形褶皱冲断带和近东西向武当南缘前陆褶皱冲断带。

(1)大巴山前陆弧形构造带。大巴山构造带主体位于上扬子陆块北缘,四川盆地与秦岭造山带的交接部位,西与米仓山为邻,东与川东构造带相连,宏观上为一整体向南西凸出的弧形构造带。区域上惯以城口-房县断裂为界,分为北大巴山逆冲推覆构造带和南大巴山前陆褶皱冲断带。南大巴山构造带与北大巴山构造带截然不同,地质图显示北大巴山构造线基本沿北西-南东向线形延伸,南大巴山则整体呈弧形展步,弧顶向南西凸出,镇巴处转为近南北向自北而南逐渐减弱,巫溪处转为近东西向。南大巴山构造带变形的总体特征是邻近断裂带的褶皱抬升较高,出露地层时代较老(元古代和寒武系),褶皱形态紧闭,且褶皱形态悉数已被断层破坏;多为中新远离断裂带的褶皱幅度相对减弱,形态也较完整。断层面主导北东倾向,还发育有与全区受力方向相反的南西倾向的反冲断层。据地表物质组成及地球物理特征,变形样式和变形强度,以主要断裂为界,南大巴山构造带沿横向进一步划分为叠瓦冲断带(根带),冲断褶皱带(中带),前缘褶皱带(锋带)。城口断裂(巴山弧形断裂)作为一级断裂而分划北大巴山构造带和南大巴山构造带,坪坝断裂、镇巴-鸡鸣寺断裂和铁溪-巫溪隐伏断裂为二级边界断裂,划分南大巴山次级构造带。

叠瓦冲断带介于城口断裂和坪坝断裂之间,基本与城口断裂平行展布,在西段镇巴区块该带近南北向延伸,在万源附近,大致呈北西-南东走向,于巫溪处转为近东西向。该带出露宽度 10~12km,出露地层主要为南华系、震旦系陡山沱组和灯影组以及下寒武统。西段由数条东倾平行的逆冲断裂及其间的由震旦系至下三叠统组成的逆冲岩片构成;构造样式以紧闭褶皱及同斜倒转褶皱为主,褶皱轴面主体东倾,岩层倾角较陡。东段主要由发育于震旦系和下寒武统内部的平行或斜交于城口断裂的逆冲或走滑-逆冲断层构成,褶皱形态紧闭,走滑构造在此段尤为特色,露头尺度构造较为丰富。各背斜带常彼此斜列,向北西撒开,向东收敛,显示除了来自北西方向的挤压应力外,还兼有顺时针的相对扭动。

冲断褶皱带主体部分位于坪坝断裂和鸡鸣寺断裂之间,基本与城口断裂平行延伸,向北西方向延伸至镇巴断裂附近后归并为西段的叠瓦断层带。该带以断层和褶皱同时发育为主要特征,在中东段表现尤为明显。平面上,以下古生界为核部、二叠系—下三叠统为两翼发育两个背斜,即庙坝冲断背斜体和明通井冲断背斜体。它们分别平行于坪坝断裂和鸡鸣寺断裂,构成该带的主要变形格架。

前锋带具有纵向分区特点,西段位于镇巴断裂和铁溪-巫溪隐伏断裂之间,主要出露中三叠统—侏罗系,由一系列紧闭背斜和开阔向斜平行排列构成;东段为一束弧形延伸的线状褶皱,位于鸡鸣寺断裂与铁溪-巫溪断裂之间,地表见平行地层走向的逆断层,出露古生界—中三叠统,由一系列背斜、向斜平行或斜交排列构成。其间,复背斜和复向斜相间,箱状背斜多见,而向斜较为开阔,整个褶皱形态较完整,其本不受断裂破坏。各复背斜均由志留统构成,复向斜由二叠系和三叠系构成,地表偶见平行岩层走向的伴生断层发育,但明显居于次要地位。复背斜带和复向斜带向深部消失或交会于主滑脱断裂带。

区内存在3个主要滑脱层和1个次要滑脱层,主要滑脱层为三叠系雷口坡组—嘉陵江组膏盐岩滑脱层,志留系泥页岩滑脱层和下寒武统泥页岩,次要滑脱层为南华系南沱组和震旦系陡山沱组滑脱层。从南大巴山北东向南西方向,滑脱层由南华系南沱组逐层抬升。在城口断裂处,南华系南沱组由于滑脱作用滑脱出露地表,同时南沱组也作为南大巴山构造带最深层次的滑脱层,构成整个南大巴滑脱系统的共同底板冲断层。显然,南大巴山为一典型薄皮构造,有别于北大巴山厚皮构造。在城口县附近,大片志留系滑脱出露地表。依以上滑脱层为界,据构造样式不同,南大巴山基本可分为三大构造层(李智武等,2006)。上构造层主要由上三叠统到侏罗系组成,在很大程度上控制了川东北地区的构造样式,构造组合样式以隔挡式或类隔挡式褶皱为主,断层很少冲出地表,向下可能交会于中下三叠统滑脱层中。中构造层主要以下寒武统泥质页岩和志留系泥页岩为主滑脱层,包括志留系至中三叠统。南大巴山箱状褶皱的形成以及城口南大面积寒武系的出露可能与该滑脱层有关。在南大巴山前缘与四川盆地的过渡部位,中层次滑脱构造主要形成被动顶板双重构造,并以浅层次滑脱层——中下三叠统膏盐岩为顶板,以下寒武统泥页岩为底板,垂向上发育变形样式完全不同的构造(刘树根,2006)。下构造层主要分布于城口—观音一带,主要为以南华系南沱组和震旦系陡山沱组为主滑脱层,包括南华系至志留系。该滑脱面沿北东方向向深部会入城口主推覆滑脱断裂带,向南西方向控制了整个南大巴山变形的深度,即最深卷入南华系南沱组,形成典型的薄皮构造。深层次滑脱构造主要发育在靠城口断裂的南大巴山根部,形成以南华系或寒武系滑脱面为共同底板冲断层的叠瓦断裂带。

大巴山构造带是秦岭及邻近地区唯一缺失中古生代泥盆系—石炭系沉积的古特提斯构造带。因此,大巴山构造带在秦岭造山带中很可能具有独特的形成发展过程,但目前关于大巴山构造带的形成过程、变形时代的认识仍然存在很大的争论。很多研究者认为,大巴山构造带的形成与三叠纪末秦岭与扬子陆块的碰撞有关,属于三叠纪秦岭造山带(乐光禹,1998;贾承造等,2003),是三叠纪前陆(何建坤等,1997)。北大巴山主要是印支期碰撞造山作用和燕山期陆内逆冲推覆作用叠加改造的结果,南大巴山则主要是燕山期递进变形过程中的产物

（董云鹏等，2008）。甚至可能是重力驱动的，即其中的古生代地层是从北面的秦岭垮塌下来的（王二七等，2006）。由于推覆构造发生的时间大大滞后于华南-华北地块的碰撞时间，所以认为大巴山形成于晚侏罗世—早白垩世（Meng Q R，2005）。

（2）武当南缘前陆褶冲带。

武当隆起南部前陆带位于扬子北缘中段，它西临大巴山弧形构造带，东接大洪山弧形构造带，南为鄂西弧形构造带，北是南秦岭武当隆起。该构造带是在印支期扬子、华北及其间的秦岭微陆块俯冲碰撞造山与中新生代以来陆内造山过程中长期复合作用形成的（张国伟等，2011）。总体来说，武当隆起南部前陆构造带的形成起始于中晚三叠世印支期碰撞造山作用，定型于中晚侏罗世早燕山期陆内造山阶段。

根据地表地层组成、构造变形样式、变形强度及运动学特征，倾向上可将武当隆起南部前陆带划分为叠瓦式逆冲断层带、前陆滑脱褶皱带和复合联合构造带3个构造单元，受新华断裂的截切，各单元在走向上又可划分出不同的亚带（图4-8）。走向分段明显受基底性质的控制。

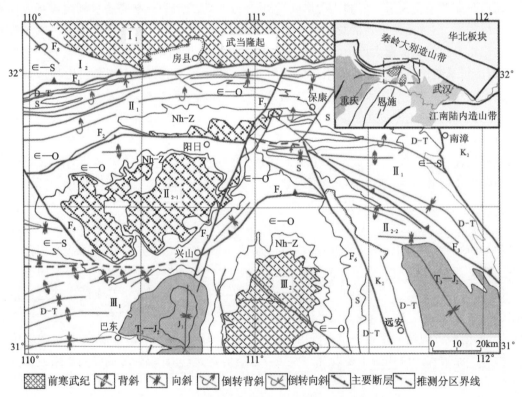

图4-8 武当南部前陆带大地构造位置及构造单元划分

主要断裂及编号：F₁.城口-房县断裂；F₂.阳日断裂；F₃.塘儿山-荆门断裂；F₄.板桥断裂；F₅.百峰断裂；F₆.通城河断裂；F₇.新华断裂系；F₈.竹山断裂

构造单元：Ⅰ.南秦岭造山带；Ⅰ₂.武当推覆体；Ⅰ₃.北大巴推覆体；Ⅱ.武当南部前陆褶皱冲断带；Ⅱ₁.叠瓦式逆冲断层带；Ⅱ₂.前陆滑脱褶皱带；Ⅱ₂₋₁.神龙架隆起；Ⅱ₂₋₃.弧形滑脱带；Ⅲ.复合联合构造带；Ⅲ₁.秭归复向斜带；Ⅲ₂.黄陵隆起

叠瓦式逆冲断层带：西段位于城口-房县断裂与阳日断裂之间，基本与青峰断裂带平行展布，呈近东西向延伸；东段位于城口-房县断裂与塘儿山-荆门断裂（1∶25万荆门幅区调报告认为该断裂是阳日断裂的东延部分）之间，呈近东西—北西向的弧形展布。

西段出露地层主要为神农架群、南华系、震旦系和寒武系，北侧主要由数条北倾平行的逆冲断裂及其间的由寒武系倒转紧闭褶皱组成的逆冲岩片构成，构造样式以紧闭褶皱和同斜倒转褶皱为主，褶皱轴面主体北倾，岩层倾角较陡，受后期北东向或北西向断层破坏与改造，破坏了褶皱构造的完整性。南侧则主要表现为神农架群石槽河组地层多次向南逆推于震旦纪陡山沱组、灯影组或古生代地层之上，主断面多北倾，断面显示上陡下缓的产状变化特征，且多在剖面上表现为叠瓦式组合，总体显示由北向南的主应力作用。

东段主要出露于马桥、寺坪以东地区，可进一步划分出两个次级亚带：北部为叠瓦冲断带；南部为冲断褶皱带（图4-9）。

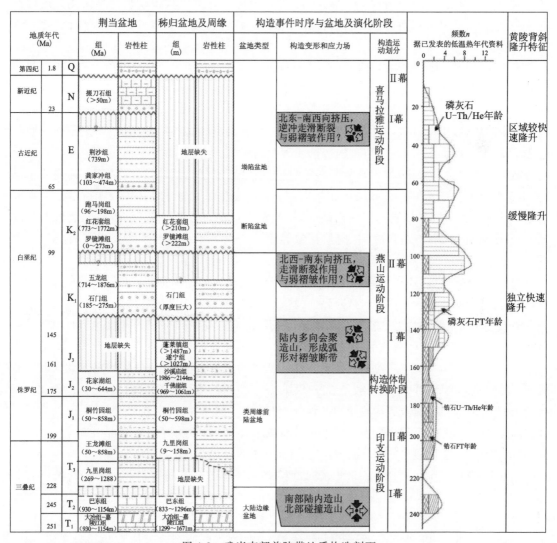

图4-9 武当南部前陆带地质构造剖面

北带出露地层主要为寒武系—志留系,褶皱形态表现为一系列的东西向紧闭线形褶皱系,多表现为不对称倒转背、向斜构造,露头及区域尺度褶皱均较发育,区域上以不同时代地层新老重叠,呈带状、线状分布为特征。

南带位于黑山以南(1∶5万马桥等5幅区调报告,2013),主要为一系列由中元古界神农架群—志留纪地层组成的叠瓦式构造,单个断层断面上陡下缓呈铲状,向下延至震旦系、下寒武统滑脱层并趋于近于水平。此外,东段还发育北北东向和北北西向断裂和褶皱,褶皱类型多为不对称同斜倒转褶皱、箱状褶皱等多种样式,显示该区曾受到多方向构造作用的叠加。

前陆滑脱褶皱带:以新华断裂为界,又分为神农架隆起和东侧弧形褶皱带两段。

神农架隆起:为阳日断裂、板桥断裂和新华断裂所围限,主要由神农架群及周缘的南华系—志留系组成,在构造上表现为大型穹隆。神农架隆起北侧由南华纪—古生代沉积盖物质层组成,总体上构成以志留纪地层为核心的近东西向不完整向斜构造,在奥陶纪—侏罗纪地层中发育顺层滑脱褶皱,向南构造变形减弱。神农架隆起南侧以板桥断裂为界两侧构造线方向截然不同,西侧呈近东西向,东侧构造线走向为北西向,表明该断裂可能控制了神农架块体的隆升历史(李建华等,2009)。

东侧弧形褶皱带:位于黄陵隆起的北缘和东北缘,处在塘儿山-荆门断裂、百峰断裂和通城河断裂之间,主要出露寒武系—中侏罗统,并被晚白垩世呈角度不整合覆盖,表明该区主体构造形成于燕山早期。该期断裂构造系总体延展方向为近东西—北西向,断面向北东倾斜,倾角50°~70°,以压剪性或逆冲性性质为主,带内发育各种压剪性构造角砾岩,局部断层面附近常见断层泥、断面上发育反阶步、构造热线理等,在剖面上具有由北东向南西逆冲特点。该期褶皱构造主要由聚龙山-肖家垴复向斜等组成,褶皱轴迹呈北西向沿伸,轴面总体向北东倾斜,褶皱两翼的次级褶皱两翼地层产状相向倾斜,组成开阔-斜歪褶皱样式,转折端处的次级褶皱则表现为紧闭同斜褶皱。在荆当地区,褶皱轴向逐渐过渡为北北西向,呈向北东凸起的弧形,轴面近直立,略向北东倾斜,向斜褶皱核部由三叠系和侏罗系组成,两翼地层为三叠系—志留系。

与一般前陆冲断带不同的是,该构造带的前陆盆地受秦岭造山带和江南陆内造山带共同作用,而成为复合联合构造带,可分为秭归复向斜带和黄陵隆起两个亚带。秭归-黄陵构造带主要表现为近南北向褶皱构造为主突出与东西向褶皱构造叠加复合而形成的穹盆构造特点。秭归盆地为侏罗系穹形褶皱构造,边部出露侏罗系,内部为侏罗系—白垩系,总体构造线方向近于南北向,但又清楚显示南北与东西向的复合。次级褶皱构造主要有两组,分别为近南北向和近东西向。秭归盆地经历过两个重要演化阶段(渠洪杰等,2009),早中侏罗世时期,受盆地西北部高桥断裂的强烈左行走滑运动影响,使得盆地北部形成多条近东西向逆断层,侏罗系底部砾岩自北向南逐渐变薄,此时沉积物源来自于盆地北部断裂活动区;晚侏罗世时期古水流方向为自东向西,沉积物源发生明显改变,表明黄陵背斜在中侏罗世末隆起(图4-10)。

黄陵背斜主体上为一轴向呈北北东向,西陡东缓,轴面东倾的完整短轴背斜。黄陵背斜为基底加盖层的地台双层结构。基底出露于背斜的核部,由晚太古代—早元古代的崆岭群中深变质岩系和以新元古代黄陵花岗岩基为主的复式深成杂岩体组成。沉积盖层包括南华系—三叠系海相沉积及少量侏罗纪以来的陆相沉积,主体属一套含碎屑碳酸盐岩建造,围绕基底由老至新呈环状分布。岩层向四周倾斜,东翼稍缓,倾角一般8°~15°,西翼较陡,一般倾

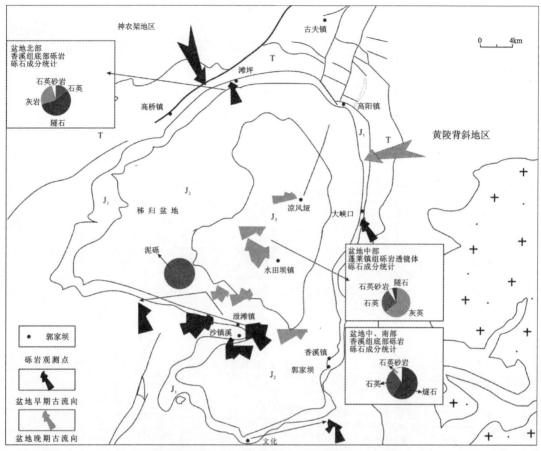

图 4-10　秭归盆地古流向分布和砾石成分统计图（渠洪杰等，2009）

角 30°～40°。隆起周缘被新华断裂、仙女山断裂、天阳坪断裂、通城河断裂、马良断裂等不同方向的断裂构造所环绕，近南北向的背斜东西两翼震旦系—三叠系中发育一系列花边状顺层滑脱褶皱，而南北翼却未见发育。南部为北西西—东西向的长阳复背斜，北侧为南倒北倾的北东—东西向弧形逆冲褶皱带，显示其处于多个不同构造线的交会部位。裂变径迹热年代学统计结果表明（图 4-11）：黄陵背斜主要经历了中三叠世—中侏罗世（240～160Ma）缓慢隆升、晚侏罗世—晚白垩世早期（160～95Ma）快速隆升、晚白垩世—始新世中期（95～45Ma）缓慢隆升和始新世晚期以来（45～0Ma）较快速隆升 4 个构造隆升过程。其中，黄陵背斜作为独立构造单元的隆升作用兴起于中侏罗世末，定型于晚侏罗世—早白垩世时期，它的形成受局部构造应力场和先存基底构造的双重控制。燕山运动时期中扬子地区北侧受北东-南西向挤压形成北西向褶皱和逆冲推覆构造，南侧则受南东-北西向挤压形成北东向褶皱和逆冲推覆构造，二者在江汉盆地交会重合而导生出自东向西的主压应力，并在先存基底构造（新华断裂系）作为边界条件的控制下，形成了西陡东缓的近南北向不对称黄陵背斜、具调整型功能的仙女山断裂等构造变形。总之，新华断裂系是控制黄陵背斜形成的重要因素之一，而燕山期近东西向应力场则是其形成的主要动力来源。

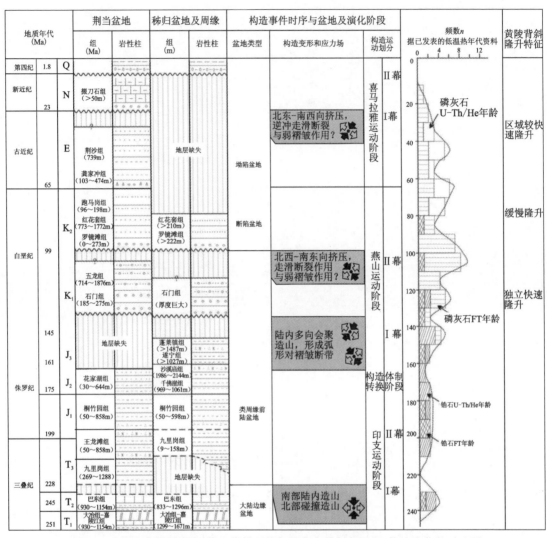

图 4-11 黄陵背斜周缘中、新生代低温热年龄分布特征与沉积-构造演化的对比图

2. 上扬子陆内构造变形

位于四川盆地与江南古陆隆起带之间的八面山构造带是扬子陆块的重要陆内变形带,其中南华系至上侏罗统形成了北北东—北东走向的陆内侏罗山式弧形褶皱带。以齐岳山断裂为界,西部为川东隔挡式褶皱带,而东部为隔槽式褶皱带(丁道桂等,1991;Yan et al.,2003;谢建磊等,2006)。

(1)川东隔挡式褶皱构造。川东构造总体上表现为背斜紧闭、向斜宽缓底部平坦的隔挡式褶皱样式。

隔挡式褶皱构造带总体呈北东向延伸,北西以华蓥山为界,南东以齐岳山为界。该带构造线以北东向为主,南北两端有复合联合构造和叠加构造形迹。主体是在雪峰基底逆冲隆升带向西北的推挤作用和川中地块的阻挡及龙门山向南东的逆冲推覆共同作用下形成的北东向构造。断层以平行于褶皱走向展布的逆断层为主,沿背斜陡翼及轴部发育,其中以华蓥山断裂最大,呈北东-南西向延伸,在华蓥山北侧出露长度达50km。褶皱形态以长条形梳状褶皱为主，向南渐变为箱状褶皱及短轴背斜构造，再向南即为穹隆构造。北段黄金口地区同时受到大巴山构造的制约，中段为北东向弧形梳状褶皱构造。

川东北由于受到大巴山由北东向南西的推覆构造作用，构造线明显呈东西向弧形构造延伸。而在其南侧，万源、达县、宣汉、开江之间出现夹持在南北两侧弧形构造与西侧华蓥山北北东构造间的复合联合盆形向斜构造，中心最新出露地层为白垩系突出区别于周缘构造形态，显然是南侧北东弧形构造变形和北侧北西弧形变形构造两个方向构造的叠加复合所致，来自秦岭巴山与江南两带构造应力同时在该区复合联合形成联合应力场，从而造成复合联合构造应变场，导致形成复合联合构造变形。出现大巴山弧形构造和川东北段弧形构造复合，并面对华蓥山北北东构造，而共同构成黄金口复合、联合的独特构造几何学形态。

川东弧形褶皱构造带总体构造线方向为北东向。主体构造线主导为北东向，而在北东段的开江、开县、巫山地区构造线逐渐弯转成北东东向或近东西向，构成典型的弧形构造，而且，从北西向南东弧形构造弯曲程度逐渐变弱，是在雪峰带向北西推挤与川中地块阻挡作用下形成的薄皮构造。在该带沉积盖层中发育了多个滑脱层，形成了成排的隔挡式褶皱，自北西向南东，共有八排背斜和七排向斜。主要有华蓥山、明月山、南华山、方斗山、齐岳山等八列北东向延伸山脉，俗称"八面山"。背斜较为紧闭，向斜宽达2000～4000m，总体呈北东向线状延伸，但多有起伏，形成多个构造高点。背斜多是在以志留系为主滑脱层，兼有下寒武统滑脱的基础上形成的，华蓥山和方斗山两背斜由于志留系和下寒武统两个滑脱层的作用，致使两背斜变形更为强烈。总体来说，川东构造带是由于雪峰山基底逆冲推覆构造向北西传递，沿志留系和下寒武统两个主要滑脱层向西扩张传播的结果。

(2)湘渝鄂隔槽式复合断褶带。

该构造带横跨贵州、湖南、重庆、湖北边界，北西以齐岳山为界与川东隔挡式褶皱构造带相邻，南东界大致以大庸-花垣断裂与雪峰带相分隔，呈现为背斜宽缓、向斜狭窄紧闭的特征，明显区别于川东向斜宽缓、背斜狭窄紧闭的隔挡式褶皱构造。带内构造变形比较强，且有前震旦系基底卷入变形并以下古生界为主，包括有上古生界和三叠系，西缘利川地区有侏罗系卷入。控制区域构造样式的滑脱构造除下寒武统和志留系两个主要滑脱层外，震旦系内部的滑脱层也是主要的区域性滑脱面。出露地层向南东渐次变老，三叠系只在向斜核部出露，背斜主体几乎全由古生界组成。受区域南、北两侧构造作用影响，总体形成向西北突出的弧形并有向东收敛、向西散开的复合弧形构造带，向东被江汉盆地新生代沉积所覆盖，向西过渡川东褶皱带，向南进入贵州复合构造区。

该构造带主要由宜都-鹤峰复背斜和桑植-石门复向斜两个次级构造变形区组成。宜都-鹤峰复背斜以北东—北东东—近东西方向延伸，呈向北西突出的弧形。它由数个背斜带组成，自北向南主要有香龙山背斜带、大路坡向斜带、长阳背斜带、庙岭向斜带、湾潭-东山峰背斜带。复式背斜内部变形较复杂，平面上构造线方向除北东和北东东至近东西向两组外，还出现北北东向的构造线，与前两组在方向上成交叉状。香龙山构造明显呈东西—北东东向与近南北—北北东褶皱的复合形态，形成短轴状花边褶皱样式。北北东向褶皱在剖面上多呈不对称的斜歪褶皱，多数西翼陡而东缓，显示运动指向西。桑植-石门复向斜总体由西至东呈北东—北东东向弧形弯转，构成向西北突出的弧形。复向斜紧闭线状褶皱主要集中沿核部分布，褶皱紧闭程度南强北弱，并且在其南北两侧发育南倾北冲的柳枝坪断层、黄莲垭断层，它们共同示出沿寒武系底部和志留系底部界面由南向北的滑脱褶皱逆冲作用过程和运动学指向(图 4-12)。复向斜两翼由下古生界地层组成,核部主要为二叠系—三叠系,局部残留了中、下侏罗统。复向斜宽缓、对称,两翼倾角约 20°～30°,但核部在区域构造叠加复合作用下,由于层间滑脱,形成了较为紧闭斜列的多个线状褶皱。复向斜内主要由 6 个雁行状斜列展布的次级向斜及其相间的背斜组成,次级褶皱延伸方向自西而东分别为北北东—北东—北东东向,与复向斜总体延伸方向有一定交角。总体构成整体为北东东复向斜而内部则为北东—北北东复合背向斜的独特复杂复合褶皱变形样式。

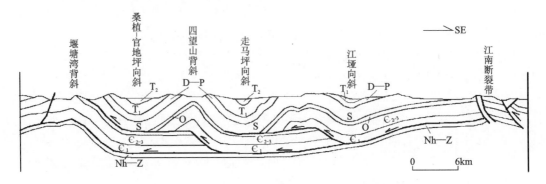

图 4-12　桑植—石门复向斜构造剖面综合解释(郭建华等,2005)

T_2.中三叠统;T_1.下三叠统;D—P.泥盆系—二叠系;S.志留系;
O.奥陶系;ϵ_{2-3}.中—上寒武统;ϵ_1.早寒武统;Nh—Z.南华系—震旦系

前人对雪峰山隆起北西缘陆内构造带的形成时代曾存在较大的分歧。Yan et al.(2003)通过构造分析后认为,八面山构造带内多层逆冲-褶皱构造系形成于中侏罗世至晚白垩世之间。冯向阳等(2003)认为该构造带内出现的变形构造起始于印支期—早燕山期,定型于晚燕山期—喜马拉雅期。Wang et al.(2005)根据在雪峰山隆起的北东向逆冲断层内获得的 5 个绢云母 $^{40}Ar/^{39}Ar$ 同位素年龄数据(217～195Ma),认为雪峰山构造带及其西侧川东前陆变形发生在中三叠世到早侏罗世之间。李正祥等(2007)通过对华南岩浆岩的同位素年代学研究后,提出宽约 1300km 的华南褶皱构造带(包括川东构造带)形成于 250～150Ma 间,是太平洋区板块平板式俯冲的结果。胡召齐等(2009)对该区中新生代地层的接触关系进行野外调查,显示区内中、上三叠统之间、上三叠统与下侏罗统之间、下侏罗统与中侏罗统及中侏罗统与上侏罗统之间皆为整合或平行不整合接触,而区内下白垩统普遍与下伏不同时代的地层呈明显的角度不整合接触,从而将该褶皱带的形成时代限定在晚侏罗世末至早白垩世初期间内,表明它们是燕山早期构造运动的产物。

3.扬子东南缘陆内叠置造山特征

雪峰山隆起及其东南部地区在印支运动结束之后进入了陆相盆地沉积,零星沉积了一套上三叠统—中下侏罗统的磨拉石建造和碳酸盐岩建造。晚侏罗世发生的燕山早期构造运动由南东往北西的挤压使该构造层强烈褶皱,并使得加里东期、印支期等早期断层重新活动。

(1)雪峰山基底逆冲推覆带。

雪峰带在燕山期逆冲推覆活动强烈在溆浦-安化断裂以西至沅麻盆地东缘可见一系列走向北北东倾向南南东的逆冲断层,推覆前缘发育若干构造窗、飞来峰。杨绍祥等(2000)认为该逆冲推覆带具有准原地、多期次、多层次逆冲的特点。野外考察表明，雪峰山基底隆升带在燕山期有两幕逆冲推覆活动，分别发生在燕山早期和燕山晚期，怀化市王炳坡村附近发育强烈的逆冲推覆构造，发现有构造窗和飞来峰构造。王炳坡村后山坡的构造窗中，石炭系船山组地层低角度向西逆冲到发育紧闭褶皱的中侏罗统紫红色砂岩之上，推覆前缘滑覆并被上白垩统不整合覆盖，将该幕低角度逆冲的发生时间限定在晚侏罗世—早白垩世。随后，发育一高角度逆冲断层切错中侏罗统、上石炭统及该低角度逆冲断层。王炳坡飞来峰实际是经历了两幕逆冲推覆活动，并非一次推覆形成的飞来峰。最早在中侏罗统之后沿石炭系底的低角度推滑作用使石炭系以上地层覆盖于强烈褶皱变形的侏罗系之上；早白垩世之后，还有一幕高角度逆冲作用将板溪群推隆并剥蚀出露，其反冲断层切过并压盖了部分下白垩统。

雪峰山在燕山期北西-南东向的压应力场下，以安化-溆浦断裂为界两侧差异活动。断裂西侧以新元古界底面为主滑脱面向西逆冲推覆，东侧三江-融安、永福-龙胜等深大断裂向东挤压逆冲，这种不对称的背冲导致断块之间相互推挤，垂向抬升。雪峰山在燕山期的快速隆升主要是先存断裂的再活动，其断裂体系的空间结构决定了雪峰山的快速隆升并非单次对冲推覆、反冲或者背冲隆升。区内大多数走滑断层具有左行走滑性质，错切先存断裂和褶皱，局部形成褶皱牵引现象。但怀化-新晃断裂走向为北东东，为右行走滑断层。综合边界走滑性质和隆起带内部走滑性质在平面上的组合，刘恩山等(2010)认为雪峰山南段处于右行怀化-新晃断裂和东侧左行走滑的断裂带之间，三都-凯里断裂向西逆冲，三都-宜州断裂向南西逆冲。在北西-南东向缩短作用下，雪峰山基底隆升区块向南西走滑逃逸(王二七等，2009)，内部次断块又通过多条走滑断层产生差异性运动。

(2)湘中叠加构造变形特征。

通过典型地区褶皱构造的叠加型式分析，张岳桥等(2012)在湘中地区识别出早中生代两期褶皱作用，早期褶皱构造轴呈北西西—南东东至近东西向展布，晚期呈北东—北北东向展布，局部地区为南北向，两者之间呈横跨叠加型式。该区早燕山构造层由晚三叠世及早—中侏罗世地层组成，为一套陆相湖盆砾、砂、泥质夹煤系沉积。该构造层呈北东—北北东向展布，在娄底地区可见下侏罗统高家田组岩层掀斜且其东侧石井断裂使东侧的下三叠统大冶组逆冲于西侧下侏罗统高家田组之上。因此，区内燕山早期的褶皱构造线走向以北东—北北东为主，北北东向褶皱构造常横跨叠加在印支期北西西—南东东向褶皱之上，形成典型的盆地-穹隆状构造型式(张岳桥等，2012)。而靠近北部的雪峰山隆起地区，北东向褶皱幅度相对较弱，早期北西西至近东西向褶皱构造占主导地位。燕山期北东—北北东向褶皱作用伴随平行褶皱轴的逆冲断层而发育，这组断层斜切早期北西西向褶皱。燕山期北东—北北东向褶皱相对较紧闭，在龙山—大乘山地区，印支期形成的东西向向斜核部宽缓，而龙山背斜与大乘山背斜之间的北北东向向斜则相对紧闭，具隔槽式特征。

燕山早期构造运动也使得加里东期、印支期等早期断层重新活动，在华南东部地区发育数条北北东向大型断裂带。其中，研究区东部的郴州-临武断裂向北与江山-绍兴断裂相连，控制了华南中生代构造格局和岩浆活动的分布。黑水-台湾地学大断面地球物理资料显示其为一条超壳深大断裂，在断裂带两侧，逆冲构造的运动方向相反，断裂带之北西向北西逆冲，而南东向南东逆冲，总体呈扇形展布(张国伟等，2011)。

(二)燕山中期伸展构造特征

白垩纪开始,湘西—鄂西地区构造环境与构造活动特征发生根本性的大转变,构造体制由挤压背景转换为伸展减薄构造背景。岩石圈的拉张减薄,产生深大断裂和裂谷扩张,在地壳上部以脆性变形、滑脱、拆离为主,形成了不同规模的断陷盆地和重力滑脱构造等构造样式。从而使得晋宁期—燕山早期成型的各种构造格架和构造形迹被掩盖、复活、改造利用,破坏了早期构造的完整性。

1. 断陷盆地

白垩纪—古近纪,研究区在区域性伸展构造背景下发育了许多大小不等的陆相红色断陷盆地、坳陷盆地或走滑拉分盆地。这些红色盆地在不同地区的空间展布、沉积类型、形成时代等有所不同,主要表现在:①在秦岭-大别造山带区,中新生代陆相盆地主要有郧县-郧西盆地、宝丰盆地、房县盆地等,它们于晚白垩世才接受沉积,形成了一套冲积扇-浅湖相的红色磨拉石建造,盆地基底受早期近东西—北西向构造控制,呈近东西向或北西向展布,多为南断北超的断陷盆地;②在鄂西黄陵隆起周缘,发育了一组早白垩世晚期开始接受沉积的呈北北西向展布的断陷盆地,主要有仙女山盆地、远安盆地、南漳盆地和汉水盆地,它们主要受北北西向断裂所控制,在剖面上呈西断东超的箕状盆地(如仙女山、南漳和汉水盆地)和双断式地堑形(远安盆地);③在鄂西恩施地区,发育有呈北北东向的长条状展布的呈西断东超的箕状断陷盆地(如建始盆地、恩施盆地),也沿燕山早期北北东向向斜轴部发育一系列规模较小的坳陷盆地,这些盆地自晚白垩世开始接受冲洪积扇-河流-浅湖相沉积;④江汉-洞庭盆地由一系列的次级隆起和凹陷组成,是一个早白垩世开始初始裂陷、晚白垩世进一步扩大的陆内伸展断陷盆地,已有研究显示盆地及次级凹陷受控于北北东、北西西、北东以及北北东等多组断裂控制。

2. 重力滑脱构造

重力滑脱构造也是燕山中晚期伸展构造变形的另一重要表现形式。该类构造变形的主要特点是:①在露头尺度上轴面近水平或背向穹隆核部向外倾斜,如在黄陵穹隆的东侧和西侧均可见到背向黄陵倾斜的重力牵引褶皱(图4-13);②具多层次拆离与滑脱,且拆离面与主次滑脱面倾向一致,如神农架穹隆南部向南倾的重力滑脱构造,在神农架群内部、寒武系、奥陶系与志留系之间都有滑脱面,产生的重力牵引褶皱在二叠系中都可见到;③无论是基底滑脱面,还是盖层间的滑脱断层都具地层柱减薄效应,造成大量的地层缺失。重力滑脱变形对应于变质穹隆形成时的垂向缩短,由于重力作用向下滑动而产生的变形,其变形时间应在穹隆形成的同期或稍后。

(三)喜马拉雅期构造变形特征

以往许多学者认为扬子地区喜马拉雅期构造变形较弱,通常不被人所注意。本次研究认为此期的构造变形还是相当强的,主要表现为早期断裂带发生构造反转而走滑逆冲、白垩纪—古近纪伸展断陷盆地整体抬升,以及北西向宽缓褶皱的形成。

1. 构造叠加区喜马拉雅期构造变形特征

构造叠加区系指在燕山期及以前构造变形的基础上叠置喜马拉雅期构造变形的区域,在

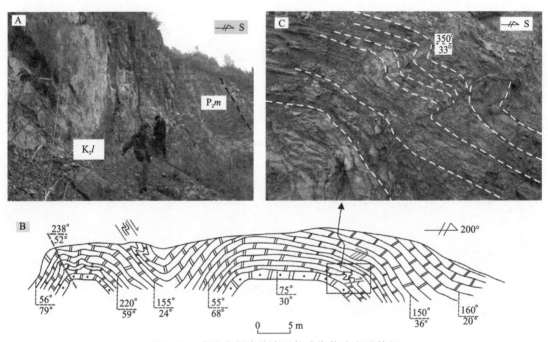

图 4-13 黄陵背斜南缘喜马拉雅期构造变形特征

A.天阳坪断裂向北逆冲使二叠系茅口组逆掩在白垩系罗镜滩组之上(长阳白氏坪);B.黄陵背斜东南侧寒武系覃家庙组发育的北西向宽缓箱状褶皱;C.为 B 的局部放大,表示早期(燕山期)覃家庙组内向南东方向的重力滑动变形构造

黄陵背斜南缘地区和秦岭-大别造山带南缘地区表现明显。

(1)黄陵背斜南缘喜马拉雅期构造特征:黄陵背斜南部的天阳坪断裂发生由南向北的逆冲挤压,在长阳白氏坪地区可见古生代地层大规模覆于白垩系红盆之上(图 4-13A),在红花套附近进一步影响到古近纪地层。项目组在鄂西地区多次见到北西向宽缓褶皱,位于黄陵背斜东南侧长江北岸即存一典型实例(图 4-13B)。该处的宽缓箱状褶皱发育于寒武系覃家庙组灰色厚层状砂屑白云岩夹薄层细晶白云岩中,两翼地层不对称,南翼产状较缓,北翼产状较陡,轴面南倾产状为 200°~238°∠52°~79°,薄层泥质白云岩中发育有次级尖棱褶皱,共同指示了由南西向北东的挤压变形。此外,在该褶皱中可见燕山期重力滑动变形的痕迹,沿薄弱层面形成顺层滑脱褶皱(图 4-13C),在能干层中发育与箱状褶皱不匹配的透入性劈理(S_0:150°∠16°,S_1:310°∠65°),均显示上部向东南的剪切变形。构造叠加分析将北西向褶皱的形成时代限制在喜马拉雅期,结合区域不整合接触关系,可认为北西向宽缓褶皱形成于古近纪晚期。

(2)房县—保康地区喜马拉雅期构造特征:新近纪以来,即喜马拉雅构造运动时期,本区再次受到近南北向挤压应力作用影响,一方面,由南向北的推覆造成中新生代陆相盆地相继封闭,部分盆地边缘(如房县盆地、郧西盆地等)发生构造反转,形成近东西向或北西向逆(掩)断层,但褶皱变形不明显。本带此期构造形迹主要表现为规模不等的逆断层及推覆构造(飞来峰)生成,如青峰桥南西侧及南沟等地见扬子克拉通古生代地层逆冲于红层之上,它们常与燕山构造期由北向南的逆冲推覆构造叠加在一起,在剖面上常形成南北对冲的构造格局。另一方面,该期变形尚新形成少许北北东、北北西向共轭正(逆)平移断层,不过碎裂岩等构造岩并不发育,但断面上常见擦痕及阶步,旁侧地质体明显发生错移;剖面上并构成阶梯状或叠瓦状断层组合样式,与前期北西向及北东向断层相互交切、分割,进而将测区切割成大小不一的菱形网格状块体。本期变形代表性断层有黑沟-营场断裂,该断裂位于伍家沟、营场及黑沟一线,北西向展布,长度大于6.5km,宽5m,断层面产状210°∠40°。沿线碎裂岩及节理发育,金鸡坪等地尚见一系列小型次级断层呈叠瓦状排列,而且西南侧上盘震旦纪—寒武纪地层直接覆于北东侧下盘新地层寺沟组(K_2s)之上,并指示由南西→北东的逆冲运动(图4-14),而根据旁侧地质体的错移则显示左行平移特征。此外,断裂截切并断失了早期近东西向断层与褶皱。

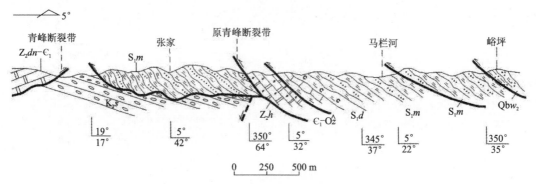

图4-14　房县-襄阳-广济断裂带青峰段构造剖面(1:5万青峰镇幅)

2. 中新生代盆地内喜马拉雅期构造变形特征

(1)湘西沅麻盆地喜马拉雅期构造变形:沅麻盆地构造变形明显,以不同级别的脆性断裂为主,褶皱作用相对较弱。未卷入变形的更新统叠置其上,这一变形事件发生在白垩纪之后,完成于更新世之前。

褶皱作用总体表现为宽缓的背斜与向斜相间,总体以大小不等的规模从盆地南西端芷江一带经麻阳、沅陵断续延伸至慈利。这些褶皱的轴向多呈北东向,规模很有限,宽度数百米,长千余米。局部发育有规模较小雁列式排布的小褶皱。

红盆内断裂构造主要是北东向,其他方向断裂规模小,数量少。北东方向断裂构造,以正断层形式为主,倾角较陡,少数断层面倾角表现为上陡下缓的铲状。规模较大的断裂,走向上延长数十千米,横向上影响数十米甚至百余米。这些断裂在走向上近平行,剖面上则多表现为地垒或地堑式组合,多是伸展体制下的产物。另外,有些断裂表现逆冲性质,反映了盆地曾遭受过南东-北西方向的挤压作用导致反转构造,在节理构造中也有反映。

(2)鄂西利川盆地喜马拉雅期构造变形:1:5万利川等4幅区域地质调查工作组(2011)在黄泥塘南西鹰咀岩、大湾一带山顶上发育晚白垩世正阳组砾岩与下伏三叠纪、侏罗纪地层呈角度不整合接触。随后,通过遥感影像解译及路线调查发现该地层中发育北北东向、南东向两组网格状共轭剪节理(图4-15),节理相互切割关系指示北东-南西向的挤压应力作用,并认为其形成于喜马拉雅期(王令占等,2012)。

(3)江汉盆地喜马拉雅期构造特征:古近纪末的喜马拉雅运动,造成了江汉盆地的整体抬升,使下伏古近纪地层遭受不同程度的大规模剥蚀,导致新近系与古近系之间形成了广泛存在的角度不整合面(刘景彦等,2009)。江汉盆地在古近纪末期的抬升剥蚀分析显示出一定的

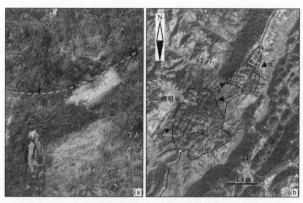

图 4-15 白垩系砾岩变形构造(王令占等,2012)
(a)白垩系砾岩与三叠系呈角度不整合接触;(b)白垩系中剪节理遥感解译及应力分析图

规律性:①盆地南部的剥蚀量最大,向盆地内部减小,表明江汉盆地的隆升与江南古陆的隆起作用有关;②强化了北西向展布的低凸起,产生了北西向的洼陷和剥蚀带,说明受到了北东-南西向压扭作用的控制。研究区内的白垩纪—古近纪伸展断陷盆地均在此期整体抬升,结束盆地的沉积充填历史。

第六节 地质构造演化

现有资料表明,湘西—鄂西地区经历了前寒武纪基底形成、古生代—中生代初沉积盖层发展、中新生代陆内发展与演化三大阶段。

一、太古宙—新元古代基底形成阶段(Ar—Pt)

1. 太古代—早元古代陆壳结晶基底形成阶段(1800Ma 以前)

湘西—鄂西地区早前寒武纪结晶基底,出露于地表的主要是鄂西黄陵背斜核部的崆岭群及其东侧的钟祥附近的扬坡群,根据地球物理场特征推断,鄂中和江汉盆地下伏区及向西至渝鄂交界的三峡区,都是相当于它的结晶岩系。若和秦岭-大别造山带的大别-桐柏群对比,按其地层岩石组合,原岩恢复和地球化学特征、构造变形期次与样式,以及同位素年代与 Nd、Pb 等同位素示踪对比(张国伟,2000),都一致证明,崆岭及相当岩系与大别、桐柏等变质岩系是可对比与相当的。近年来,在研究区东侧新发现一些早前寒武纪结晶基底物质,江西星子为星子群,岩性由片岩、变粒岩组成,锆石 U-Pb 法年龄为 2200～2000Ma;湖南益阳基性火山岩分布于益阳市郊,全岩钐-铷等时年龄 3028Ma;浏阳地区由涧溪冲群和连云山群构成,分布于文家市、清江水库至仓溪和幕阜山至连云山区,Sm-Nd 全岩等时线年龄为(2594±49)Ma,因此可见扬子陆块的早期基底是多块体拼合而成的。至于崆岭群及相当岩系与秦岭-大别、江南带及川中等基底结晶岩系间的关系,由于现多已被覆盖,并多以断层等构造关系接触,所以不能可靠地恢复重建,尚需今后进一步研究。

大别地区的研究表明,太古代时期,为早期造陆阶段,以花岗-绿岩地体的形成为特点,类绿岩物质及 TTG 岩系是其主要物质,形成时代应在 2600Ma 之前(相当于阜平期或更早),变质作用主体为绿片岩相，它们是中新太古代中国古陆造陆阶段的产物。在新太古代末期，大别运动（微板块汇聚增生）使该区受到了明显的改造，形成大量的同构造钙碱性侵入岩，绿岩物质发生麻粒岩相前进变质作用。以潘基亚大陆形成为标志，预示着大别运动的结束，此时，该区转入了相对稳定的地台演化阶段（1:25万麻城市幅，2003）。

2. 中、新元古代（1800～820Ma）

中、新元古代时期，泛扬子区构造分异作用明显，在早期古陆壳基础上分化解体，形成稳定的地块、陆缘台地、岛弧火山岩系等构造组合。①黄陵一带为稳定的古陆块；②黄陵北西侧的神农架一带形成一套巨厚的过渡型陆源碎屑-藻礁碳酸盐岩夹火山岩系建造；③秦岭区处于扬子陆块北缘，初期为陆源碎屑-碳酸盐岩建造不整合于早期陆块之上，随后转化为以酸性火山岩占优势的火山岩与陆源碎屑岩沉积组合；④扬子古陆向南分别形成了大致相当的梵净山群（黔）、四堡群（桂）、冷家溪群（湘）、双桥山群（赣、皖）、双溪坞群（浙）等陆源碎屑岩-火山岩复理石建造。火山活动中部弱，东西强，南强北弱。湘北常德至岳阳一带冷家溪群以碎屑岩为主，向南至湘中益阳、浏阳地区火山碎屑岩增多，并发育有拉斑玄武岩；梵净山群、四堡群火山岩较多；浙西北双溪坞群火山熔岩发育，出现细碧角斑岩建造；九岭和雪峰山东南部伴基性、超基性岩侵位。沉积厚度由梵净山的8500m至赣皖地区减薄为2600m。与下伏结晶地层为不整合接触。

全球中、新元古代构造演化是以哥伦比亚超大陆和Rodinia超大陆的形成与裂解、泛非碰撞构造事件的发生，以及冈瓦纳大陆的形成为特征。Rodinia超大陆的构造复原，国内外有许多研究者给予了关注。李正祥等（Li et al.，1996）认为扬子与华夏板块在四堡期（1100～1000Ma）发生碰撞，并且是格林威尔（Grenville）碰撞带的一部分。万天丰（2005）则认为四堡期碰撞带是发生在扬子陆块和湘桂地块（南扬子陆块）之间，而不是华夏与扬子陆块之间。华夏与扬子陆块之间碰撞应该发生在青白口期（1000～800Ma），华夏与扬子陆块之间的杭州-十万大山碰撞带也不是与格林威尔碰撞带同时形成的。

在中元古代末期，扬子陆块与华夏板块或湘桂地块发生俯冲-碰撞拼合形成晋宁期的俯冲-碰撞带，从江山-绍兴造山带开始，经过皖南、赣东北、湘北、湘中、黔桂交界，一直延伸到滇东一带，可称之为江南岛弧造山带，它在不同地段活动性质差别很大。在皖南-赣东北表现为陆-陆碰撞带的特征，江西德兴-皖南沿中元古代末期板块碰撞带早已发现超基性岩体的冷侵位（徐备等，1992；沈谓川等，1992；赵建新等，1995）。赣北-湘北为近东西走向的俯冲带，其南部的洋壳可能向北俯冲-碰撞。在湘中和滇东地段，表现为左行走滑断层（类似于转换断层）。黔南—桂北地段也表现为陆-陆碰撞带的特征（刘宝珺，许效松，1994），黔东梵净山群、桂北四堡群中的超基性—基性岩就是洋壳存在的重要证据。此外，沿江山—绍兴一带开始，经过皖南、赣东北、湘北、湘中、黔桂交界存在一条新元古代早期后碰撞造山的花岗岩带（包括休宁、九岭、黄陵、三防、本洞岩体），它们也是中元古代末晋宁期扬子陆块与华夏地块发生俯冲-碰撞造山的重要证据。在江南岛弧造山带附近，构造活动性明显较强，沉积厚度显著增大。

青白口纪变质岩系主要分布在扬子陆块南北两侧，大部分都经受了绿片岩相的变质，原岩以浅海—半深海碎屑岩系为主。它与国际地质年表（瑞曼等，2000）新元古代拉伸纪（1000～850Ma）大致相当。在扬子陆块的西部地区，在结晶基底之上发育的第一个局部沉积盖层就是晋宁系。在湖北相当于花山群或马槽园群，而在扬子陆块的大部分地区，此时仍形成绿片岩相变质岩系,它们均被南华纪沉积岩系——莲沱组底部的不整合面所覆盖,这种不整合在湖北地区最为明显。扬子陆块青白口纪的变质岩系,在湖南—黔东北一带称为板溪群(狭义的),黔东南—桂北为丹洲群,赣北为登山群,浙西为从双溪坞群到上墅组的一套地层。

青白口纪构造事件表现极为强烈。在扬子和华夏板块上,普遍形成强烈的褶皱,常见同斜褶皱,褶皱轴均以东西向为主,这表明扬子和华夏板块几乎普遍地遭受到近南北向的缩短作用,通过此期构造变形,扬子陆块形成统一的结晶基底。根据扬子与华夏板块的板内变形相似的特征,可以判断它们在青白口纪经受了相同的构造应力作用,这两个板块应该处在相邻近的位置或者已经碰撞、拼合而成为一体。

研究区北侧的秦岭—大别地区,也发育了相当近似的青白口纪构造变形与岩浆、变质作用,并且它们的构造线方向也大体上能协调一致,因而秦岭—大别地区与扬子陆块当时曾是连成一体的。华北板块则几乎没有青白口纪构造变形与岩浆、变质作用,而是否发生过明显的青白口纪构造事件则是一个重要的鉴别特征(万天丰,2001;Wan and Zeng,2002)。晋宁期,1:25万麻城市幅(2003)认为,扬子陆块北侧曾发生过汇聚碰撞,表现出南大陆汇聚阶段典型板块构造的演化特点,板块俯冲边界可能在陡岭古陆北侧—大别山北坡一线,武当—大别地区相当于岛弧(大陆火山弧)-弧后盆地环境,基于以下事实。

(1)武当—随州地区该时期的主要发育一套活动大陆边缘-弧后盆地沉积物质。它们经历了从大陆边缘火山-碎屑沉积到裂谷早期双峰式火山-沉积直至裂谷晚期的坳拉槽沉积(耀岭河组)。

(2)研究区东部的大磊山、双峰尖及黄厂地区的青白口系安山-流纹岩组合及类科迪勒拉"I"型花岗岩(桐柏—大别地区广泛分布的新元古代石英闪长岩-石英二长岩(花岗闪长岩)-二长花岗岩组合)则是这一时期岩浆活动的直接标志。

(3)扬子陆块内部黄陵地区新元古代同造山侵入岩之上不整合覆盖新元古代南华纪—震旦纪沉积物质,其北缘广泛出露的磨拉石建造(马槽园群)及区内的花山群,均说明新元古代扬子陆块北缘存在规模巨大的造山作用。

晋宁时期:汇聚造山阶段,具双变质带特点,并发育大量新元古代同造山的类科迪勒拉"I"型花岗岩,反应大陆边缘或边缘岛弧环境特征,表明该区存在大规模的俯冲碰撞造山作用("B"型俯冲)。

总之,晋宁期扬子陆块的演化,不是单一的一个简单拼合碰撞造山而后形成统一扬子克拉通地块的过程,而是相应于全球Rodinia超大陆聚合形成时期,大小不同的块体,在超大陆形成过程中的作用、特征自然也不同,而且其自身内部,特别是边缘地带,具有很多独特特征。由于前寒武纪岩块已是被后期多期改造而呈残留分散状态出露,其主体已被改造和覆盖,因此其原型状态已不易恢复,不少问题仍具有推断性和不完全确定性。

二、南华纪—中三叠世扬子陆块盖层发展阶段($Nh—T_2$)

南华纪至中三叠世时期,作为扬子陆块统一组成部分,长期处于扬子陆块北缘和南缘(东南缘)分别相对于秦岭洋和华南陆内海的两个被动陆缘间的板内陆表海而演化,并时有南北陆缘区作用的显著影响波及,因之整体是属于扬子陆块构造体制下的盖层发展演化。其演化与特征可分为两个演化时期,现分别加以概述。

(一) 南华纪—早古生代(780～420Ma)

1. 南华纪

区内是南华纪(成冰纪,780～680Ma)最有代表性的沉积地层区,从莲沱组的长石砂岩到南沱组冰积层的一套岩系过去都称之为下震旦统。南华纪在中国大陆最重要的构造表现是较普遍地发生张裂,扬子陆块开始形成第一个沉积盖层,并出现冰川堆积。该冰期相当于全球720Ma左右发生的Sturtian冰期。

扬子陆块在南华纪早期主体为陆地,古陆内部或边缘发育了河流等陆相沉积,东南侧的黔北—湘鄂地区为海陆过渡相,下扬子地区为滨海潮坪沉积环境,西缘的川滇裂谷带发育了火山岩系。南华纪晚期普遍被山地冰川或大陆冰川所覆盖,以湖北峡东为标准剖面,堆积了大陆冰川的暗、灰绿色夹紫红色冰积泥砾岩。扬子陆块西部堆积了冰碛砾岩,后期为冰水纹泥沉积,并有局部火山灰及火山碎屑堆积。扬子陆块东部称为雷公坞组,为海相冰川沉积。南华纪的沉积地层与上覆的震旦系普遍呈平行不整合接触,在少数地区与下伏地层呈角度不整合接触关系。扬子陆块南华纪形成的南沱组冰积层可以很好地与南澳大利亚和非洲加丹加的相对比,说明上述各地块具有相近似的古地理位置。在扬子陆块的大多数地区,南华系是结晶基底之上的第一个比较稳定的沉积盖层。

在青白口纪,秦岭-大别地块形成了大量的岩浆岩和变质岩。近年来,采用Rb-Sr全岩法、U-Pb锆石法和Sm-Nd等时线法等,从中获得了大量(数以百计)的同位素年龄,均在987～796Ma之间(刘国惠等,1993;索书田等,1993;张国伟等,1996;张寿广等,1991、1998)。最近研究表明,秦岭-大别造山带内的花岗质片麻岩存在大量新元古代(780～720Ma)岩浆-变质作用事件的年龄,这一岩浆-变质作用时代与罗迪尼亚超级大陆的解体是一致的。

2. 震旦纪

早震旦世初期,扬子地台北缘(南秦岭地区)固结程度低,仍有火山活动,沉积了耀岭河群、花山组含基性火山熔岩的碎屑岩建造;湘中南地区为滨岸至深水陆坡沉积;其余大部分地区隆升成陆,接受剥蚀。早震旦世晚期的澄江运动,以不均衡的抬升作用为主,扬子区北侧的东秦岭残留海槽以非突变形式转变为相对稳定台地。襄阳—广济一线以南,九岭—雪峰山及以北广大地区急剧抬升,高出雪线,堆积了一套冰碛岩。华南地区仍保持海槽环境,雪峰山以南为巨厚的冰海沉积。晚震旦世早期开始,地壳不均衡的缓慢下沉,秦岭、扬子区和江南雪峰区,形成了短暂的统一地台环境,接受浅海台地相碳酸盐岩、硅质岩等沉积。

3. 早古生代(∈—S)

扬子陆块在早古生代构造期主要发生了早期的离散和晚期的板内聚合碰撞,而北部的秦岭—大别地区在早古生代时期则主要表现为张裂。

(1)沉积岩相古地理特征:早古生代初,扬子陆块的大部分地区都继承了震旦纪时期的构造环境,湘桂地区仍为半深海,形成复理石沉积。扬子陆块的主体部分则在浅海环境下,底部形成含磷的泥质碳酸盐岩沉积,不少地区(如川东—湘西)在最早期的海侵之后,没有海水继续加深的迹象,反而出现许多海水变浅的生物和沉积证据(杨家录,1998),推测这应该是扬子陆块在早寒武世末期构造抬升的表现。早寒武世扬子陆块在鄂西—黔北—川北—陕南一带根据小型古杯礁体来判断,其海水深度为20～30m(刘宝珺等,1994)。中寒武世扬子陆块则处在广阔的浅海沉积环境之中,沉积了砂泥质与碳酸盐物质,生物化石丰富。晚寒武世扬子陆块气候转为干旱、炎热,形成许多白云岩和石膏沉积(杨家录,1988)。奥陶纪时期扬子陆块沉积环境比较稳定,海水明显加深。根据化石的生态特征,推测在奥陶纪扬子陆块主体部分的海水深度为100~150m,而在志留纪时期,明显地发生海退,从坟头组沉积开始(428Ma)扬子陆块主体的海水深度不及50m(刘宝珺,1994),形成半封闭的浅海。总之,扬子陆块从中寒武世开始到志留纪,也经历了一个从海侵到海退的过程。

秦岭区为扬子陆块的北部被动大陆边缘,其上震旦统陡山沱组和灯影组广泛分布于商丹带以南地区,而且其早期的台地相与浅海陆棚相碎屑岩沉积和晚期统一陆表海碳酸盐沉积均与扬子陆块内部沉积一致。在震旦纪伸展背景下,寒武纪—早奥陶世时期,形成陆缘裂谷盆地,沉积了外陆棚-半深海盆地相的硅质岩、碳硅质岩、碳质泥岩,即洞河群,其南北两侧则形成了斜坡相沉积。中奥陶世—志留纪,南秦岭的中北部地垒台地继承性发展,而南部的安康—平利一线的裂谷盆地加剧,接受了深水复理石、碳硅质岩、碱性火山岩和次火山岩沉积,而其南北两侧仍是外陆棚至半深海的斜坡沉积。晚志留世,总体处于挤压收缩状态。

扬子陆块南缘的湘桂地区,下寒武统下部以碳质板岩、硅质板岩为主,往上地层中碳酸盐含量逐步增加,至中寒武统上部和上寒武统主要为碳酸盐沉积。从奥陶纪开始,区内碎屑含量增加,逐步发生沉积相分异,西侧表现为台地边缘斜坡相碳酸盐沉积,而东侧则为深水陆棚-盆地相泥质碎屑沉积。早奥陶世晚期—晚奥陶世早期西侧转化为深水陆棚-盆地相含笔石碎屑岩、薄层泥灰岩,而东侧则发育黑色碳质硅质岩。晚奥陶世中期开始,雪峰山地区开始接受大量陆源细碎屑沉积,在桃江附近五峰组上部夹细砂岩,推测区内在晚奥陶世中期前后可能发生区域性抬升事件,以致晚奥陶世区内水体普遍变浅,甚至露出水面。早志留纪时,发育一套周家溪群含笔石的海槽型复理石浊积岩与黏土岩沉积,最大出露厚度约2500m,与下伏奥陶系呈整合接触,上覆为泥盆纪跳马涧组高角度不整合覆盖。

(2)构造变形和变质作用特征:早古生代末期构造事件的在区内存在明显的时空差异性,从下、上古生界之间的地层接触关系上,可以获得概略的认识。在秦岭-大别造山带区,虽然北秦岭发生过强烈的汇聚构造热事件,但是在南秦岭地区,早古生代则主要表现为伸展裂解。在陕西紫阳、岚皋地区,湖北竹溪、随南地区发育一条特有的早古生代铁镁质岩浆杂岩带,镁铁质岩脉宽数十米到百余米、长数百米到数千米不等,多成平行或小角度切割地层侵入于早古生代地层中,以辉长辉绿岩、辉绿岩脉为主,地球化学分析表明其形成于板内裂谷环境。在旬阳、随南等地早中泥盆世与下伏志留系均呈平行不整合接触,表明该区没有发生过造山作用。

在扬子陆块内部,以假整合接触关系为主,但沉积间断比较短暂。中央部分,即川东—黔北地区,地层缺失稍多一些,为下志留统与泥盆系(或下石炭统)之间的假整合。周边地区都是上志留统与下、中泥盆统之间的假整合,地层很少缺失,几乎连续沉积。这说明扬子陆块的中央部分在志留纪—泥盆纪之交,可能相对隆起。本次研究表明,加里东期的变形主要集中在慈利—保靖一线以东地区,表现为中下泥盆统与下伏元古界、寒武系—奥陶系或志留系呈角度不整合接触;该线以西的中上扬子盆地在加里东期则没有发生造山运动,只在早志留世末期—早泥盆世期间发生了垂直抬升运动,未接受沉积而是遭受剥蚀至准平原化,没有强烈褶皱造山运动,表现为泥盆系、石炭系或二叠系与下伏地层呈平行不整合接触在扬子陆块东南部的湘桂地区,广泛存在上、下古生界沉积岩系之间的角度不整合(即加里东运动的表现),下伏地层可以是寒武系、奥陶系或志留系,而上覆地层则主要为下泥盆统。该区加里东运动是多块体多期次挤压碰撞的结果,因此各期构造的影响范围存在差异:①晚奥陶世末的加里东运动,主要涉及闽粤大部分地区和赣中南、湘东南及桂东北地区,是广泛而强烈的次构造运动,该期运动对江南隆起带影响很小,仅表现为奥陶纪末的短暂上升;②中志留世末的构造运动,涉及湘中南、赣西和桂东北等地,这次构造运动对江南古隆起的影响最大,也就是这次运动形成了所谓的江南古陆或江南隆起带;③晚志留世末的广西运动,主要涉及广西境内及相邻地区。加里东运动的起因很可能是云开地块和桂滇地块在寒武纪末—早奥陶世初会聚的结果(吴浩若,2002),随后华夏地块与扬子陆块也发生陆内碰撞,在华夏地块内部和扬子陆块的东南缘形成强烈构造形变,从而在空间上形成了不同时期的构造变形域。

湘桂地块区早古生代普遍发生褶皱,板内褶皱的两翼倾角一般在 $30°\sim70°$,此期褶皱作用南部较强烈,云开大山地区变质、变形作用都较强。万天丰等(2004)的研究表明,该区加里东期(以现代在磁方向为准)的最大主压应力轴的(σ_1)优选产状为 $178°\angle 8°$,中间主应力轴的(σ_2)优选产状为 $88°\angle 6°$,最小主压应力轴的(σ_3)优选产状为 $355°\angle 80°$,此时地块经受了主要为近南北方向的水平挤压、缩短作用,其动力作用来自于南方并认为湘桂地块区在早古生代加里东期的缩短量可能有 210km。湘桂地块区之所以发育褶皱,而北部却几乎未发生构造变形,其原因只能从结晶基底的强度不同来寻找。湘桂地块是在中元古代末期(1000Ma)才拼贴到扬子陆块上去的,并发育着绿片岩相的变质作用,它跟扬子陆块内部存在许多古元古代以前的结晶基底相比,湘桂地块区浅部缺乏早期形成的比较刚性的结晶基底,因而强度较低,稍受构造挤压,其盖层便易于变形,但变形作用显然不太强烈,主要出现盖层褶皱,几乎没有发生变质作用,岩浆活动也较少。

(3)岩浆作用及分布特征:早古生代末的岩浆作用主要分布在江绍—郴州—岑溪—博白一线东侧的华夏地块,少部分分布在湘桂地块区(即扬子陆块南部)。华南加里东期花岗岩没有越过安化-溆浦-靖县断裂,年代学资料表明华南内部加里东期花岗岩呈面状展布,且地球化学测试结果表明为壳源"S"型花岗岩,这些特征与洋壳消亡形成的花岗岩体无论在分布特征还是在地球化学特征上都有显著的差别,从而认为华南加里东期花岗岩体主要形成于板内构造环境(王德兹,2004;舒良树,2006)。

南秦岭内的早古生代具典型的大陆裂谷系特点,寒武纪初始裂解,形成一套(深水)岩相稳定、厚度较小的沉积组合,并夹部分火山喷发沉积;至志留纪时期,形成了一条北西西向的由铁镁质岩脉和火山杂岩组成的岩浆杂岩带,表明裂解程度增大,岩石地球化学分析表明其形成于板内伸展裂解环境,可能与深部地幔动力背景有关(张成立等,2007)。该裂谷带向东可延伸至随南地区,裂解程度由西向东变深,呈现基性—碱性向基性—超基性组合变化的特点,在随州洛阳店一带出现初始洋壳的物质(科马提质超基性熔岩),并与大别地区的二郎坪-宣化店-吕王-高桥-永佳河-浠水古生代主洋裂共同组成区域上的三叉裂谷系(1:25万麻城幅区域地质调查报告)。

综上所述,扬子地区从新元古代末—早古生代末的大地构造演化基本上可以概括为:经历了早期裂解和晚期聚合过程,即新元古代—早古生代裂解形成海盆,以及早古生代末的陆内碰撞造山。

(二)晚古生代至中生代初(420~220Ma)

晚古生代—三叠纪构造期(海西-印支期)扬子陆块又经历了一个离散和汇聚过程,构造事件主要表现为在西缘发育峨眉山地幔柱,此构造期的开始时期一般是中泥盆世,少数地区是在早二叠世末期结束的。早二叠世末期(257Ma)的构造事件,在华南地区称之为东吴运动(李四光,1932),但剧烈的构造活动一般发生在中三叠世末期(220Ma),使得南侧发生强烈的陆内造山作用,北部发生俯冲碰撞造山作用。

1. 沉积岩相古地理特征

晚古生代,扬子整体又开始处于伸展扩张的裂陷状态,突出表现为:①扬子北缘沿勉略东西一线,在秦岭带南缘扩张打开,形成从青海花石峡-玛沁德尔尼-南坪-勉略-湖北花山的有限洋盆,分离出大别-秦岭微板块,使扬子陆块北缘和秦岭造山带演化更为复杂多样,使在原扬子陆块北缘的早古生代被动陆缘后部,以勉略洋盆为界,形成了扬子陆块北缘新的被动陆缘沉积体系($D—T_2$);②在南侧滇桂黔地区,由于扩张裂陷,多条带状裂陷沉降与台地相间的构造古地理环境,出现多种沉积岩相的多变突变现象与盆包台的构造沉积格局;③在扬子内部地区,同期出现了从泥盆纪的裂陷性盆地到石炭纪的坳陷性盆地的演化,沿从武汉—沙市—恩施至达县到川西北一线分布,而两侧则是隆起剥蚀区。

二叠纪—中三叠世期间,扬子总体处于D—C扩张裂陷至二叠纪发展到顶峰的时期,可依西缘峨眉山地区大规模玄武岩的喷出为代表,同时也是北缘勉略洋盆最大的扩张发展时期,而后转入消减俯冲期。到二叠纪晚期和中晚三叠世已开始扩张衰减和周边板块俯冲期,以致到中晚三叠世广泛发生周边的最后洋盆封闭碰撞造山作用,全面隆升,海水退出,转为陆相沉积时期。无疑,该时期正是在扬子周边,北与华北板块沿秦岭商丹洋和勉略洋封闭而拼合,碰撞造山,南以钦杭一线,最后扬子与华夏发生陆内完全拼合。西以甘孜—理塘一线和碧土—昌宁—孟连一线与羌塘等板块最后拼合,形成扬子陆块呈现为由周边围限的向外俯冲向内逆冲叠置的总体构造格局。

2. 构造变形和变质作用特征

印支期构造事件是华南发生大规模碰撞和拼合的时期,澜沧江、金沙江、秦岭-大别和绍兴-十万大山-海南岛4条大的碰撞带在此时期先后形成并入潘基亚泛大陆,同时华南的沉积盖层广泛地发育了板块内部的褶皱和断裂。现在,一般把从晚二叠世开始到三叠纪末期的构造事件,都统称为印支期构造事件,在我国印支构造事件构造变形和碰撞事件主要发生在中三叠世末期和晚三叠世末期这两个时期。

秦岭-大别造山带南缘与扬子陆块之间为勉略-大巴山-青峰-襄阳-广济逆冲推覆断层,此南缘断层在被错断到苏北之后,再向东延伸被黄海所覆。秦岭-大别造山带在三叠纪晚期最后完成俯冲-碰撞、拼合,碰撞带内及其两侧的边缘残余海完全消失,大量的同碰撞期变质和岩浆作用的年龄数据为240~210Ma(Ames et al.,1993;Maruyama,1994;Cong and Wang,1994,1995;李曙光等,1996,1997;Webb et al.,1999;索书田等,2000;张国伟等,2001;刘贻灿等,2003)。形成高压—超高压变质岩的同位素年龄测定数据主要集中在3个时代:新元古代的晋宁期(刘国惠等,1993;索书田等,1993;李曙光等,1993;张国伟等,1996;张寿广等,1998)、早古生代晚期(刘国惠等,1993;Zhai X M et al.,1998;杨巍然等,2000,

2002;张国伟等,2001;车自成等,2002)和三叠纪。现在看来,这3次构造事件都应该存在,但现今的秦岭—大别地区定型构造(中朝与扬子陆块拼合到一起的俯冲-碰撞事件)发生在晚古生代—中-晚三叠世,新元古代的晋宁期的板块会聚事件在秦岭—大别地区也同样存在。

华南大陆内部的沉积盖层广泛发育褶皱、断裂,并形成印支构造体系,这是印支构造事件的另一个重要的表现。印支期构造变形,在碰撞带附近都很强烈,例如杭州-十万大山碰撞带两侧,而在板块内部明显地表现出构造变形较微弱的特征。对于扬子陆块的多数地区来说,印支褶皱的重要性在于它们是沉积盖层形成以后的第一次最广泛的褶皱。扬子陆块北部与东部,参与印支期褶皱的地层是从晋宁系或南华系到中或上三叠统,其中志留系的坟头组页岩和中三叠统的膏盐层常常构成滑脱面,使其上下地层表现出截然不同的褶皱形态和构造样式。扬子陆块南部发生过早古生代东西向褶皱的地区,参与印支期东西向褶皱的地层为上三叠统和下、中三叠统,由于这两次构造事件的主应力方向类似,此时印支褶皱常常是在早古生代褶皱的基础上发育的,并使印支构造事件表现得不大明显。郭福祥(1998)通过对华南十余个剖面的研究,就认为印支期构造事件的角度不整合是十分微弱的,不认为印支构造事件可以使华南地块盖层全面褶皱。

印支褶皱还有一个重要的特征就是可以形成弧形褶皱-断裂构造带,例如著名的祁阳弧形构造。在任何地块内、岩性不均一的地方,经过褶皱作用,都可以形成规模不等的弧形褶皱、断裂构造。印支期弧形构造之所以比较发育,这与印支褶皱是扬子陆块沉积盖层第一次大范围的褶皱事件有关,当时岩层总体上比较均匀,参与褶皱的地质体,如物性稍不均匀,其褶皱轴向就容易弯曲,而受其他构造因素的影响较小。此外,印支期褶皱,尽管按照现代磁方位,都是轴向近于东西向的,但根据古地磁资料,当时中国大陆东部各地块的磁北方向比现代的大体上东偏约30°,因而如果恢复古构造的话,印支褶皱的轴向大致上是走向北西300°至南东120°(万天丰,2004)。

三、晚三叠世—第四纪陆内发展演化阶段(T_3—Q)

中新生代在全球板块构造格局控制下进入新的大地构造演化阶段,东受太平洋板块、南受印度-澳大利亚板块,北又受欧亚板内西伯利亚地块向南运动的作用,即进入在全球现代板块多向会聚构造体系控制下的陆内(板内)构造演化阶段,以强烈褶皱、频繁的断块运动和伴随大规模的岩浆活动为主要特征。频繁多期次构造运动对前期的构造进行继承与改造,控制了中新生代陆相盆地的形成与发展,形成现今构造格局。

1. 晚三叠世—中侏罗世(T_3—J_2)

晚三叠世,中扬子北缘对应于秦岭-大别印支期造山作用形成的鄂中前陆盆地河流冲积扇沉积,上扬子北部则相对于东、西秦岭从中三叠世晚期到晚三叠世晚期的自东而西延迟的碰撞造山作用,整个川北和川西相应于北侧秦岭的初始碰撞隆升,而普遍缺失晚三叠世初期的卡尼期沉积,但向西到龙门以西的西秦岭和其南侧的松潘北部地带则广泛连续发育上三叠统沉积。同时,龙门山自晚三叠世中晚期开始隆升自晚三叠世瑞利期川北、川西北已开始广泛发育前陆盆地相沉积,并川西龙门山前的晚三叠世前陆盆地连通,而且也和云南红河以东地区连成一片,形成广泛的川滇黔前陆盆地性质的上扬子含煤沉积盆地,此时四川盆地的雏形开始出现。同期扬子中段的东南侧,江南基底逆冲隆升带也已初步形成,因隆起而多数地区缺失上三叠统沉积,而只是在其东侧湘赣浙粤桂等地区有广泛的河湖相堆积。

侏罗纪时期中上扬子广泛的前陆盆地与坳陷盆地构造组合与演化。由于晚三叠世晚期,扬子北缘的西部和西侧、西南侧相关地区多已相继形成碰撞造山带,并相继完成最后的造山隆升,尤其是北侧秦岭造山带的急剧隆升和巴山大别南缘的弧形向南的逆冲推覆构造作用,使中上扬子区北侧形成连贯东西的平行于造山带,呈近东西—北西西走向的巨大统一前陆盆地,堆积了最大厚度达2500m的山前沉积。同期西侧,从龙门到滇中仍发育山前的前陆盆地堆积。扬子东南缘由于自东南而西北的逆冲推覆构造作用,江南基底逆冲推覆隆升带进一步增强,成为高起的蚀源区。由于上述中上扬子区周边的隆升及向内的逆冲推挤,使川渝地区形成周边为前陆盆地,向中部会聚成为沉降中心,形成了以上扬子为中心的坳陷盆地,构成总体为前陆盆地加坳陷盆地的构造组成与演化。尤其值得强调和注意的是中扬子区由于南北两侧秦岭-大别和江南逆冲带的向东逐渐汇聚,以致部分重合复合,使之形成处于两大相向的构造弧形向东收敛向西撒开的夹击之中,造成诸多独特的构造复合,而且东部及两侧急剧隆升,使得早中侏罗世统一的前陆盆地+坳陷盆地的组合于晚侏罗世逐渐东部萎缩,以致到早白垩世时,向西退缩,仅在川西北和川西至滇中地区出现山前坳陷沉积。

2. 晚侏罗世—早白垩世(J_3—K_1)

晚侏罗世—早白垩世时期,中国东部发生了从近东西向的特提斯构造域向北北东向的环太平洋构造域的转换,形成了以陆内俯冲和陆内造山为特征的东亚多向汇聚构造体系。燕山早期,中扬子南部雪峰地区主要受古太平洋板块向西俯冲形成的南东向的主应力,形成向北西扩展的北东—近东西向弧形构造变形带,且构造变形强度具东南部及东部强、西部及西北部弱的特点;而在扬子北缘的秦岭—大别地区,扬子陆块持续向秦岭造山带挤入形成北东—南西向的主应力场,形成了向南西扩展的北西—近东西向的大洪山、大巴山弧形陆内构造变形带。二者在中扬子地区形成南北对冲构造带,构成一个向西撒开的弧形复合联合构造带,其主体形成于晚侏罗世至早白垩世,并具从东向西穿时特征,联合变形点在晚侏罗世位于荆州附近,至早白垩世已迁移至开县东北侧,且中扬子区变形强度明显高于上扬子区,反映了中上扬子地区燕山期陆内构造变形经历了自东向西的汇聚变形过程。

晚侏罗世至早白垩世时期,在多向汇聚的大地构造格局下,中上扬子地区的沉积盆地亦经历了自东向西的迁移过程。晚侏罗世时期,东部中扬子地区已经结束前陆盆地的充填开始抬升并接受剥蚀,而西部秭归盆地则发育充填曲流河和冲积平原沉积,包括上侏罗统遂宁组和蓬莱镇组。秭归盆地侏罗纪沉积物源分析表明,早中侏罗世的物源区主要为盆地北部的神农架地区,而晚侏罗世则转变为盆地东部的黄陵背斜地区,且上侏罗统沉积物明显较下部变粗,底部多见盆外岩砾石,表明此时黄陵背斜开始隆升。

早白垩世时期,沉积古地理格局发生明显分化,一方面是复合前陆盆地继续向西迁移,沉降中心迁移到达县以西地区;另一方面是包括雪峰构造带和大别山在内的中国东部开始伸展,形成伸展断陷盆地。中扬子地区西部首先开始接受沉积,在黄陵背斜的东南部发育一套以冲积扇砾岩-河流相砂、泥岩为主的红层沉积,包括石门组和五龙组。石门组与下伏地层呈角度不整合接触,为一套厚度达200m的冲积扇扇根部位沉积,底部砾石呈角砾状,分选磨圆差,反映了近缘型快速沉积的特点。

3. 晚白垩世—古近纪（K_2—E）

晚白垩世是中国东部重大构造体制转换的重要时期，中上扬子地区的东、西构造差异更加明显。黄陵背斜西部的上扬子地区受大巴山陆内造山、江南逆冲推覆作用的复合影响持续隆升成陆，普遍缺失这一时期的沉积地层记录；而东部的中扬子地区全面伸展，表现为在前期前陆冲断褶皱带的基础上发生伸展断陷形成断陷盆地，局部有弱的基性火山活动。在齐岳山断裂带东侧的中上扬子地区和北部南秦岭地区，发育受北北东、北北西和近东西向断裂带控制的断陷盆地，沉积了一套冲积扇至河湖相碎屑红层沉积，包括罗镜滩组、红花套组和跑马岗组。晚白垩世罗镜滩组普遍角度不整合在前白垩系老地层之上，且与早白垩世五龙组的接触界面凹凸不平，有明显的冲刷面，局部可能呈微角度不整合接触，表明晚白垩世时期研究区构造体制发生了重大转换，可能代表了中上扬子地区多向汇聚构造体系的结束。

中上扬子地区晚白垩世的构造差异在进入新生代之后并没有结束。黄陵背斜西部的上扬子地区普遍缺失古近纪和新近纪沉积，而东部的中扬子地区经历了伸展断陷到伸展坳陷的演化过程，继承性充填了内陆河湖相古近系红色泥岩、砂岩、膏泥岩与盐岩建造，同时伴随着碱性玄武岩和橄榄拉斑玄武岩的喷发。

古近纪末的喜马拉雅运动，造成了江汉盆地的整体抬升，使下伏古近纪地层遭受不同程度的大规模剥蚀，导致新近系与古近系之间形成了广泛存在的角度不整合面。古近纪末（喜马拉雅期）的构造变形还是相当强的，主要表现为早期近东西向断裂发生构造反转而走滑逆冲、白垩纪—古近纪伸展断陷盆地整体抬升，以及北西向宽缓褶皱的形成。该时期的构造应力方位为北东-南西向，造成了包括黄陵背斜在内的中上扬子地区整体隆升剥蚀。热年代资料显示，黄陵基底的磷灰石 FT 年龄在燕山期已通过退火带，喜马拉雅期则经历与江汉盆地相似的较长时期的较快速抬升，表现为区域性整体构造隆升作用，可能在一定程度上反映了印度板块与欧亚大陆碰撞造山作用在中上扬子地区产生的远程效应。

4. 新近纪—现今（N—Q）

新近纪以来，以平缓差异隆升与块断运动为主，大多数盆地萎缩消亡，随后盆地局部坳陷沉降，沉积了新近系广华寺组、掇刀石组，在山地与平原交接处则形成第四系平原组河流、滨浅湖相砂砾岩及黏土层。现今构造面貌形成。

附表 工作区地质事件一览表

地质发展阶段	构造期(旋回)	地质时代 宙	代	纪	时限(Ma)	沉积事件	岩浆事件	变质事件	构造变形及其他	
陆内复合造山阶段	喜马拉雅期	显生宙	新生代	第四纪	2.58	山前堆积、洪冲积、残坡积等			差异隆升、剥蚀	多向汇聚构造体系
				新近纪	23.03					
				古近纪		断陷-坳陷盆地碎屑岩建造			由南西-北东脆性逆冲	
	燕山期		中生代	白垩纪	65.5	陆相周缘前陆盆地碎屑岩-碳酸盐岩建造	二云母二长花岗岩		南北对冲形成弧形构造带	
				侏罗纪	145.5					
	印支期			三叠纪	199.6	扬子:陆表海相碎屑-碳酸盐岩沉积,晚期扬子与华北陆块沉积互交相沉积	黑云母花岗闪长岩 二云母二长花岗岩	绿片岩相退变(M_7)	南缘陆内碰撞造山;北侧扬子与华北板块碰撞造山,形成秦岭大别造山带	特提斯构造域
	海西期		古生代	二叠纪	252					
					299	南秦岭:出现海相陆缘碎屑-碳酸盐沉积		气-热液变质作用及接触变质作用		
				石炭纪	360					
				泥盆纪	416	南秦岭:主动大陆边缘碎屑-碳酸盐沉积(D—P)				
	加里东期			志留纪	443.8	南部:被动大陆边缘碳酸盐岩沉积,志留纪为前陆盆地	花岗闪长岩—二长花岗岩	绿片岩及低级变质(区域埋藏变质持续期目变质作用	南缘陆内碰撞造山;北侧扬子北华北陆块碰撞造山持续离散,出现初始洋壳	
				奥陶纪	485.4					
				寒武纪	541	南秦岭:下寒武统为正常台地沉积,中寒武统为裂解环境沉积,志留系为火山-碎屑岩建造				
				震旦纪	635	南华系—同冰期碳酸盐岩-页岩建造(含磷建造)				
			晚元古代	南华纪	780	裂谷盆地相变岩火山-碎屑岩沉积			陆内裂解	
		元古宙		青白口纪		复理石建造		绿岩相-高角闪岩相(M_6^2)		
扬子陆块演化阶段	晋宁期		中元古代	待建纪	1000	神农架、滨海-台地碳酸盐岩建造;黄陵-陆缘碎屑岩建造	英云闪长岩-花岗闪长岩 板内拉斑玄武岩	高角闪岩相-麻粒岩相(M_6^2)	板块碰撞:弧陆、陆陆汇聚增生,统一扬子陆块形成	
				蓟县纪	1400			低角闪岩相-麻粒岩相(M_6^1)		
				长城纪	1800			绿片岩相(M_5^2)		
统一陆块形成阶段	吕梁期		早元古代	滹沱期		孔兹岩系,原岩为细碎屑岩沉积建造				
				?	2500	细碎屑建造		高角闪岩相(麻粒岩相?)(M_4)	早元古代末,陆块拼合,新生质陆壳增生形成	
古陆壳生长和统一陆块形成阶段	大别期	太古宙	新太古代				TTG侵位	角闪岩相(M_3)		
	阜平期		中太古代		2800	拉斑玄武岩-英安岩变火山岩建造		高角闪岩相-麻粒岩相(M_2)	陆核形成(结晶基底)形成	
	迁西期							绿片岩相(M_1)		

注:M_1:迁西期;M_2:阜平期;M_3:大别期;M_4:吕梁期;M_5:晋宁期;M_6:加里东期;M_7:印支-燕山期。

主要参考文献

白晓,凌文黎,段瑞春,等.扬子克拉通核部中元古代—古生代沉积地层 Nd 同位素演化特征及其地质意义[J].中国科学(D 辑:地球科学),2011,41:972-983.

柏道远,贾宝华,刘伟,等.湖南城步火成岩锆石 SHRIMP U-Pb 年龄及其对江南造山带新元古代构造演化的约束[J].地质学报,2010,84(12):1715-1726.

车勤建,伍光英,唐晓珊.湘东北中元古代冷家溪群的解体及其地质意义[J].华南地质与矿产,2005,1:47-53.

陈公信,金经纬,熊家枝,等.湖北省岩石地层[M].武汉:中国地质大学出版社,1997.

陈晋镳,秦正永,王寿琼,等.武当群地质特征[M].天津:天津科技翻译出版公司,1991.

陈卫锋,陈培荣,黄宏业,等.湖南白马山岩体花岗岩及其包体的年代学和地球化学研究[J].中国科学(D 辑:地球科学),2007,37(7):873-893.

陈孝红,汪啸风.长江三峡地区早古生代多重地层划分与海平面升降事件[J].华南地质与矿产,1999,3:1-11.

陈旭,Michell C E,张元动,等.中国达瑞威尔阶及全球层型剖面点(GSSP)在中国的确立[J].古生物学报,1997,36(4):423-431.

陈旭,戎嘉余,Rowley D B,等.对华南早古生代板溪洋的质疑[J].地质论评,1995,41(5):389-400.

陈旭,戎嘉余,樊隽轩,等.上奥陶统赫南特阶全球层型剖面和点位的建立[J].地层学杂志,2006,30(4):289-305。

陈旭,戎嘉余,樊隽轩.扬子区奥陶纪末赫南特亚阶的生物地层学研究[J].地层学杂志,2000,24(3):169-175.

邓家瑞,张志平.雪峰古陆的加里东期推覆构造[J].华东地质学院学报,1996,19(3):201-210.

丁道桂,郭彤楼,刘运黎,等.对江南-雪峰带构造属性的讨论[J].地质通报,2007,26(7):801-809.

丁兴,陈培荣,陈卫锋,等.湖南沩山花岗岩中锆石 LA-ICP-MS U-Pb 定年:成岩启示和意义[J].中国科学(D 辑:地球科学),2005,35(7):606-616.

董卫平,林树基,陈玉林,等.贵州省岩石地层[M].武汉:中国地质大学出版社,1997.

董云鹏,查显峰,付明庆,等.秦岭南缘大巴山褶皱-冲断推覆构造的特征[J].地质通报,2008,27(9):1494-1508.

樊隽轩,Michael J. Melchin,等.华南奥陶系—志留系龙马溪组黑色笔石页岩的生物地层学[J].中国科学(D 辑:地球科学),2012,42:130-139.

傅宠.湖南省区域地质志[M].北京:地质出版社,1988.

高林志,陈俊,丁孝忠.湘东北岳阳地区冷家溪群和板溪群凝灰岩 SHRIMP 锆石 U-Pb 年龄——对武陵运动的制约[J].地质通报,2011,30(7):1001-1008.

高林志,戴传固,丁孝忠,等.侵入梵净山群白岗岩锆石 U-Pb 年龄及白岗岩底砾岩对下江群沉积的制约[J].中国地质,2011,38(6):1413-1420.

高林志,戴传固,刘燕学,等.黔东地区下江群凝灰岩锆石 SHRIMP U-Pb 年龄及其地层意义[J].中国地质,2010,37(4):1071-1079.

辜学达,刘啸虎,李宗凡,等.四川省岩石地层[M].武汉:中国地质大学出版社,1997.

贵州省地质矿产局.贵州省区域地质志[M].北京:地质出版社,1987.

韩发,沈建忠,聂凤军,等.江南古陆南缘四堡群同位素地质年代学研究[J].地球学报,1994,1(2):43-50.

郝义,李三忠,金宠,等.湘赣桂地区加里东期构造变形特征及成因分析[J].大地构造与成矿学,2010,34(2):166-180.

何建坤,卢华复,朱斌.东秦岭造山带南缘北大巴山构造反转及动力学[J].地质科学,1999,34(2):139-153.

胡健民,董树文,孟庆任,等.大巴山西段高川地体的构造变形特征及其意义[J].地质通报,2008,27(12):2031-2044.

胡瑞忠,毛景文,范蔚茗,等.华南陆块陆内成矿作用的一些科学问题[J].地学前缘,2010,17(2):13-26.

胡召齐,朱光,刘国胜,等.川东"侏罗山式"褶皱带形成时代:不整合面的证据[J].地质评论,2009,2:32-42.

贾宝华.湖南雪峰隆起区构造变形研究[J].中国区域地质,1994,1:65-71.

焦文放,吴元保,彭敏,等.扬子陆块最古老岩石的锆石 U-Pb 年龄和 Hf 同位素组成[J].中国科学(D辑:地球科学),2009,39:972-978.

李朝阳,伦志强,胡金城,等.四川省区域地质志[M].北京:地质出版社,1991.

李建华,张岳桥,董树文,等.北大巴山凤凰山岩体锆石 U-Pb LA-ICP-MS 年龄及其构造意义[J].2010,2012(3):581-593.

李三忠,王涛,金宠,等.雪峰山基底隆升带及其邻区印支期陆内构造特征与成因[J].吉林大学学报(地球科学版),2011,41(1):93-105.

李益龙,周汉文,李献华,等.黄陵花岗岩基英云闪长岩的黑云母和角闪石年龄及其 ^{40}Ar-^{39}Ar 冷却曲线[J].岩石学报,2007,23(5):1067-1074.

李曰俊,郝杰,鲁刚毅,等.论板溪群与板溪蛇绿混杂岩[J].地质论评,1994,40(2):97-105.

李忠雄,王剑,段太忠,等.湘西北慈利—大庸地区上震旦统—下寒武统沉积特征及层序地层划分[J].沉积与特提斯地质,2003,23(4):27-33.

凌文黎,程建萍,王歆华,等.武当地区新元古代岩浆岩地球化学特征及其对南秦岭晋宁期区域构造性质的指示[J].岩石学报,2002,18(1):25-36.

凌文黎,高山,程建萍,等.扬子陆核与陆缘新元古代岩浆事件对比及其构造意义——来自黄陵和汉南侵入杂岩 LA-ICP-MS 锆石 U-Pb 同位素年代学的约束[J].岩石学报,2006,2:387-396.

凌文黎,高山,张本仁,等.扬子陆核古元古代晚期构造热事件与扬子克拉通演化[J].科学通报,2000,45(21):2343-2348.

凌文黎,任邦方,段瑞春,等.南秦岭武当群、耀岭河群及基性侵入岩群锆石 U-Pb 同位素年代学及其地质意义[J].科学通报,2007,52(12):1445-1456.

凌文黎,程建萍.Rodinia 研究意义、重建方案与华南晋宁期构造[J].地质科技情报,2000,19(2):7-11.

刘邦秀,刘春根,邱永泉.江西南部鹤仔片麻状花岗岩类 Pb-Pb 同位素年龄及地质意义[J].火山地质与矿产,2001,22(4):264-268.

刘宝珺,许效松,潘杏南,等.中国南方古大陆沉积地壳演化与成矿[M].北京:地质出版社,1993.

卢一伦,韩湘涛,李陶然,等.陕西省区域地质志[M].北京:地质出版社,1989.

罗贤才,伦志强,熊友兰.湖北省区域地质志[M].北京:地质出版社,1990.

马大铨,李志昌,肖志发.鄂西崆岭杂岩的组成、时代及地质演化[J].地球学报,1997,18(3):233-241.

马润华,伊鹋英,王振东,等.陕西省岩石地层[M].武汉:中国地质大学出版社,1998.

秦松贤,孟德保.湘黔边境加里东板内造山期后正向滑脱构造与成矿[J].地质科技情报,2004,23(3):11-15.

丘元禧,张渝昌,马文璞.雪峰山陆内造山带的构造特征与演化[J].高校地质学报,1998,4(4):432-443.

全国地层委员会.中国地层指南及中国地层指南说明书[S].北京:地质出版社,2001.

全国地层委员会.中国区域年代地层(地质年代)表说明书[S].北京:地质出版社,2002.

饶家荣,王纪恒,曹一中.湖南深部构造[J].湖南地质,1993,(S1):2-3+1-101.

舒良树.华南前泥盆纪构造演化:从华夏地块到加里东期造山带[J].高校地质学报,2006,12(4):418-431.

水涛.中国东南大陆基底构造格局[J].中国科学(D辑:地球科学),1987,4:414-422.

孙海清,黄建中,郭乐群,等.湖南冷家溪群划分及同位素年龄约束[J].华南地质与矿产,2012,28(1):20-26.

汤朝阳,邓峰,李堃,等.湘西—黔东地区早寒武世沉积序列及铅锌成矿制约[J].大地构造与成矿学,2012,36(1):111-117.

万天丰.中国东部中、新生代板内变形,构造应力场及其应用[M].北京:地质出版社,1993.

汪啸风,陈孝红,张仁杰,等.长江三峡地区珍贵地质遗迹保护和太古宙—中生代多重地层划分与海平面升降变化[M].北京:地质出版社,2002.

王剑.华南新元古代裂谷盆地沉积演化——兼论与Rodinia解体的关系[M].北京:地质出版社,2000.

王江海.元古宙罗迪尼亚(Rodinia)的重建研究[J].地学前缘,1998,5:235-242.

王岳军,范蔚茗,梁新权,等.湖南印支期花岗岩SHRIMP锆石U-Pb年龄及其成因启示[J].科学通报,2005,50(12):1259-1266.

殷鸿福,吴顺宝,杜远生,等.华南是特提斯多岛洋体系的一部分[J].地球科学,1999,24(1):1-12.

袁学诚.台湾黑水地学断面[C]//中国地球物理学会年刊[M].北京:地震出版社,1990.

曾佐勋,樊光明.构造地质学[M].武汉:中国地质大学出版社,2008.

张世红,蒋干清,董进,等.华南板溪群五强溪组SHRIMP锆石U-Pb年代学新结果及其构造地层意义[J].中国科学(D辑:地球科学),2008,38(12):1496-1503.

张岳桥,施炜,李建华,等.大巴山前陆弧型构造带形成机理分析[J].地质学报,2010,84(9):1300-1315.

郑基俭,贾宝华,刘耀荣,等.湘西安江地区镁铁质-超镁铁质岩形成时代-岩浆来源和形成环境[J].中国区域地质,2001,20(2):164-169.

周新华,程海,陈海泓.湖南黔阳镁铁-超镁铁质岩年龄测定[J].地质科学,1992,2:391-393.

湖北省地质局区域地质测量队.1:20万神农架幅区域地质调查报告[R].1974.

湖北省地质局区域地质测量队.1:20万宜城幅、随县幅区域地质调查报告[R].1982.

湖北省地质局区域地质测量队.1:20万巴东幅区域地质调查报告[R].1984.

湖北省地质矿产局.湖北省区域地质志[M].北京:地质出版社,1990.

湖北省地质矿产局鄂西地质大队.1:5万新滩东半幅、莲沱西半幅、过河口半幅、三斗坪西半幅地质图说明书及区域地质报告[R].1991.

湖北省地质矿产局鄂西地质大队四分队.1:5万兴山东半幅、水月寺幅地质图说明书[S].1987.

湖北省地质矿产勘查开发局鄂西地质大队.1:5万大峡口幅、茅坪河幅、荷花店西半幅区域地质调查报告[R].1994.

湖北省区域地质矿产调查所.1:5万巴东幅、培石幅、抱龙河幅、风吹垭幅区域地质调查报告[R].1997.

湖北省区域地质矿产调查所.1:5万镇坪、瓦沧、泉溪幅区域地质调查报告[R].2000.

湖南省地质矿产局.湖南省区域地质志[M].北京:地质出版社,1998.

四川地质矿产局.四川省区域地质志[M].北京:地质出版社,1991.

四川省地质局107队.1:20万万县、奉节、忠县幅区域地质调查报告[R].1980.

四川省地质局第二区域地质测量队.1:20万幅城口、巫溪幅区域地质调查报告[R].1974.

四川省地质矿产勘查开发局、宜昌地质矿产研究所.1:5万巫山县幅地质图说明书[S].2001.

重交市地质矿产勘查开发总公司.1:5万奉节县幅区域地质调查报告[R].2000.

Algeo T J, Kuwahara K, Sano H, et al. Spatial variation in sediment fluxes, redox conditions, and productivity in the permian-triassic panthalassic ocean[J]. Palaeogeography Palaeoclimatology Palaeoecology, 2001,308(1):65-83.

Bekkers R W G. 3D modeling of a foreland fold and thrust basin in the french sub-alpine chains[J]. Geology,2001.

Bond D P G, Wignall P B. Pyrite framboid study of marine permian-triassic boundary sections: a complex anoxic event and its relationship to contemporaneous mass extinction[J]. Geological Society of America Bulletin, 2010,122(7-8):1265-1279.

Botting J P, Muir L A. A new middle ordovician (late Dapingian) hexactinellid sponge from cumbria, UK[J]. Geological Journal, 2011,46(5):501-506.

Bourquin S, Bercovici A, López-Gómez J, et al. The permian-triassic transition and the onset of mesozoic sedimentation at the northwestern peri-tethyan domain scale: palaeogeographic maps and geodynamic implications[J]. Palaeogeography Palaeoclimatology Palaeoecology, 2011,299(1-2):265-280.

Cai Y, Hua H, Xiao S, et al. Biostratinomy of the late ediacaran pyritized Gaojiashan lagerst Ätte from southern Shaanxi, South China: Importance of event deposits[J]. Palaios., 2010,25(7/8):487-506.

Cardozo N. Trishear modeling of fold bedding data along a topographic profile[J]. Journal of Structural Geology, 2005,27(3):495-502.

Charvet J, Shu L S, Faure M, et al. Structural development of the lower Paleozoic belt of South China: Genesis of an intracontinental orogen[J]. J. Asian Earth Sci., 2010,39: 309-330.

Chen J F, Jahn B M. Crust evolution of southern China: Evidence Nd and Sr isotopic compositions of rocks[J]. Tectonophysics,1998,284: 101-133.

Chen X, Rong J Y, Li Y, et al. Facies patterns and geography of the Yangtze region, South China, through the Ordovician and Silurian transition [J]. Palaeogeography, Palaeoclimatology, Palaeoecology, 2004,204: 353-372.

Chen D F, Dong W Q, Zhu B Q, et al. Pb-Pb ages of neoproterozoic Doushantuo phosphorites in South China: constraints on early metazoan evolution and glaciation events[J]. Precambrian Research, 2004,132(1):123-132.

Chen X U, Bergström S M, Zhang Y D, et al. The base of the middle Ordovician in China with special reference to the succession at Hengtang near Jiangshan, Zhejiang Province, southern China[J]. Lethaia, 2010,42(2):218-231.

Christieblick N, Kennedy M J. U-Pb sensitive high-resolution ion microprobe ages from the Doushantuo formation in South China: constraints on late Neoproterozoic glaciations[J]. Geology, 2005,33(6):473-476.

Compston W, Williams I S, Kirschvink J L, et al. Zircon U-Pb ages for the early Cambrian time scale [J]. Journal of the Geological Society,1992,149: 171-184.

Compston W, Williams I S, Meyer C. U-Pb Geochronology of zircons from lunar breccia 73217 using a sensitive high mass-resolution ion microprobe[J]. Proceedings of the Fourteenth Lunar and Planetary Science Conference, Part 2 Journal of Geophysical Research, 1984,89(Supplement): 525-534.

Cong Bolin, Wang Qingchen. Review of researchers on ultra-high-pressure metamorpgic rocks in China[J]. Chinese Science Bulletin,1994,39(24):2068-2075.

Cong Bolin,Wang Qingchen. Ultra-high-pressure metamorphic rocks in China[J]. Episodes,18(1-2):91-94.

Corfu F, Hanchar J M, Hoskin P W O, et al. Atlas of zircon textures[J]. Reviews in Mineralogy and Geochemistry, 2003,53(1): 469-500.

Cumpston,Williams I S,Kirschvink J L,et al. U-Pb zircon ages for the early cambrian time scale[J]. J. Gcol. Soc. London,1992,149:171-184.

Defant M J, Drummond M S. Derivation of some morden arc magmas by of young subducted lithosphere [J]. Nature, 1990,347:662-665.

Dong Y, Liu X, Neubauer F, et al. Timing of paleozoic amalgamation between the North China and South China blocks: evidence from detrital zircon U-Pb ages[J]. Tectonophysics, 2013,586(2):173-191.

Du Q, Wang Z, Wang J, et al. Geochronology and paleoenvironment of the pre-sturtian glacial strata: evidence from the Liantuo formation in the Nanhua rift basin of the Yangtze block, South China[J]. Precambrian Research, 2013,233(233):118-131.

Eby G N. Chemical subdivision of the A-type granitoids: petrogenetic and tectonic implications[J]. Geology, 1992, 20: 641-644.

Elliott, D. Mechanics of thin-skinned fold-and-thrust belts: discussion[J]. Geological Society of America Bulletin,1980,91(3):188.

Eoff J D. Sedimentary facies of the upper cambrian (furongian, Jiangshanian and Sunwaptan) tunnel city group, upper Mississippi valley: new insight on the old stormy debate[J]. Sedimentary Geology, 2014,302 (4):102-121.

Ernst, Buchan. Recognizing mantle plumes in the geological record[J]. Annu. Rev. Earth Planet Sci., 2003,31: 469-523.

Faure M, Lin W, Scharer U, et al. Continental subduction and exhumation of UHP rocks: Structural and geochronological insights from the Dabieshan (East China)[J]. Lithos, 2003,70: 213-241.

Francois-Xavier Devuyst, LucHance, Hou H F, et al. A proposed global stratotype section and point for the base of the visean stage (carboniferous): the Pengchong section, Guangxi, South China[J]. Episodes, 2003,26(2):105-115.

Gao S, Qiu Y, Ling W, et al. SHRIMP single zircon U-Pb dating of the Kongling high-grade metamorphic terrain: Evidence for >3.2Ga old continental crust in the Yangtze craton[J]. Science in China (D: Earth Sciences), 2001, 44: 326-335.

Gao S, Yang J, Zhou L, Li M, et al. Age and growth of the Archean Kongling terrain, South China, with emphasis on 3.3Ga granitoid gneisses[J]. American Journal of Science, 2011, 311: 153-182.

Gao S, Ling W, Qiu Y, et al. Contrasting geochemical and Sm-Nd isotopic compositions of archean metasediments from the Kongling high-grade terrain of the Yangtze craton: evidence for cratonic evolution and redistribution of ree during crustal anatexis[J]. Geochimica et Cosmochimica Acta, 1999,63(13-14):2071-2088.

Gao S, Zhang B R, Wang D P,et al. Geochemical evidence for the proterozoic tectonic evolution of the Qinling orogenic belt and its adjacent margins of the North China and Yangtze cratons[J]. Precambrian Research, 1996, 80(1):23-48.

Gao S, Zhang B R, Li Z J. Geochemical evidence for Proterozoic continental arc and continental-margin rift magmatism along the northern margin of the Yangtze craton, South China[J]. Precambrian Res. ,1990, 47:205-221.

Gorjan P, Kaiho K, Fike D A, et al. Carbon- and sulfur-isotope geochemistry of the hirnantian (late Ordovician) Wangjiawan (riverside) section, South China: global correlation and environmental event interpretation[J]. Palaeogeography Palaeoclimatology Palaeoecology, 2012,337-338(S 337-338):14-22.

Gradstein F M. A Triassic, Jurassic and Cretaceous time scale[J]. Geochronology Time Scales & Global Stratigraphic Correlation, 1995,95-126.

Guo Q, Shields G A, Liu C, et al. Trace element chemostratigraphy of two ediacaran-cambrian successions in South China: implications for organosedimentary metal enrichment and silicification in the early cambrian[J]. Palaeogeography Palaeoclimatology Palaeoecology, 2007,254(1):194-216.

Hacker B R, Ratschbacher L, Webb L,et al. U -Pb zircon ages constrain the architecture of the ultra-high-pressure Qinling-Dabie Orogen, China[J]. Earth and Planetary Science Letters, 1998,161:215-230.

Harris J H, Pluijm B A V D. Relative timing of calcite twinning strain and fold-thrust belt development hudson valley fold-thrust belt, New York, USA[J]. Journal of Structural Geology, 1998,20(1):21-31.

Ho J C, Wei K H. The kinetics of transesterification in blends of liquid crystalline copolyester and polycarbonate[J]. Polymer, 1999,40(3):717-727.

Holford S P, Green P F, Hillis R R, et al. Multiple post-caledonian exhumation episodes across NW scotland revealed by apatite fission-track analysis[J]. Journal of the Geological Society, 2010,167(4):675-694.

Hsu K J,Li J,Chen H, et al. Tectonics of South China:key to understanding West Pacific geology[J]. Tectonophysics,1990,183:9-39.

Hsu K J,Pan G T,Sengor A M, et al. Tectonic evolution of the Tibetan Plateau:a working hypothesis based on the archipelago model of orogenesis[J]. International Geological Review,1995,37:473-508.

Hsu K J,Sun S,Li J, et al. Mesozoic overthrust tectonics in South China[J]. Geology,1988,16:418-427.

Huang K, Opdyke N D. Middle Triassic paleomagnetic results from central Hubei Province, China and their tectonic implications[J]. Geophysical Research Letters, 2013,24(13):1571-1574.

Ji W, Lin W, Faure M, et al. Origin and tectonic significance of the Huangling massif within the Yangtze craton, South China[J]. Journal of Asian Earth Sciences, 2014,86(2):59-75.

Jiang G, Kennedy M J, Christieblick N, et al. Stratigraphy, sedimentary structures, and textures of the late Neoproterozoic Doushantuo cap carbonate in South China[J]. Journal of Sedimentary Research, 2006,76(7):978-995.

Jiang G, Shi X, Zhang S, et al. Stratigraphy and paleogeography of the ediacaran Doushantuo formation (ca. 635~551Ma) in South China[J]. Gondwana Research, 2011,19(4):831-849.

Jiao W F, Wu, Y B, Yang S H, et al. The oldest basement rock in the Yangtze craton revealed by U-Pb zircon age and Hf isotope composition[J]. Science in China (D: Earth Sciences), 2009, 52: 1393-1399.

Jin Y G, Wang Y, Wang W, et al. Pattern of marine mass extinction near the permian-triassic boundary in South China[J]. Science, 2000,289(5478):432-436.

Joachimski M M, Lai X, Shen S, et al. Climate warming in the latest permian and the permian-triassic mass extinction[J]. Geology, 2012,40(3):195-198.

Kesler S E, Reich M H. Precambrian Mississippi Valley-Type deposits relation to changes in composition of the hydrosphere and atmosphere[A]. in Kesler S E, Ohmoto, Hiroshi(eds.), Evolution of early Earth's atmosphere, hydrosphere, and biosphere, constraints from ore deposits[J]. Geological Society of America

Memoir, 2006, 198: 185-204.

Kwon S, Mitra G. Three-dimensional finite-element modeling of a thin-skinned fold-thrust belt wedge: prove salient, sevier belt, Utah[J]. Geology, 2004,32(7):561-564.

Le Maitre R W. A classification of igneous rocks and glossary of terms[M]. Oxford: Blackwell,1993.

Leach D L, Bradley D C, Lewchuk M T, et al. Mississippi Valley-Type lead-zinc deposits through geological time: implications from recent age-dating research[J]. Mineralium Deposita, 2001, 36: 711-740.

Leach D L, Bradley, D C, Huston D, et al. Sediment-hosted lead-zinc deposits in earth history[J]. Economic Geology, 2010, 105: 593-625.

Leach D L, Sangster D F, Kelley K D, et al. Sediment-hosted lead-zinc deposits: A global perspective [J]. Economic Geology 100th Anniversary Volume, 2005, 561-608.

Li Z H, Wang Z H, Wang X F, et al. Conodonts across the lower-middle ordovician boundary in the Huanghuachang section of Yichang, Hubei[J]. Acta Palaeontologica Sinica, 2004,43(1):14-31.

Li J, Zhang Y, Dong S, et al. Structural and geochronological constraints on the mesozoic tectonic evolution of the North Dabashan Zone, South Qinling, central China[J]. Journal of Asian Earth Sciences,2013,64 (64):99-114.

Li R, Chen J, Zhang S, et al. Spatial and temporal variations in carbon and sulfur isotopic compositions of sinian sedimentary rocks in the Yangtze platform, South China[J]. Precambrian Research, 1999,97(1-2): 59-75.

Li S Z, Zhao G C, Zhang G W, et al. Not all folds and thrusts in the Yangtze foreland thrust belt are related to the Dabie Orogen: insights from mesozoic deformation south of the Yangtze River[J]. Geological Journal, 2010,45(5-6):650-663.

Li X H. U-Pb zircon ages of granites from the southern margin of the Yangtze block: timing of Neoproterozoic Jinning: orogeny in SE China and implications for Rodinia assembly[J]. Precambrian Research, 1999, 97(1):43-57.

Li X H, Li Z X, Ge W C, et al. Neoproterozoic granitoids in South China: crustal melting above a mantle plume at ca. 825Ma[J]? Precambrian Research,2003,122:45-83.

Li X H, Li Z X, Ge W C, et al. U-Pb zircon ages of the neoproterozoic granitoids in South China and their tectonic implications[J]. Bulletin of Mineralogy, Petrology and Geochemistry, 2001,20(4): 271-273.

Li Z X, Evans D A D, Halverson G P. Neoproterozoic glaciations in a revised global palaeogeography from the breakup of Rodinia to the assembly of Gondwana land[J]. Sedimentary Geology, 2013, 294(294): 219-232.

Li Z X, Li X H, Kinny P D, et al. The breakup of Rodinia: did it start with a mantle plume beneath South China[J]? Earth Planetary Science Letters, 1999,173(3): 171-181.

Li Z X, Li X H, Kinny P D, et al. Geochronology of Neoproterozoic syn-rift magmatism in the Yangtze craton, South China and correlations with other continents: evidence for a mantle superplume that broke up Rodinia[J]. Precambrian Research, 2003,122(1):85-109.

Li Z X, Li X H, Zhou H, et al. Grenvillian continental collision in South China: new shrimp U-Pb zircon results and implications for the configuration of Rodinia[J]. Geology, 2002,30(2):163-166.

Li Z X. Tectonic history of the major East Asian lithospheric blocks since the middle Proterozoic: A synthesis[A]// Mantle dynamics and plate interactions in East Asia, Geodynamics 27[M]. Washington D C: American Geophysical Union, 1998,221-243.

Li Z X, Wartho J A, Occhipinti S, et al. Early history of the eastern Sibao Orogen (South China) during the assembly of Rodinia: new mica ^{40}Ar/^{39}Ar dating and shrimp U-Pb detrital zircon provenance constraints[J]. Precambrian Research, 2007,159(1):79-94.

Li Z X, Li X H, Zhou H, et al. Grenvillian continental collision in South China: new SHRIMP U-Pb zircon results and implications for the configuration of Rodinia[J]. Geology,2002, 30 (2):163-166.

Lin J L,Fuller M,Zhang W Y. Preliminary Phanerozoic polar wander paths for the North and South China blocks[J]. Nature,1985,313.

Ling W L, Gao S, Zheng H F, et al. Sm-Nd isotopic dating of Kongling terrain[J]. Chinese Science Bulletin, 1998, 43: 86-89.

Ling W L, Gao S, Cheng J P, et al. Neoproterozoic magmatic events within the Yangtze continental interior and along its northern margin and their tectonic implication: constraints from the LA-ICP-MS U-Pb geochronology of zircons from the Huangling and Hannan complexes[J]. Acta Petrologica Sinica, 2006,22(2): 387-396.

Ling W L, Gao S, Zhang B R, et al. Neoproterozoic tectonic evolution of the northwestern Yangtze craton, South China: implications for amalgamation and breakup of the Rodinia supercontinent[J]. Precambrian Research, 2003,122(1-4): 111-140.

Liu X M, Gao S, Diwu C R, Ling W L. Precambrian crustal growth of Yangtze craton as revealed by detrital zircon studies[J]. American Journal of Science, 2008, 308 (4): 421-468.

Liu S, Deng B, Li Z, et al. Architecture of basin-mountain systems and their influences on gas distribution: a case study from the Sichuan basin, South China[J]. Journal of Asian Earth Sciences, 2012,47(1): 204-215.

Lu S, Qu L. Characteristics of the sinian glaciogenic rocks of the Shennongjia region, Hubei Province, China[J]. Precambrian Research, 1987,36(2):127-142.

Lu Y F. Geokit: a geochemical software package constructed by VAB[J]. Geochemistry,2004,33(5): 459-464.

Ludwing K R. SQUID 1.02, a user s manual[M]. Berkeley: Geochronology Center Special Publication, 2002.

Ma G G, Li H Q, Zhang Z C. An Investigation of the age limits of the sinian system in South China[C]. Yichang Institute Geology and Mineral Resources, Chinese Academy of Geological Sciences, 1984,8: 1-29.

Macedo J, Marshak S. Controls on geometry of fold-thrust belts[J]. Geological Society of America Bulletin, 1999,111(12):1808-1822.

Martin H. The mechanisms of petrogenesis of the archaean continental crust, comparison with modern processes[J]. Lithos, 1993, 30: 373-388.

Maruyama S,Liu J G,Zhang R. Tectonic evolution of the ultra-high-pressure (UHP) and high-pressure (HP)metamor-phicbelts from central China[J]. The Island Arc. ,1994,3:112-121.

Mcelwain J C, Beerling D J, Woodward F I. Fossil plants and global warming at the triassic-jurassic boundary[J]. Science, 1999,285(5432):1386-1390.

Mcgowan A J, Smith A B. Ammonoids across the permian/triassic boundary: a cladistic perspective[J]. Palaeontology, 2010,50(3):573-590.

Meng Q R,Wang Erchie,Hu J M. Mesozoic sedimentary evolution of the northwest Sichuan basin:implication for continued clockwise rotation of South China block[J]. GSA Bulletin,2005,117(3/4):396-410.

Odonne F, Vialon P. Hinge migration as a mechanism of superimposed folding[J]. Journal of Structural Geology, 1987,9(7):835-844.

Okay A I. Evidence for intracontinental thrust-related exhumation of the ultra-high-pressure rocks in China[J]. Geology, 1992,20(5):411-414.

Oliver J. Fluids expelled tectonically from orogenic belts: their role in hydrocarbon migration and other geologic phenomena[J]. Geology, 1986, 14: 99-102.

Otofuji Y I, Liu Y, Yokoyam M, et al. Tectonic deformation of the southwestern part of the Yangtze craton inferred from paleomagnetism[J]. Earth & Planetary Science Letters, 1998,156(1-2):47-60.

Pearce J A, Harris N B W,Tindle A G. Trace element discrimination diagrams for the tectonic interpretation of granitic rocks[J]. Journal of Petrology, 1984,25(4): 956-983.

Pearce J A, Peate D W. Tectonic implications of the composition of volcanic arc magmas[J]. Annual Review of Earth and Planetan Sciences, 1995,23:251-286.

Peng M, Wu Y, Gao S, et al. Geochemistry, U-Pb zircon age and Hf isotope compositions of paleoproterozoic aluminous A-type granites from the Kongling terrain, Yangtze block: constraints on petrogenesis and geologic implications[J]. Gondwana Research, 2012,22(1):140-151.

Peng S, Babcock L E, Zuo J, et al. Global standard stratotype-section and point (GSSP) for the base of the Jiangshanian stage (cambrian: Furongian) at Duibian, Jiangshan, Zhejiang, southeast China[J]. Episodes, 2012,35(4):462-477.

Peng S, Babcock L, Robison R, et al. Global standard stratotype-section and point (GSSP) of the Furongian series and Paibian stage (cambrian)[J]. Lethaia, 2010,37(4):365-379.

Peng S, Kusky T M, Jiang X F, et al. Geology, geochemistry, and geochronology of the Miaowan ophiolite, Yangtze craton: implications for South China's amalgamation history with the Rodinian supercontinent [J]. Gondwana Research, 2012,21(2-3):577-594.

Qiu Y M, Gao S, McNaughton N J, et al. First evidence of >3.2Ga continental crust in the Yangtze craton of South China and its implications for archean crustal evolution and phanerozoic tectonics[J]. Geology, 2000, 28: 11-14.

Qiu X F, Ling W L, Liu X M, et al. Recognition of grenvillian volcanic suite in the Shennongjia region and its tectonic significance for the South China craton[J]. Precambrian Research, 2011,191(3):101-119.

Ridley J, Casey M. Numerical modeling of folding in rotational strain histories: strain regimes expected in thrust belts and shear zones[J]. Geology, 1989,17(10):875.

Rong J Y, Zhan R B, Xu H G, et al. Expansion of the cathaysian oldland through the ordovician-silurian transition: emerging evidence and possible dynamics[J]. Science in China(D:Eerth Science), 2010,53(1): 1-17.

Rong J Y, Chen X, Harper D A, et al. Proposal of a GSSP candidate section in the Yangtze platform region, South China, for a new Hirnantian boundary stratotype[J]. Acta Universitatis Carolinae- Geologica 1999,43.

Rowan E L, Goldhaber M B. Duration of mineralization and fluid-flow history of the upper Mississippi Valley zinc-lead district[J]. Geology, 1995, 23: 609-612.

Sawaki Y, Ohno T, Tahata M, et al. The ediacaran radiogenic Sr isotope excursion in the Doushantuo formation in the Three Gorges area, South China[J]. Precambrian Research, 2010,176(1):46-64.

Shen C, Mei L, Peng L, et al. LA-ICP-MS U-Pb zircon age constraints on the provenance of cretaceous sediments in the Yichang area of the Jianghan Basin, central China[J]. Cretaceous Research, 2012,34(3): 172-183.

Shen W, Sun Y, Lin Y, et al. Evidence for wildfire in the Meishan section and implications for permian-triassic events[J]. Geochimica et Cosmochimica Acta,2011,75(7):1992-2006.

Shergold J H and Sdzuy K. Late cambrian trilobites from the Iberian mountains, Zaragozan Province, Spain[J]. Beringeria,1991,4:193-235.

Shi W, Zhang Y, Dong S, et al. Intra-continental Dabashan orocline, southwestern Qinling, central China[J]. Journal of Asian Earth Sciences, 2012,46(6):20-38.

Shu L S, Faure M, Jiang S Y, et al. SHRIMP zircon U-Pb age, litho- and biostratigraphic analyses of the Huaiyu domain in South China——Evidence for a Neoproterozoic Orogen, not late Paleozoic—early Mesozoic collision[J]. Episodes,2006,29: 244-252.

Shu L S, Faure M, Yu J H, et al. Geochronological and geochemical features of the Cathaysia block (South China): new evidence for the Neoproterozoic breakup of Rodinia[J]. Precambrian Research, 2011,187(3-4):263-276.

Shu L S, Zhou X M, Deng P, et al. Mesozoic tectonic evolution of the Southeast China block: new insights from basin analysis[J]. J. Asian Earth Sci. , 2009,34: 376-391.

Shu L S, Yu J H, Jia D, et al. Early Paleozoic orogenic belt in the eastern segment of South China[J]. Geological Bulletin of China,2008,27 (10):1081-1093.

Song H, Wignall P B, Tong J, et al. Two pulses of extinction during the permian-triassic crisis[J]. Nature Geoscience, 2013,6(1):52-56.

Spalletta C, Perri M C, Over D J, et al. Famennian (upper Devonian) conodont zonation: revised global standard[J]. Bulletin of Geosciences, 2017,1(31):31-57.

Stewart A J. Fault reactivation and superimposed folding in a proterozoic sandstone-volcanic sequence, davenport province, central Australia[J]. Journal of Structural Geology, 1987,9(4):441-455.

Streckeisen A, Zanettin B, Lebas M J, et al. Igneous rocks: A classification and glossary of terms[M]. Oxford: Cambridge University Press, 2002.

Su W B, Huff W D, Ettensohn F R, et al. K-bentonite, black-shale and flysch successions at the ordovician-silurian transition, South China: possible sedimentary responses to the accretion of Cathaysia to the Yangtze block and its implications for the evolution of Gondwana[J]. Gondwana Research,2009,15(1):111-130.

Sun W H, Zhou M F, Yan D P, et al. Provenance and tectonic setting of the Neoproterozoic Yanbian group, western Yangtze block (SW China)[J]. Precambrian Research, 2008, 167: 213-236.

Szabo F, Kheradpir A Permian and triassic stratigraphy, Zagros basin, South-west Iran[J]. Journal of Petroleum Geology, 2010,1(2):57-82.

Vachard D, David W Haig, Arthur J Mory. Lower carboniferous (middle visean) foraminifers and algae from an interior sea, southern carnarvon basin, Australia[J]. Geobios. , 2014,47(1-2):57-74.

Wang D Z, Shu L S, Faure M ,et al. Mesozoic magmatism and granitic dome in the Wugongshan massif, Jiangxi Province and their genetical relationship to the tectonic events in Southeast China[J]. Tectonophysics, 2001,339:259-277.

Wang D Z,Shu L S. Late mesozoic basin and range tectonics and related magmatism in Southeast China [J]. Geoscience Frontier, 2012,3(2): 109-124.

Wang Q,Wyman D A,Li Z X,et al. Petrology, geochronology and geochemistry of ca. 780Ma A-type granites in South China:petrogenesis and implications for crustal growth during the breakup of the supercontinent Rodinia[J]. Precam. Res. ,2010,178:185-208.

Wang X L, Zhao G C, Zhou J C, et al. Geochronology and Hf isotopes of zircon from volcanic rocks of the Shuangqiaoshan group, South China: implications for the Neoproterozoic tectonic evolution of the eastern

Jiangnan orogen[J]. Gondwana Research, 2008,14(3): 355-367.

Wang Y J, Fan W M, Guo F. Geochemistry of early Mesozoic potassium-rich dioritic- granodioritic intrusions in southeastern Hunan Province, South China: petrogenesis and tectonicimplications[J]. Geochem. J., 2003,37(4): 427-448.

Wang Y J, Zhang Y H, Fan W M, et al. Structural signatures and $^{40}Ar/^{39}Ar$ geochronology of the Indosinian Xuefengshan tectonic belt, South China block[J]. J. Struct. Geol., 2005,27: 985-99.

Wang J, Li Z X. History of Neoproterozoic rift basins in South China: implications for Rodinia breakup [J]. Precambrian Research, 2003,122(1):141-158.

Wang J, Li Z X. Sequence stratigraphy and evolution of the Neoproterozoic marginal basins along southeastern Yangtze craton, South China[J]. Gondwana Research, 2001,4(1):17-26.

Wang K, Chatterton B D E, Wang Y. An organic carbon isotope record of late ordovician to early silurian marine sedimentary rocks, Yangtze sea, South China: implications for CO_2, changes during the Hirnantian glaciation[J]. Palaeogeography Palaeoclimatology Palaeoecology, 1997,132(1-4):147-158.

Wang L J, Griffin W L, Yu J H, et al. Precambrian crustal evolution of the Yangtze block tracked by detrital zircons from Neoproterozoic sedimentary rocks[J]. Precambrian Research,2010,177(1):131-144.

Wang Q, Wyman D A, Li Z X, et al. Petrology, geochronology and geochemistry of ca. 780Ma A-type granites in South China: petrogenesis and implications for crustal growth during the breakup of the supercontinent Rodinia[J]. Precambrian Research, 2010,178(1):185-208.

Wang W, Zhou M F, Yan D P, et al. Depositional age, provenance, and tectonic setting of the Neoproterozoic Sibao group, southeastern Yangtze block, South China[J]. Precambrian Research, 2012,192(1):107-124.

Wang X L, Zhou J C, Qiu J S, et al. LA-ICP-MS U-Pb zircon geochronology of the Neoproterozoic igneous rocks from northern Guangxi, South China: implications for tectonic evolution[J]. Precambrian Research,2006,145(1):111-130.

Wang X, Stouge S, Chen X, et al. Dapingian stage: standard name for the lowermost global stage of the middle ordovician series[J]. Lethaia, 2010,42(3):377-380.

Wang X, Zhou J, Qiu J, et al. Comment on "Neoproterozoic granitoids in South China: crustal melting above a mantle plume at ca. 825Ma?" by Xianhua Li et al. [J]. Precambrian Research, 2004,132(4):401-403.

Wang Y, Fan W, Zhang G, et al. Phanerozoic tectonics of the South China block: key observations and controversies[J]. Gondwana Research, 2013,23(4):1273-1305.

Wang Y J, Fan W M, Sun M, et al. Geochronological, geochemical and geothermal constraints on petrogenesis of the indosinian peraluminous granites in the South China block: a case study in the Hunan Province [J]. Lithos,2007,96, 475-502.

Wang Y J, Fan W M, Cawood P A, et al. Indosinian high-strain deformation for the Yunkaidashan tectonic belt, South China: Kinematics and $^{40}Ar/^{39}Ar$ geochronological constraints[C]. Tectonics 26, TC6008. doi:10.1029/2007TC002099,2007.

Wang Y J, Zhang F F, Fan W M, et al. Tectonic setting of the South China block in the early Paleozoic: resolving intracontinental and ocean closure models from detrital zircon U-Pb geochronology[C]. Tectonics 29. doi:10.1029/2010TC002750,2010.

Weber B, Steiner M, Zhu M Y. Precambrian-cambrian trace fossils from the Yangtze platform (South China) and the early evolution of bilaterian lifestyles[J]. Palaeogeography Palaeoclimatology Palaeoecology, 2007,254(1):328-349.

Wignall P B, Vedrine S, Bond D P, et al. Facies analysis and sea-level change at the guadalupian-lopingian Global stratotype (Laibin, South China), and its bearing on the end-guadalupian mass extinction[J]. Journal of the Geological Society, 2009,166(4):655-666.

Wong J, Sun M, Xing G F, et al. Zircon U-Pb and Hf isotopic study of Mesozoic felsic rocks from eastern Zhejiang, South China: geochemical constrast between the Yangtze and Cathaysia blocks[J]. Gondwana Research, 2011,19(1): 244-259.

Wood D A. The application of a Th-Hf-Ta diagram to problems of tectonomagmatic classification and to establishing the nature of crustal contamination of basaltic lavas of british tertiary volcanic province[J]. Earth Planet. Sci. Lett. ,1980,50:11-30.

Wu Y B, Gao S, Gong H J, et al. Zircon U-Pb age, trace element and Hf isotope composition of Kongling terrane in the Yangtze craton: refining the timing of palaeoproterozoic high-grade metamorphism[J]. Journal of Metamorphic Geology, 2010,27(6):461-477.

Wysoczanski R J, Allibone A H. Age, correlation, and provenance of the Neoproterozoic Skelton Group, Antarctica: Grenville age detritus on the margin of East Antarctica[J]. J. Geol. , 2004, 112: 401-416.

Xiao S, Knoll A H. Fossil preservation in the Neoproterozoic Doushantuo phosphorite lagerstatte, South China[J]. Lethaia, 2010,32(3):219-238.

Xiao S, Mcfadden K A, Peek S, et al. Integrated chemostratigraphy of the Doushantuo formation at the northern Xiaofenghe section (Yangtze Gorges, South China) and its implication for ediacaran stratigraphic correlation and ocean redox models[J]. Precambrian Research, 2012,192(1):125-141.

Xiaofeng W, Stouge S, Xiaohong C, et al. The global stratotype section and point for the base of the middle ordovician series and the third stage (Dapingian)[J]. Episodes, 2009,32(2):96-113.

Xiping D, Knoll A H. Middle and late cambrian sponge spicules from Hunan, China[J]. Journal of Paleontology, 1996,70(2):173-184.

Xu C, Jiayu R, Mitchell C E, et al. Late Ordovician to earliest Silurian graptolite and brachiopod biozonation from the Yangtze region, South China, with a global correlation[J]. Geological Magazine, 2000,137(6):623-650.

Xu X S, Suzuki K, Liu L, et al. Petrogenesis and tectonic implications of late Mesozoic granites in the Yangtze block, China: further insights from the Jiuhuashan-Qingyang complex[J]. Geological Magazine, 2010,147(2):219-232.

Yan D P. Zhou M F,Song H L,et al. Origin and tectonic significance of a mesozoic multi-layer over-thrust system within the Yangtze Block(South China)[J]. Tectonophysics,2003,361(3-4):239-254.

Yang J, Cawood P A, Du Y. Detrital record of mountain building: provenance of Jurassic foreland basin to the Dabie Mountains[J]. Tectonics, 2010,29(4).

Yao J, Shu L, Santosh M, et al. Precambrian crustal evolution of the South China block and its relation to supercontinent history: constraints from U-Pb ages, Lu-Hf isotopes and geochemistry of zircons from sandstones and granodiorite[J]. Precambrian Research, 2012(208-211):19-48.

Yin H, Jiang H, Xia W, et al. The end-permian regression in South China and its implication on mass extinction[J]. Earth-Science Reviews, 2014,137:19-33.

Yu J H O,Reilly S Y,Griffin W L,et al. A Paleoproterozoic orogeny recorded in a longlived cratonic remnant (Wuyishan terrane),eastern Cathaysia Block,China[J]. Precam. Res . , 2009,174:347-363.

Zhang S B, Zheng Y F, Zhao Z F, et al. Origin of TTG-like rocks from anatexis of ancient lower crust:

geochemical evidence from Neoproterozoic granitoids in South China[J]. Lithos, 2009, 113(3-4): 347-368.

Zhang Q R, Li X H, Feng L J, et al. A new age constraint on the onset of the Neoproterozoic glaciations in the Yangtze platform, South China[J]. Journal of Geology, 2008,116(4):423-429.

Zhang S B, Zheng Y F, Wu Y B, et al. Zircon isotope evidence for ⩾3.5Ga continental crust in the Yangtze craton of China[J]. Precambrian Research, 2006,146(1):16-34.

Zhang S B, Zheng Y F, Zhao Z F, et al. Neoproterozoic anatexis of archean lithosphere: geochemical evidence from felsic to mafic intrusions at Xiaofeng in the Yangtze Gorge, South China[J]. Precambrian Research, 2008,163(3-4): 210-238.

Zhang S, Jiang G, Han Y. The age of the Nantuo formation and Nantuo glaciation in South China[J]. Terra. Nova., 2010,20(4):289-294.

Zhang Y Z, Wang Y J, Fan W M, et al. Geochronological constraints on the Neoproterozoic collision along the Jiangnan uplift: evidence from studies on the Neoproterozoic basal conglomeratesat the Cangshuipu area, Hunan Province[J]. Geotectonica et Metallogenia, 2011,35(1):32-46.

Zhang Y, Wang Y, Geng H, et al. Early Neoproterozoic (~850Ma) back-arc basin in the central Jiangnan Orogen (eastern South China): geochronological and petrogenetic constraints from meta-basalts[J]. Precambrian Research, 2013,231(231):325-342.

Zhang Z, Ma G, Huaqin L. The chronometric age of the Sinian-Cambrian boundary in the Yangtze platform, China[J]. Geological Magazine, 1984,121(3):175-178.

Zhao X X and Coe R S. Paleomagnetic constrains on the collision and rotation of North and South China [J]. Nature,1987,327:142-144.

Zheng J, Griffin W L, O'Reilly S Y, et al. Widespread archean basement beneath the Yangtze craton [J]. Geology, 2006,34(6):417-420.

Zheng Y F, Zhang S B, Zhao Z F, et al. Contrasting zircon Hf and O isotopes in the two episodes of Neoproterozoic granitoids in South China: implications for growth and reworking of continental crust[J]. Lithos., 2007,96(1-2): 127-150.

Zhou C, Xie G, Mcfadden K, et al. The diversification and extinction of doushantuo-pertataka acritarchs in South China: causes and biostratigraphic significance[J]. Geological Journal, 2010,42(3-4):229-262.

Zhou J C, Wang X L, Qiu J S. Geochronology of Neoproterozoic mafic rocks and sandstones from northeastern Guizhou, South China: coeval arc magmatism and sedimentation[J]. Precambrian Research, 2009,170 (1):27-42.

Zhou M F, Yan D P, Kennedy A K, et al. SHRIMP U-Pb zircon geochronological and geochemical evidence for Neoproterozoic arc-magmatism along the western margin of the Yangtze block, South China[J]. Earth and Planetary Science Letters, 2002,196(1-2): 51-67.

Zhuang P, Mcbride M B, Xia H, et al. Health risk from heavy metals via consumption of food crops in the vicinity of dabaoshan mine, South China[J]. Science of the total Environment, 2009,407(5):1551-1561.

Zi J W, Cawood P A, Fan W M, et al. Late Permian-Triassic magmatic evolution in the Jinshajiang orogenic belt, SW China and implications for orogenic processes following closure of the Paleo-Tethys[J]. American Journal of Science, 2013,313(2):81-112.